TARZÁN

HÉROE DE CELULOIDE Y PAPEL

TARZÁN

HÉROE DE CELULOIDE Y PAPEL

EDUARDO GALÁN BLANCO

T&B EDITORES

PUBLICADO POR T&B EDITORES
Barquillo 15 A. 28004 Madrid. España
Tfno: 91 523 27 04. www.tbeditores.es

DISEÑO DE LA PORTADA: **Alvaro García-Romeu**
ILUSTRACIONES: **Archivo autor, Archivo T&B Editores**

PRIMERA EDICIÓN: **Junio 2014**

ISBN: 978-84-15405-81-8
Depósito legal: M-14625-2014
Impreso en España- Printed in Spain

Dedicado a Belén, la Jane de mi selva,
que me hace sentir el más mono de todos los hombres.

Y a Laura, pequeña niña salvaje a la que crié, con un amor que va
más allá de la sangre, tal y como Tarzán hizo con Boy.

Y a mi padre, que me llevó a ver por primera vez
una película de Tarzán en la añorada cueva
del desaparecido cine Cinema de Ferrol, abriéndome
una puerta que ni en los peores momentos se cerró
y por la que aún me escapo cuando puedo.

Y a mi madre, a la que contaba, con todo detalle,
las películas que veía, mientras ella cosía las ropas
que yo destrozaba, imaginando ser Tarzán.

Y a mi hermana, con la que jugaba mil aventuras imposibles,
depositando en las figuras recortadas de las revistas
nuestros jóvenes y tiernos espíritus.

De alguna manera, aún somos la familia de la selva.

—Eduardo Galán Blanco.
Santiago de Compostela, marzo de 2014

ÍNDICE

1
TARZÁN, HÉROE DE NUESTRA INFANCIA

«En el desván,
donde mis sueños están
desde edad muy temprana,
aún guardo el plan
de vivir como Tarzán
y saltar de liana en liana».

Así comienza *De liana en liana*, una canción de 1997, compuesta y cantada por Javier Krahe en su disco *Versos de tornillo*. La pieza es un tierno y juguetón, homenaje al personaje inmortal creado por Edgar Rice Burroghs, encarnado en el cine por el inimitable Johnny Weissmuller.

Con la poesía y la ironía *naif* habituales del cantautor, la estrofa que reproducimos resume todo lo que significa para millones de personas ese ser mítico, padre putativo de nuestra infancia más ingenua, más feliz y a la vez más montaraz.

En el territorio de lo onírico, en la tierra del inconsciente poderoso, más allá de los sueños del desván de Krahe -que también es el nuestro- está un mundo donde reinan King Kong y Tarzán, dos señores monos que siempre nos parecieron muy próximos.

De niños, amamos ese continente negro y brumoso de la Metro y de la RKO, lleno de flores de plástico y habitado por fieros caníbales de dientes postizos. Allí nos poseían sueños febriles e incendiarios, surcados de algo parecido al amor loco, o más bien al sexo grotesco descubierto por un adolescente. Y nos devoraban las terribles pesadillas que nos acechaban, estando bien despiertos y alerta en la oscuridad del cine, como abismos. Eran precipicios sin fondo, poblados de monstruos, que abrían sus simas cada vez que se apagaba la luz.

Popularizado gracias al cine en una larga filmografía oficial de cerca de 60 películas y series de televisión y casi otros tantos filmes apócrifos, Tarzán es, tras Sherlock Holmes, el Conde Drácula y la criatura de Frankenstein, el personaje literario que más veces ha llegado a las pantallas.

Haciendo un cálculo realista, cualquier un niño nacido entre los años treinta y los años sesenta habrá asistido, como mínimo, a un par de docenas de proyecciones tarzanescas, gozadas al abrigo de los cines de barrio. Para varias de esas generaciones, de forma natural, el cine fue nuestra patria. Lo fue como la manoseada infancia rilkiana. Y si para un niño la sala oscura de los sueños era su bandera, aún se sentía más ciudadano de esa oscuridad cuando era Tarzán el que enarbolaba el estandarte en nombre de la idealizada libertad salvaje.

Porque Tarzán es un cruce del Mowgli de *El libro de la selva* - *El libro de las tierras vírgenes* que escribió Rudyard Kipling- y del buen salvaje de Rousseau, un hombre que solo se rige por las leyes naturales. Y también le debe mucho al *Robinson Crusoe* de Defoe, y a ese amor inconfesable por las soledades y el aislamiento.

En el fondo, todos somos una mezcla de esas cosas imposibles. Si, como dijo un sabio, «uno crece siempre hacia el pasado, en busca tal vez del primer deslumbramiento», Tarzán es esa tenue llama asilvestrada que permanece encendida en todo inquieto corazón urbanita.

Recordamos a un amigo, allá por los años sesenta, un loco bajito que, tras ver a Johnny Weissmuller saltar de edificio en edificio en *Tarzán en Nueva York* (1942), quiso emularlo, pasando desde el balcón de la sala al dormitorio de sus padres, con la única ayuda de una cuerda amarrada al mainel de la ventana. ¡Eso si que son *Historias del Kronen* (1995)!, con las gomas -de borrar- Milan y el pegamento Imedio, actuando como únicos estimulantes. Y es que, como planteó un filósofo cuyo nombre no recordamos, la locura ni puede ni debe curarse, porque es otra parte legítima del ser humano.

Para muchas generaciones de niños -y para tantos adultos que aún conservan al niño que fueron perdido por algún rincón- el Tarzán cinematográfico encierra todos esos significados, todas esas palabras mágicas que son tesoro de la patria infantil y adolescente: libertad, aventura y misterio.

Tarzán es eso y más.

Así que, entre risas y nostalgia, sin pretender ser pedantes, sesudos ni exhaustivos -para eso haría falta el espacio que ocuparían varias Biblias- pero con la afición, la cinefilia y el amor por escudo, gastaremos con placer unas cuantas páginas en este tributo sincero al hombre mono.

Perdone el lector algunos saltos, adelante y atrás *-flashbacks y fast forwards-* de nuestra memoria. Son intencionados. Sabemos que a veces puede desorientar mucho el hecho de pasar de un lado a otro de la espesa cortina de los cines que nos dieron cobijo y que marcaban la frontera entre la luz y la oscuridad. Lo sabemos porque lo hacemos demasiado en el día a día, con la consiguiente perplejidad y confusión. Pero es necesario. Somos conscientes de que serán giros que en ocasiones parecerán un poco abruptos, producidos por ese proceloso mundo de las asociaciones mentales. Pero hemos preferido no ordenarlos demasiado. No quisimos hacerlos encajar artificialmente. Quizá así podremos mantener viva la frescura del recuerdo afectivo, paladeando el sabor, dulce y amargo al tiempo, de aquellas divinas palabras, hoy perdidas y deturpadas. Libertad. Aventura. Misterio.

2

EL SALVAJE CENTENARIO DE BURROUGHS

La idea de que Tarzán ya es un anciano centenario no nos cabe en la cabeza y nos hace sentir muy, muy, viejos. Sin casi quererlo, pensando en esa idea, imaginamos una escena bastarda sobre la vejez, hecha con muchos jirones de películas. Y es que las películas que nos alimentaron en el pasado tienen esa extraña propiedad aleatoria -que no poseen en la misma medida las que vemos ahora- y parecen disfrutar también de cierta autonomía, recorriendo, erráticas, las circunvoluciones sentimentales de nuestro cerebro.

Las películas de nuestra infancia y juventud se remontan- se editan- solas, mezclando planos, escenas y sonidos en mil y una asociaciones, como si realmente fueran auténticos recuerdos familiares.

Vemos una charla nostálgica entre padres e hijos, o quizá, más bien, entre abuelos y nietos. El viejo mira al joven y evoca su pasado dorado y se asombra de todo lo que ha vivido. Es como si Johnny Weissmuller-el padre de todos los tarzanes- hubiera podido contarle a Casper Van Dien- el último Tarzán mínimamente decente- cosas de los años dorados, de las legendarias piscinas de Hollywood y de las selvas oníricas que eran esos platós de los años treinta. Escuchamos la pista sonora de la secuencia como si fuera algo parecido a aquel «¡la de cosas que hemos visto!» que cerraba *Campanadas a medianoche* (1965). O como aquella inolvidable réplica de replicante, emocionante soliloquio en realidad, de *Blade Runner* (1982), que nos hace sentir que un robot puede tener empatía, esa cosa que te da el carné de humano. «Todo eso que he visto se perderá en el tiempo, como lágrimas en la lluvia», decía Rutger Hauer, sorprendiéndose, más que quejándose, de la certeza de su mortalidad y de la inmensa soledad en la que se quedaban sus recuerdos. Parece que fue ayer cuando leímos, como de tapadillo, aquel primer libro de Tarzán. Éramos niños, pero nos dábamos cuenta que en aquellas páginas había el sexo y la violencia que no autorizaba la beatería que nos rodeaba.

Y aún hoy sentimos en el corazón, como si fuera el primer enamoramiento, aquella intensa emoción que luego sabríamos que se llamaba pulsión u otras cosas igual de sonoras y serias. Fue el momento en que descubrimos la espesa selva negra del pelo rizo de Margaret O Sullivan.

Al principio la pulsión de marras tenía la torpeza del amor infantil y era una punzada sin nombre. Luego creció como algo ya más terrenal pero igualmente imposible. Algo parecido al amor de King Kong por la pequeñísima Fay Wray.

Finalmente, puede que todo esto lo exprese mejor y de manera más sencilla un Johnny Weissmuller redivivo -pero muy acabado- en la novela onírica *Tarzán en Acapulco* (2001) de Marcos Ordoñez: «Ya lo ves hijo mío, nos hacemos viejos».

El padre del hombre mono, ese viejo centenario al que rendimos tributo, es un señor que se llamaba Edgar Rice Burroughs. Nació en 1875 y fue un curioso personaje, fracasado en mil trabajos, tan raros y novelescos que, leyéndolos, te ríes, con una risa floja. Buscador de oro en Alaska, cuidador de ganado en Idaho, minero en Oregón, policía de trenes en Utah o vendedor de mil y una cosas por todo el Oeste y también hasta por correo.

Sí, el padre de Tarzán, antes de parir a su hijo, vendió de todo: desde afila lápices hasta extrañas drogas antialcohólicas. Además, papá Burroughs dejó el célebre séptimo de Caballería -o el séptimo7º lo dejó a él- por una dolencia cardíaca. También fue redactor de anuncios para una pequeña agencia publicitaria. Y creo que se me olvida algo.

Para ERB- acrónimo por el que se conoce al escritor- el parto de su criatura fue una salvadora vía de escape frente a tanto extraño trabajo errático. Según la leyenda- y las investigaciones de John Taliaferro, principal biógrafo de Burroughs- el fabulador ideó a Tarzán en una noche de insomnio de 1911 y guardó la idea en un cajón, para madurarla un año más tarde.

Burrouhgs era un novelista del montón que empezó a escribir novelitas de ciencia-ficción ya bastante talludito, con 36 años. Lo hizo por dinero, sobre todo, pero también buscando algo parecido al reconocimiento. Y lo hizo en revistas baratas, las llamadas *pulp fiction*, que, para entendernos, entonces eran como las de Marcial Lafuente Estefanía americanas. Imaginando mundos imposibles, como una manera de sobrevivir a su vida gris marengo, consiguió ganar unos cientos de dólares con aquella cosa loca, y también algo desesperada, de la escritura. Y se animó.

Tras escribir alucinaciones de marcianos, aventuras siderales variadas y periplos subterráneos por el centro del núcleo terrestre, Burroughs dio lo que se dice el pelotazo inventando a Tarzán. Lo puso a andar a trompicones, emborronando la parte de atrás de viejos cuadernos, cartas viejas y papel usado. O sea, cumpliendo al pie de la letra el retrato de lo que se llama un *paperback writer*, un emborrona cuartillas, un escritor de tres al cuarto. Los Beatles escribieron una canción- titulada así precisamente, "Paperback writer"- que resume ese mundo y modus operandi del soñador cutre, que es casi un estado de ánimo.

ERB, por supuesto, jamás estuvo en África. Tampoco llegó hasta allí Johnny Weissmuller. Pero, ¡qué importa!, si los dos nos llevaron a un mundo imborrable y, en muchos aspectos, seguramente mejor que el continente original.

Para la ambientación de las aventuras de Tarzán, el escritor se inspiró en el libro *In darkest Africa* (1890) de Henry Morton Stanley. Si, exacto, el de la célebre pregunta «el doctor Livingstone, ¿supongo?». Ese Stanley, sí, nuestro héroe de la infancia, el periodista y explorador galés que se pasó media vida buscando a un tipo que se había perdido en el lago Tanganika. El aventurero Stanley, que conocía África como la palma de la mano, fue el guía que encaminó el folclórico medio ambiente de Tarzán. Aunque Burroughs se saltara todo a la torera cuando le convenía y metiera tigres de Bengala y templos egipcios en cualquier recodo de su selva africana de papel.

Curiosamente -y esto no se ha dicho demasiado, que sepamos- el biógrafo Taliaferro insiste mucho en la importancia que, para la creación de Tarzán, tuvo *La Tempestad* de Shakespeare, una lectura que Burroughs hizo en el invierno de 1911.

El caso es que en octubre de 1912, ERB publicó su primera historia del hombre mono en una de aquellas revistitas, llamada "The All-Story Magazine", que, como su cabecera indicaba, era una revista que daba cobijo a todas las narraciones de todos los géneros. Allí vio la luz Tarzán, con sus historias fantásticas, distorsionadas hasta lo puramente imposible. *Tarzán of the Apes*, con el subtítulo de "A romance of the jungle", fue el debut del héroe. Y Burroughs recibió de los editores 700 dólares, que hoy puede parecer poco, pero era bastante dinero para entonces.

La revista se vendía a 15 centavos, que no era mucho pagar a cambio de estas historias baratas. Historias que luego fueron novelas. Y más tarde películas. Y a continuación cómics. Y series de televisión. Y videojuegos. Y todo un largo rastro que el personaje- convertido en un símbolo de nuestro amor por la libertad y por lo salvaje- fue dejando en mil cosas de la vida cotidiana.

Y Burroughs, y sus herederos custodios, se hicieron ricos para siempre.

Sin muchas pretensiones, los libros de Burroughs son buena literatura de aventuras que, a veces, nos regalan momentos muy expresivos. Hoy día, leerse una de esas novelas tiene su gracia. Leer dos puede ser ya un poco agotador sino se espacian los tiempos de lectura. Leer todas en poco tiempo puede poner a prueba tu cordura.

El propio Burroughs, en un arranque de modestia, lo confesó en Los Angeles Times: «Yo no creo que mi trabajo sea literatura... no estoy loco».

Aunque hay otros que opinan exactamente lo contrario que él, reivindicando las novelas y despreciando los filmes y cómics que vinieron después. Eso hizo el fallecido ensayista francés Francis Lacassin, que se ponía enfermo pensando en como los negociantes «humillaron» el «mito triunfante» de Tarzán. «¿Cómo han podido la estupidez, el mal gusto, la ignorancia y la avidez, falsificar y pervertir uno de los más fascinantes mitos modernos? El afán de lucro, el poder de los censores, la pobreza de los directores y la debilidad mental de los guionistas de Hollywood han certificado esta notable empresa de falsificación», dejó escrito en su tratado "Tarzan, le chevalier crispé", donde Lacassin parecía bastante más crispado que el propio Tarzán.

Y en 1934, el profesor y teórico William Troy abundó en la infantilización a la que el cine sometió al mito, escribiendo en The Nation: «Las películas de Tarzán son para niños de ocho años, en el mejor de los casos, porque en algunas ese tope de edad se ve reducido a los tres».

Es probable que seamos niños de tres años. O quizá que Troy y Lacassin no puedan ver la innegable poesía de los filmes de Weissmuller. Pero también es verdad que el salvaje de las novelas no tiene mucho en común con el que luego fue el Tarzán cinematográfico.

Sin embargo, tampoco debemos olvidar que fue, precisamente, gracias al cine, que el hombre mono se hizo uno de los más grandes personajes de la llamada cultura de masas.

El Tarzán de las películas es, en general, un ser bonachón y poco violento, aunque, como veremos más adelante, puede hacer cumplir la llamada ley de la jungla sin que le tiemble el pulso. El Tarzán literario es un poco más complejo y retorcido, cargado con cicatrices de mil peleas, más cruel también, justiciero a su manera, pero algo mal bicho. Una especie de Conan el bárbaro de la selva, que, a veces, es feliz escuchando el crujido de los huesos de sus enemigos. En la primera pieza literaria de la saga, *Tarzán de los monos*, Burroughs define así a su hijo: «Cualquiera que le hubiese visto, lo habría tomado por la reencarnación de algún semidiós antiguo».

En el papel que lo vio nacer, Tarzán es, primero, un niño blanco -Tarzán significa "piel blanca" en el lenguaje de los simios-, un huérfano criado por monos. Kala, Tublat y Terkoz, son su peluda familia en el corazón del Congo belga, "un país abandonado de Dios" según la opinión de Burroughs, expresada en la quinta entrega de la saga, *El tesoro de Tarzán*, novela publicada en 1918, justo cuando se estrenaba la primera película del personaje.

Luego, el simio humano, débil y sin pelo, se convirtió en poderosa máquina de matar. Y, tras vencer a Kerchak, el jefe de los grandes monos y asesino del padre biológico de Tarzán, el niño huérfano llega a ser todopoderoso rey de la tribu y en extensión de la jungla, presidiendo aquel ingobernable corazón de las tinieblas que contó Joseph Conrad.

En los libros -no en las películas- Tarzán es un salvaje que, cual mono, come orugas, coleópteros, roedores o, como haría un león, devora carne cruda de antílope. Tarzán es un hijo de monos y humanos al cincuenta por ciento, que aprende a leer, y que, poco a poco, va conociendo de donde viene. Descendiente de lord inglés, nacido John Clayton, combate a los mercaderes de esclavos -mayormente pérfidos árabes-, y es riquísimo, gracias al tesoro encontrado en Opar, una especie de Atlántida escondida en la selva y entidad bancaria *sui generis* siempre disponible de la que retira cientos de lingotes de oro cuando su fortuna en Inglaterra sufre algún revés.

Al Tarzán de las novelas lo sirve un ejército de nativos encabezados por Mugambi, su lugarteniente. «Hercúleo, fiel y brutal... gigante de estatura, salvaje e intrépido guerrero... El enorme negro poseía también alma y juicio», escribía, condescendiente, Burroughs, para quedar bien con los que pronto lo acusaron de racismo.

Porque Tarzán, casi siempre, fue un rey blanco en una merienda de negros. Un gran *bwana*, un dios por encima de todo, cogiendo lo que le daba la gana en cualquier rincón de la enorme jungla. Y, en torno a él, en las novelas de Burroughs, flotaba un no se qué de supremacía de raza blanca muy molesto.

El Tarzán literario lleva un venablo, una lanza de guerra que en las películas cede su lugar al cuchillo, al arco y las flechas. Aunque también con el cuchillo, en la selva de los libros, el hombre mono es capaz de las mayores hazañas. Con esas armas, además de mandar en los negros, Tarzán reina en los animales, que le respetan y muchas veces obedecen, a menos que el elefante Tantor esté de celo. Entonces, en ese supuesto, es el propio Tarzán el que le tiene miramiento y se sube a los árboles más altos, esperando que "la llama roja y loca del amor" se apague en la jungla. ¡Qué cosas... Para Burroughs parece que no hay nada más peligroso que un elefante caliente!

El Tarzán de las novelas -como pasa también, en menor medida, con el cinematográfico- al estar tan cerca del folletín, vivía de la importancia de sus contrafiguras, o sea de sus numerosos enemigos. Burrouhgs enfrenta a su hijo con villanos rusos- Rokoff y Paulovich en "El regreso de Tarzán"- con la sacerdotisa La- por otro lado, enamorada ciegamente del héroe- y hasta con cruzados perdidos en África y conservados como en formol. Esto último es una clara influencia de *Un yanqui en la corte del Rey Arturo,* de Mark Twain.

Además del folletín de aventuras, en las novelas del hombre mono hay una llamativa proximidad a los relatos fantásticos, con gorilas que hablan inglés, integristas hebreos alquimistas o sabios locos que quieren restaurar la corte de Enrique VIII. Son mundos de puro delirio: la citada Opar, el reino de Pal Ul Dondonde Tarzán cabalgará un triceratops- un Imperio Romano congelado en el corazón de África, el mundo de los Hombres-Hormiga y, como no, Pellucidar, ese territorio flotante de la patria infantil, ubicado en el centro de la Tierra.

En una de sus últimas novelas tarzanescas, "Tarzán y el hombre león", publicada en 1934, Burroughs, que estaba francamente asqueado con el trato que Hollywood le había dispensado a su hijo, se dedica a burlarse de algunos de los productores y actores del Holywood a los que trató, componiendo una sátira vitriólica sobre la maquinaria de la Babilonia del cine.

«Un gigante blanco vestido solo con pieles», esa es la primera descripción cinematográfica de Tarzán, escrita en los escuetos rótulos del cine mudo. Así que nada del semidiós literario, sino que aquí tenemos más bien a un noble bruto, un buen salvaje en contacto con la naturaleza. Por eso, precisamente, preferimos, y se nos hace más entrañable, al Tarzán del cine que el de las novelas.

Entre dioses y hombres, nos quedamos con los hombres.

Como le corresponde a un coloso, las cifras de Tarzán son de récord. Lo que empezó como un cuentito fusilado de mil influencias- ya lo dijimos, de *El libro de las Tierras vírgenes,* de la filosofía predicada por Rousseau, del rollo anacoreta extraído del *Robinsón Crusoe* y del mito salvaje de Rómulo y Remo- acabó vendiendo 50 millones de libros en todo el mundo, con traducciones a 60 idiomas. Incluso triunfó en la Unión Soviética, con 250.000 ejemplares vendidos en un solo año, concretamente en 1923. Y el New York Times no perdió el tiempo para titular, con gracejo y vil sentido oportunista: «Los rusos prefieren Tarzán a Marx».

Y luego están los 100 millones de cómics comprados, las casi 150 películas filmadas al abrigo de la sombra tarzanesca -de las que un poco más de 60 fueron "oficiales"- y los miles de millones de espectadores que se calcula que alguna vez vieron un filme o una serie de televisión de Tarzán.

Realmente, con esos números, se puede decir que, cuando murió en 1950, Edgar Rice Burroughs era el escritor de best sellers más importante del siglo XX. De entre las dos docenas de novelas de Tarzán escritas por Burroughs, publicadas desde 1914 hasta 1947, en principio solo se editaron 11 en España. La primera que cayó en nuestras infantiles y ávidas manos, allá por 1966, fue una edición de los años treinta de la editorial Gustavo Gili, con traducción de Emilio Martínez Amador. La editorial llevaba publicando a Tarzán desde 1926. Y este, que conservamos como oro en paño, es un libro muy bien encuadernado con ribetes dorados. Un tesoro que aún adoramos de vez en cuando, cual joya de Opar.

En el mundo, y también en España, la serie literaria de Tarzán conoció muchas reediciones. Aquí, además de las de Gustavo Gili, son especialmente buscadas hoy en día las de la editorial Novaro mexicana, o las editadas por Bruguera a mediados de los años sesenta.

Aprovechando que, durante un año y medio, los derechos de Tarzán no fueron renovados por los herederos -despistados, por alguna pájara inexplicable- también se publicaron nuevas aventuras apócrifas firmadas por gente como Barton Werper -seudónimo de Peter y Peggy Scott-, Fritz Leiber y, ni más ni menos, que Philip José Farmer, veterano y notable autor de novelas de ciencia ficción fallecido hace unos años. Nada de lo escrito por estos señores tenía mucho que ver con el espíritu original de nuestro héroe favorito. Quizá por ello, y por los intereses pecuniarios de los royalties, casi ninguna de las novelas posteriores a Burrouhgs tuvieron el visto bueno de la ERB Inc.- Edgar Rice Burroughs Incorporated- voraz empresa de gestión de los derechos del papá de Tarzán, luchando contra la entrada del temido Dominio Público.

Como sucede en el cine y en la historieta, también en la literatura Tarzán tuvo muchos imitadores, con personajes salvajes y selváticos escondidos bajo otro nombre y viviendo mil aventuras prestadas. Entre los muchos que hay, podríamos citar a Polaris -el Tarzán ártico creado por Charles B. Stilson- , a Kaspa de C. T. Stoneham -publicado aquí por Editorial Molino- al Kioga de W. L. Chester, al Bomba de Roy Underwood -un niño de la jungla que, como

Kaspa, fue más tarde película-, a Uoni de Leo Wied y a Orzowei, de Alberto Manzi, pieza muy célebre convertida más tarde en serie de televisión y emitida en España en 1978. La editorial barcelonesa Noguer, aprovechando el tirón de esta serie, acabó de editar la obra de Manzi, escrita dos décadas atrás.

Burroughs, que estuvo mucho tiempo viviendo en Hawai, fue, con sesenta y seis años, el más viejo de los corresponsales de guerra americano, escribiendo desde el Pacífico crónicas de la II Guerra Mundial para Los Angeles Times. A los setenta años dio muestras de un parkinson cabalgante y murió con tres cuartos de siglo cumplidos.

El óbito del padre de Tarzán fue en 1950, en Encino -Los Angeles-, en el Valle de San Fernando, al sur de Santa Mónica, muy cerca de donde estaba Tarzana, su fabuloso rancho que el escritor vendió en 1938. Un lugar que hoy ha dado nombre y emplazamiento a un distrito -un barrio- de Los Ángeles, en el que nacieron, por ejemplo, jóvenes talentos del Hollywood actual como Scarlett Johansson, la *gossip girl* Blake Lively o Hailee Steinfeld, la niña del *Valor de ley* (2010) de los Coen. Un sitio muy exclusivo, donde también viven Jamie Foxx, Eva Longoria o Michael J. Fox.

Tarzana fue un paraíso particular, una selva que el señor Burroughs había comprado en 1919, con los enormes beneficios obtenidos con su criatura y con la sana intención de hacerlo un Parnaso de la cultura. Y, por eso, ya en 1927, los vecinos de la zona decidieron ponerle Tarzana al lugar donde vivían, conmovidos por la popularidad de la criatura de Burroughs.

En Tarzana city hay un santuario dedicado a Tarzán, con manuscritos, primeras ediciones, fotografías, cientos de recuerdos e infinidad de libros que el escritor y su familia fueron coleccionando a lo largo de las décadas. En el edificio destinado a museo, además de ocupar un lugar privilegiado una sala dedicada a la Jungla de Tarzán, hay también habitaciones reservadas a otros mundos imaginados por ERB: sus particulares Venus, Marte y Pellucidar, ese Centro de la Tierra habitado por dinosaurios y fantásticas criaturas prehistóricas. Pero no todo Tarzán está allí...

Quizá el mejor archivo que existe en la Tierra sobre el hombre mono está en Kentucky, en la Universidad de Louisville, donde están depositados más de 70.000 volúmenes que incluyen libros de todas las ediciones del mundo, guiones de películas, correspondencia y manuscritos de ERB. Y 10.000 pulps magazines de todos los géneros.

Burroughs expiró casi al tiempo que la palabra Tarzán entraba en el Diccionario Webster como neologismo de hombre salvaje. En esos días, también Lex

Barker rodaba para la RKO la película *Tarzán y la esclava*. Y, ya lo dijimos, el papá del hombre mono no estaba muy feliz del trato que le había dado el cine a su creación. Especialmente le disgustaba, ¡vaya hombre!, el asunto de que se mostrase a su criatura como un paleto que no sabía hablar inglés. Y a pesar de que, por interés pecuniario, papá se hizo fotos de plató con todos los Tarzanes posibles, en realidad a Burroughs le gustaron muy pocas de las encarnaciones cinematográficas que tuvo su hijo salvaje, aunque, como veremos después, la que él apadrinó- sin mucho entusiasmo- resultó realmente desechable.

En 1920, a petición de un amable productor en busca de asesoramiento, papá dejó escrita esta descripción ideal de su hijo cinematográfico: «Debe ser apuesto, con maneras y rostro muy masculinos y debe tener gracia, pero no ser guapo. No tiene que ser un gigante o un hombre con hipertrofia muscular. Debe ser más parecido a una pantera que a un elefante.» No es por vacilar, pero, la verdad sea dicha, no parece que estas instrucciones pudieran ayudar demasiado.

3

Y TARZÁN SE HIZO CARNE (DE CELULOIDE)

Si bien el noventa por ciento de las películas mudas estadounidenses- por no mencionar las europeas- se han perdido a causa de la volatilidad de su soporte de nitrato, con Tarzán hemos tenido suerte. Aún es posible revisar, prácticamente, todo el metraje de los filmes que se rodaron. Algunos títulos, que se creían perdidos, fueron localizados en los años noventa, como es el caso de *Tarzán y el león de oro* (1927). Esta persistencia de los tarzanes mudos es algo de lo que debemos congratularnos todos los tarzanófilos. Aunque, ya sabemos que tal cosa no agradaría mucho a Burroughs. Si es que el padre de Tarzán aún estuviera, físicamente hablando, entre nosotros.

Porque, como contamos antes, a pesar de que le proporcionó mucho dinero y fama, Burroughs se quejaba, y mucho, de que el Tarzán del cine no era el suyo. Y, también ya lo mencionamos, la verdad es que, esculpido por la luz del celuloide, el aullador primigenio de la selva cinematográfica no se correspondía demasiado con el personaje literario.

El primer Tarzán del cine fue un armario, pesado y de varios cuerpos. Y era silente, claro. Solo hablaba y gritaba en los cartones de los intertítulos. Porque la primera película de Tarzán se rodó en 1917 y se estrenó en enero de 1918. O sea que aún faltaban más de 10 años para que Al Jolson hablara -y cantara- por primera vez, convirtiéndose así en el pionero del sonoro con *El cantor de jazz* (1928).

Elmo Lincoln, primer Tarzán aparecido en una pantalla, se llamaba en realidad Otto Linkenhelt y nació en Rochester en 1889. Antes que actor, fue ingeniero de caminos y de ferrocarriles. Y además también trabajó de policía, de esos que, con uniforme, debían de dar mucho miedo. Claro que, para aquellos que no le tienen respeto a la ley y lo de los uniformes les da un poco igual, seguramente imponía más con las pieles que le envolvían con el abrigo de Tarzán.

Con uniforme o con pieles mal cosidas, Elmo Lincoln da un Tarzán que hoy nos parece absolutamente *demodé*. Con su cintita al pelo, muy propia de personaje bíblico -muy al estilo Maciste o Hércules- y el medallón de su madre, cual rosario castizo, colgado al cuello.

Las crónicas de la época decían que Lincoln era tan fuerte que mató con sus manos al león que aparecía en la película. Una ingenuidad maravillosa, teniendo en cuenta que, en los *close ups*, la fiera de marras era un peluche con mucho relleno. En los planos generales, se ve que el señor que baila con el animal es otro tipo con menos volumen que el que en verdad desplazaba el enorme mister Lincoln. Pero éste insistió en una entrevista de la época, diciendo que, como pensaba que el león se lo iba a merendar, lo apuñaló, sin tiempo para pensar en nada más. En que quedamos, ¿el "leocidio" fue con las propias manos del señor Otto o necesitó ayuda del acero? Seguimos consultando fuentes: otros historiadores nos dicen que el felino, además de estar jubilado, también estaba drogado, o sedado si reproducimos el término eufemístico que utilizaron algunos gacetilleros de la época, sólo para que la criatura no se cogiera muchos rebotes mientras lo abrazaban y zarandeaban. Pues si es así, esto ya nos parece un asesinato con alevosía. En cualquier caso, para explotar los 100 kilos del armario Lincoln y su fornido cuello de toro, los publicistas insistieron en el asunto, y exhibieron los restos de un pobre león viejo, metido en una hornacina, colocada en el hall del cine de Broadway donde se estrenó el filme. ¿Dónde estaba entonces la American Humane Association?

Otto Elmo Linkenhelt. ¡Menudo nombre tenía para ser Tarzán! Pero se lo cambió por el apellido patriótico de presidente antiesclavista. Y así, con otro carnet, el señor Lincoln irrumpió con fuerza poderosa en la incipiente maquinaria de los sueños. Dice la crónica rosa de Hollywood, disfrazada de historia, que durante una escena de acción del rodaje de *La batalla del Elderbusch Gulch* (1913) a Otto se le rompió la camisa dejando ver su pecho de armario. Asombrado, el director, David W.Griffith, le aconsejó así: «Con un pecho así debería usted cambiarse el nombre y empezar a hacer carrera».

Recordamos con nostalgia la primera vez que vimos al gigante mister Lincoln, haciendo de Tarzán. Era una época maravillosa en la que nuestros ávidos ojos adolescentes no dejaban de descubrir cosas. En Televisión Española-entonces la única televisión, por si hay algún joven despistado leyendo esto-, un viernes a las diez de la noche de 1972, en el muy recordado espacio "Sombras recobradas", que emitía cine mudo cada semana. En otros recodos oscuros, pero llenos de luz, de aquel extraño paraíso cinéfilo de la televisión del último franquismo, nos encontramos también a Nosferatu, Frankenstein, Larry Seamon, Valentino, Buster Keaton, Lubitsch o a Douglas Fairbanks. Y todo gracias a José Fernández-Cormenzana, entonces el esforzado programador de cine de TVE, al que desde aquí rendimos un cariñoso tributo. Su exquisito criterio, en aquellos tiempos tan grises, nos permitió ver cosas impensables, incluso hoy día. Era cine mudo de la categoría de *Lirios rotos* (1919), *Avaricia* (1925), *El último* (1925), *Metrópolis* (1926), *Las manos de Orlac* (1924), *Esposas frívolas* (1921), *Varieté* (1925), *El viento* (1928), *Hombres de Arán* (1934), *Una mujer en la luna* (1929), *La calle sin alegría* (1925) y una larguísima lista de clásicos. ¡Búsquese hoy algo así entre las docenas de canales en abierto! Pues si señor, acertó usted, no lo encontrará. Abiertos en canal, así estamos.

Y fue ahí, en ese Paraíso de la llamada Segunda Cadena, donde, precisamente un día que veníamos de ver a Johnny Weissmuller en la sesión de cuatro de la tarde en el cine Cinema de Ferrol -desaparecido ya, por supuesto-, por la noche,en la tele, nos dimos de bruces con el antediluviano Lincoln. Aunque a los dos tarzanes sólo los separaban en realidad algo más de una docena de años, a nuestro joven corazón adolescente aquella distancia le pareció que era un siglo. Tal fue el salto visual del cine en menos de dos décadas. ¡Que extraña, pero que útil, es la memoria!

Curiosamente, poco después, nuestra joven cinefilia nos llevó a intentar reconocer a Lincoln en sus pequeños papeles anteriores, el de herrero en *El nacimiento de una nación* (1915) y el de guerrero guardaespaldas de Baltasar en *Intolerancia* (1916), dos películas de Griffith -un director fiel a sus descubrimientos- que también pasearon sus luces y sus sombras, recobradas gracias al legendario espacio del UHF de TVE.

Tarzán of the apes (1918) cuenta la historia que todos sabemos. Lo hace con fidelidad argumental prudentemente debida a la primera novela y también al personaje, pero simplificándolo muchísimo. Aquí, con la inefable colaboración del físico de Lincoln, Tarzán es un noble y simple bruto infantiloide. Y, a veces, aún hoy, la risa floja nos impide ver su incontestable poesía contenida.

La película de Lincoln fue todo un éxito, convirtiéndose en una de las primeras en pasar del millón de dólares de recaudación, cuando había costado menos de la tercera parte de sus beneficios. El presupuesto de 300.000 dólares permitió probar a 35 actores, antes de encontrar a Otto-Elmo. Y también rodar en los bosques de Louisiana, en el Griffith Park de Los Angeles e incluso filmar exteriores de recurso en las selvas de Brasil y Perú. El dinero dio incluso para contratar a un buen número de gimnastas de New Orleans para que se metieran en las pieles de los monos amigos de Tarzán.

Cuatro años más tarde, el éxito de la primera película -que se exhibió en dos partes con los títulos de *Tarzán of the apes* y *The romance of Tarzan* – no se trasladó a la nueva aventura tarzanesca interpretada por Lincoln. Los productores colocaron torpemente en los cines *The adventures of Tarzán* (1922) una producción ya sin asomo del encanto inicial. Eran casi tres horas de duración, exhibidas como serial y repartidas en rollos de diez minutos, como capítulos pensados para dejar en vilo al espectador, sesión tras sesión. Lo intentaban con la ayuda de los expresivos títulos, habituales de las entregas seriadas: *Tarzan vanishes, Tarzan s hideout, Tarzan s enemies* o *Tarzan faces death.*

Aquí Lincoln parecía aún más monumental -en realidad más gordo-, con la acrecentada sensación de estar saliendo de una película bíblica o prehistórica, y con la ayuda de una enorme piel de leopardo colgada del hombro por unos cutres tirantes.

Y es que, esta segunda parte, adaptada a la mencionada lógica del serial, con Jane Porter de vuelta en África y acosada por agentes bolcheviques -el inefable Rokoff, de nuevo- es una película definitivamente adocenada, carente de la belleza, poesía y expresividad de la primera. «El rostro de los villanos más parecen de lujuria que de amenaza», dice David Fury en su biblia tarzanesca *Kings of the jungle.* Y ese era, exactamente, el tono del serial, con el pobre Rokoff, interpretado por Frank Whitson, raptando en cada episodio a Jane y esperando que, al final, Tarzán la volviera a rescatar, como en una pesadilla recurrente de dibujos animados de Pierre Nodoyuna.

Además, durante la filmación, hubo más sucesos de crónica negra, que como veremos, serán siempre habituales en las películas de Tarzán. En el rodaje del capítulo 12, tres leonas arañaron al hercúleo Lincoln. ¡Realmente lo de este hombre con los felinos era como para preocuparse! Elmo consiguió escapar, sí, aunque peor suerte corrieron 5 actores disfrazados de árabes, y algunos resultaron gravemente heridos. Desconocemos si finalmente murieron, porque ahí acaba el reporte de los periodistas; pero no importa, eran figurantes. Eso sí, los díscolos felinos destrozaron dos cámaras con todo el material rodado durante la jornada. Un desastre para la producción. Lo que si nos cuentan las crónicas es que los guardias de seguridad dispararon contra los pobres leones, matando a dos.

Tras todas estas desgracias, y con el tibio resultado de las taquillas, el señor Lincoln estuvo un tiempo apartado de las pantallas. Regresó en 1939 para actuar en *El jorobado de Notre Dame* y para hacer un *cameo* en *Tarzán en Nueva York* (1942). Y, casi una década después, en clave de homenaje para enterados, reapareció irreconocible en un pequeñísimo papel de indígena del montón, perdido entre los figurantes de *Tarzán y la fuente mágica* (1949), junto a Lex Barker. Lex era precisamente todo lo contrario de lo que fue Elmo, o sea un hombre mono guaperas y refinado. Justo la antítesis del armario Lincoln, que murió en 1952, dos años después de que falleciera Burroughs.

4
LA SELVA ANTES DE WEISSMULLER

En realidad, el primer Tarzán del cine no fue el señor Lincoln. En la misma película en la que actuó Elmo -*Tarzan of the apes* (1918)- con 11 años recién cumplidos, el adolescente Gordon Griffith precedió al coloso unos cuantos cientos de metros de celuloide, dando vida al hombre mono cuando era un niño, cuidado y educado con cariño por sus hermanos primates.

El pequeño Griffith era un actor infantil que ya actuaba en películas desde 1913. Por ejemplo, participó en los primeros cortometrajes cómicos de Charles Chaplin. En *Tarzán, el hombre-mono* (1918), Griffith se muestra como un prodigio de expresividad, muy teatral pero al tiempo acercándose ya a los recursos interpretativos del cine futuro, con la cara tiznada, resaltando sus ojos muy abiertos y los dientes brillantes cual perlas de Opar. Algunos de los más inolvidables planos de todos los tarzanes primitivos y mudos son suyos.

Dos años después, con 13 primaveras, el jovencito repitió papel selvático haciendo de Korak, el hijo del hombre mono en *The son of Tarzan* (1920). Ahí Griffith está pero que muy bien, demasiado bien para el nivel actoral del cine de la época. Con un físico de joven púber, flaco, pero ya algo más crecido para intentar ser convincente como niño salvaje, peleando a puñetazo limpio con árabes sátrapas y salvando a la niña que en el futuro será su prometida.

Después de sus tarzanes, el pequeño Griffith continuó trabajando en Hollywood, recorriendo una trayectoria bastante anónima, de la que solo destaca su encarnación de Tom Sawyer en *Huckleberry Finn* (1921). Esta oscura carrera como intérprete, prematuramente interrumpida, dio paso a otra trayectoria cinematográfica bien distinta, consumida en funciones de ayudante de dirección y en tareas de producción, unos trabajos que le ocuparon hasta su temprana muerte con poco más de cincuenta años.

Gene Pollar, nacido como Joseph Poler en 1892, trabajaba como bombero apagando fuegos en Nueva York hasta que alguien tuvo la ocurrencia de tentarle para interpretar al segundo Tarzán adulto del celuloide. El cine, entonces, con su luz deslumbradora, aún atraía más moscas y más ingenuos soñadores de los que hoy atrapa un reality show, con su cutre oropel.

Así que Joseph adoptó el nombre artístico de Gene Pollar para actuar en *The return of Tarzan*, que la productora de chapuzas baratas conocida como Numa Pictures llevó a las salas en 1920.

El Tarzán de Poler viaja en un trasatlántico, en compañía de su buen mentor el explorador D Arnot -interpretado por Franklin Coates- y vigilando a los malvados habituales, Rokoff y Paulovich, aquí una especie de El gordo y El Flaco encarnados por Armand Cortez y Walter Miller. Los malos pelean con el héroe y Tarzán cae por la borda del barco. Y en París continúa la aventura.

Leemos que el pobre Joseph Poler pensaba que los productores -los chungos hermanos Weiss- lo iban a llevar a la gentil *France*. ¡Qué ingenuidad! Excesiva incluso para Tarzán.

El rodaje se quedó un poco más cerca, concretamente en Florida y Nueva York, Y Pollar fue realmente un Tarzán tan improbable, cutre y ridículo -un calvo incipiente a los treinta, de pelo cortado y peinado con raya a un lado- que, afortunadamente y por lógica, no repitió. Su aspecto de tipo corriente y hasta feo, de vecino fuertote que transpira mucho, de señor en camiseta ahogándose en el calor de los trópicos, se nos antoja hoy como uno de esos grandes disparates de casting de la Historia. Sin cortarse lo más mínimo el propio ERB lo dijo en aguda humorada: «Como actor es un gran bombero».

Pollar entraba en plano con las manos engarfiadas cual Nosferatu, moviéndose como el Cesare del *Caligari* (1920) y echado hacia delante como la criatura de Frankenstein. Y daba entre miedo, sonrojo y repelús. Con el pecho afeitado de dos semanas y la piel de leopardo, vestida como quien se tapa con una manta, cualquier encanto se evaporaba en torno a este Tarzán.

Eso sí, a Pollar le cupieron -con perdón- dos hitos tarzanescos. Fue el primer Tarzán que cabalgó un elefante- el buenazo de Charlie- y también fue el primero que curró con un orangután, bastante antes que Bo Derek y Miles O Keeffe soportaran estoicamente las embestidas del pongo de largos brazos y pelo rojizo. Porque su compañero primate de aventuras estaba interpretado aquí por un simio que fue muy célebre en el Hollywod de la época: Joe Martin.

Sí, así se llamaba, aunque parezca una broma. Y su domador se hizo de oro con el tal Joe Martin. Porque trabajó mucho el pobre, apareciendo también en la última película de Elmo Lincoln: *Las aventuras de Tarzán* (1922).

Percy Dempsey Tabler era un cantante de ópera de Tennesse, de ojos claros y, como Lincoln, tan grande como un camión. Había estudiado en Leipzig y, ya en la veintena, cruzó la lírica con la prosa del sopapo, peleando como boxeador amateur. Con casi 40 años se recicló a actor e interpretó varias películas del pionero Thomas H. Ince. Hasta que le ofrecieron encarnar a un hombre mono muy maduro -le vino bien ser veterano, por exigencias del guión- en *The son of Tarzan* (1920), nueva película producida por la National, la empresa que comenzó las adaptaciones cinematográficas de las novelas de Burroughs.

El Tarzán de Tabler se parece más a un gigantesco cura -o a un mormón del montón- que al héroe selvático. Y resulta más que chocante el momento en el que vemos como Tarzán se casa con la bella Karla Schram. Parece una boda de melodrama romántico. Tras ese interludio -propio de otro género- Tabler se pone la cintita al pelo y las pieles fardonas para volver a África y ayudar a su retoño. Tenía cuarenta y dos años y, aún hoy, sigue siendo el segundo actor más viejo que encarnó a Tarzán, después de Jock Mahoney, que tenía dos más -muy bien llevados- cuando tuvo su oportunidad como hombre mono en la década de los sesenta.

Como dijimos, a Korak, el hijo del Tarzán de Tabler -el del título de la película- lo interpretaban dos actores, Gordon Griffith -encarnándolo de niño- y Kamuela Searle, que era un joven hijo del rey de la jungla. Searle -lo veremos más adelante- sí que tenía un físico atlético y exótico que le hubiera ido muy bien a Tarzán. Pero hubo mala suerte, murió por las heridas sufridas en el rodaje de este filme, golpeado, contra un árbol y contra el suelo, por un elefante a la carrera. Un doble del malogrado actor, completó la filmación.

En los quince capítulos del serial *The son of Tarzan*, Tabler no sale mucho, pues Tarzán, casado y retirado, alejado de la jungla, cede el protagonismo a su hijo, raptado por unos villanos. Un niño que debe repetir la historia del padre, para vivir por su cuenta en la selva, cuidando al amor de su infancia y juventud, un personaje interpretado por la niña Mae Giraci y por la atractiva joven Manilla Martan. Meriem -así se llama el amor de Korak -es la hija de un jeque, raptada por unos villanos que se hacen los suecos. Y los rótulos dan cuenta de como los niños -Korak y Meriem- crecen juntos, al amparo de la selva: "The boy and the girl, grew together in the savage jungle, beloved by the weak and feared by the strong". O sea que se hicieron mayores y comieron perdices, amados por los débiles y temidos por los fuertes. Todo un eslogan que suena a campaña de político republicano, pero al revés.

En el reparto, en un pequeño papel de pérfido jeque árabe, figura Frank Merrill que, ocho años después, se convertirá en el último Tarzán mudo y el primero del sonoro.

James "Jim" Hubert Pierce, fue un jugador de fútbol americano universitario que, tras probar suerte en dos o tres películas, tuvo su gran oportunidad, interpretando al último hombre mono completamente mudo del cine en *Tarzán y el león de oro* (1927). Fue el propio Burroughs el que lo descubrió en una fiesta que daba su hija Joan, celebrada con derroche en el legendario rancho de Tarzana. "Se acerca a mi idea de Tarzán más que ningún hombre que haya visto... Él es Tarzán", dijo ERB, entusiasmado y saliendo en apoyo del que, un año después, se convertiría en su yerno.

Pierce tenía 27 años cuando se disfrazó de Tarzán. Y no nos hemos equivocado de palabra. Porque -dijera lo que dijera ERB- con sus pieles de leopardo cruzando el pecho, imitando el modelito del último Lincoln, con el rabo del felino colgando de la falda, el maquillaje de labios resaltando unos dientes blancos de anuncio dentífrico y una exagerada sombra de ojos típica del cine mudo, el actor parecía estar listo para una fiesta carnavalesca muy poco viril.

Además, Pierce se mueve tan torpemente delante de la cámara que la sensación de que un fantoche -y no un actor- quiere jugar a ser Tarzán pesa de lo lindo a lo largo de todo el film.

Así que, por lo tanto, no puede sorprendernos que el gordo villano Frederick Peters se ponga unas pieles a lo Tarzán para engañar al pobre viejo que sabe el paradero del templo de los diamantes. La secuencia nos parece involuntariamente acertada. Parece concluir algo así como: ¡si un desastre como Jim Pierce puede ser Tarzán, virtualmente, cualquiera, con la guardarropía adecuada, puede hacerse pasar por el hombre mono!

También, y por eso mismo, por segunda vez -y como le pasaba a Tabler- cuando Lord Greystoke se viste de traje de etiqueta para recibir a unos amigos en su civilizada casa del corazón de África, respiramos tranquilos y nos decimos: «¡Tarzán, ¡estás mejor vestido!»

En cualquier caso, afortunadamente, en *Tarzán y el león de oro*, el hombre mono dosifica sus apariciones, desvelando así que a sus autores la película les interesa más como una de aventuras selváticas, con cargado tono de serial, que como una entrega del personaje que creó Burroughs. Además el pobre Jim sufrió de lo lindo. Pasó por un auténtico calvario porque J.P. McGowan, el director del filme, iba de realista y le hizo caminar descalzo sobre rocas afiladas. Los pies se le infectaron e hincharon de tal modo que los maquilladores tuvieron que ponerle unas zapatillas ajustadas, pintadas de color carne para que no se notaran demasiado registradas en la poco sensible emulsión en blanco y negro utilizada en la época. Pero se notaban, vaya si se notaban, llamando la atención en aquellos bochornosos planos generales de las correrías de Tarzán.

En fin, que la poesía de otras películas mudas de Tarzán -especialmente la de la primera, con Elmo Lincoln- brilla, también aquí, por su ausencia. El film es plano, carente de brío y está lleno de disparates, como ese supremo sacerdote del templo que es un indio americano de más de dos metros.

Hoy, el visionado de la película -recuperada hace menos de veinte años, cuando se daba por desaparecida- roza el tedio más atroz. De todo el metraje solo merece la pena reseñar la aparición de Boris Karloff, maquillado de brujo negro muy malo, cuatro años antes de convertirse en estrella del cine de terror con *Frankenstein* y *La momia*.

El pobre Pierce intentó seguir con su aventura cinematográfica. Y trabajó en docenas de títulos durante dos décadas. Siempre como ignoto secundario o como actor de reparto sin categoría.

Pero, a pesar de los pesares -que fueron muchos- el actor trascendió. Aunque lo hizo con trampa. Porque, como anunciamos un poco más arriba, Pierce fue un Tarzán incestuoso. Jim, al ser breve hombre mono, de alguna manera fue hijo de Burroughs, y se casó con la hija del padre de Tarzán, que lo había descubierto y apadrinado. También, tal y como contaremos en los últimos capítulos. Pierce, enchufado de nuevo por su suegro, interpretó a un Tarzán radiofónico junto a la amada hija de ERB, que ponía la voz a Jane.

Otto Poll -¡otro Otto!-, nacido en Newark, fue un gimnasta y policía californiano, que adoptó el nombre, más cinematográfico, de Frank Merrill, con la mala fortuna de que así muchos todavía le confunden con el célebre militar americano que luchó en Birmania en los años cuarenta.

Realmente, el actor estaba predestinado para las cuestiones selváticas. Como le pasaría tres décadas después a Jock Mahoney, Merrill, incluso antes de ser Tarzán ya fue Tarzán. Porque hizo de doble de acción de Elmo Lincoln en *Las aventuras de Tarzán* (1922) y trabajó como actor de reparto en *The son of Tarzan* (1920). Sin embargo, como les pasó a casi todos sus antecesores mudos, también fue un Tarzán breve. Tuvo la mala suerte de que le cogió el cambio del silente por el sonoro y, por mucho que Tarzán era un hombre de pocas palabras, la voz nasal y atiplada de Frank lo sacó de la circulación de la nueva industria *talkie*, en la célebre y traumática reconversión que vivió Hollywood en esos años de transición. Fueron años en los que las listas de los actores de cine sufrieron múltiples bajas, como si una guerra o una enfermedad llamadas sonido o sonoro, hubiera diezmado a aquel ejército de soñadores que querían sobrevivir a la convulsión del *all talking, all singing* y *all dancing*.

Asi que el señor Poll, que en las marquesinas de los cines fue Frank Merrill, pronto volvió a su nombre más prosaico y europeo, y acabó su vida como profesor de gimnasia para escolares.

Pero vayamos a lo importante, a Merrill le tocó el dudoso honor de ser el último Tarzán mudo y un incipiente primer Tarzán sonoro. Tras filmar su primera película del mito con una técnica completamente silente -*Tarzan the mighty* (1928)-, Frank pasó a la historia como el primer hombre mono al que se escuchó gritar en el cine. ¡Nada de hablar eh!...solo gritar. Porque *Tarzan, the tiger* (1929) se rodó en época de transición y era una cosa híbrida a medio camino: llevaba rótulos, pero también música y efectos de sonido, gravados con los rudimentarios equipos de la Western Electric.

Merrill tenía treinta y cinco años cuando se puso las inevitables pieles. Con su físico de lanzador de peso y de deportista de élite- en anillas y en paralelas-, con un cuerpo muy cinematográfico y fotogénico, Frank recuperó para Tarzán cierto encanto, perdido desde el primer Lincoln y completamente ausente en los filmes protagonizados por Jim Pierce, Gene Pollar o Perce Dempsey Tabler.

Merrill fue pues, un hombre mono cachas, bastante moderno, con bíceps de culturista actual y, en general, una musculatura bien hinchada. No en vano la prensa de la época lo bautizó, muy gacetillera ella, de la siguiente guisa: "El hombre mejor formado del mundo". Y también alguien se pasó dos pueblos llamándole "El Hércules de la pantalla".

El pelo rizado y corto -ceñido sin embargo por la inevitable cinta, a lo paje esta vez- la mirada clara y penetrante y la mandíbula con hoyuelo, le daban un aire entre misterioso y soñador, en absoluto óptimo para el hombre mono de Burroughs, pero menos brutote- y ya dijimos que más atlético, moderno y rápido también- que el de sus predecesores.

En sus seriales de Tarzán, Merrill anda cargando con cuerdas -que no son lianas- unos aditamentos que utiliza como herramientas de trabajo, cual empleado de mudanzas dieciochesco. Eso, y los dientes que enseña a sus enemigos con asiduidad, son los únicos rasgos que le alejan un poco de cierto toque etéreo y romántico que serían más propios de un héroe espadachín que los de un salvaje cultivado.

En *Tarzán, the tiger* (1929) , basado en la novela de Burroughs Tarzan and the jewels of Opar, Merrill, con su pajarita blanca y su elegante smoking, sufre el mal de la llamada de la jungla. Y en su casa con chimenea de *cottage* inglés, tiene colgado de un perchero el traje de faena -el cuchillo, la piel de leopardo- al que echa miradas nostálgicas. Lástima que, en sus pies y en muchos planos de caminatas por la selva, canten ante nuestros ojos, otra vez, ¡una horribles sandalias!

A Merrill los productores lo taparon bastante más que al primer Lincoln, pero menos que a Gene Pollar. Hay una leyenda urbana que dice que Merrill no llevaba calzoncillos bajo las pieles y que eso se ve en un plano de *Tarzan the tiger* (1929). Podemos decir que después del último visionado de la película -al menos en la copia que revisamos recientemente- no vimos rastro de tal cosa. Aunque, la verdad es que tampoco insistimos demasiado en nuestra labor de prospección y peritaje. El premio no nos estimulaba mucho.

Ahora bien, a pesar de Frank Merrill, sus películas, como las del último Lincoln y las de Pierce, responden a las maneras de la pura opereta, con salvajes que son indios -¡en África!-, tigres de Asia, odaliscas árabes tan improbables como cutres guardadas por eunucos y un viento simún que no arrastra ni un papelito ni despeina pelucones, pero que arrasa por completo el campamento del malvado Achmet Zek y ¡hasta tira las piedras en la entrada de la cueva del oro!

Como en cualquier serial -o programa político- los titulillos de cada episodio de *Tarzan the tiger* (1929) prometen cosas que luego no se cumplen. Pero, eso si, una vez más, son bien expresivos: "The altar of the flaming gold", "The vengeance of La", "Condemned to death", "The loop of death" o "The jaws of death". Y muchos más con diferentes death incluidos. La muerte siempre le sienta muy bien a cualquier título, y más si es de serial.

Y son encantadores los mensajes que vienen al final de cada capítulo, escritos en llamativa grafía : "para ver el final venga la próxima semana" o "to be shown at this theatre next week". Esa era la fórmula. Si el lector algún día necesita explicarle a alguien las claves de los seriales esta sería una película apropiada para tal fin.

Merrill murió en 1966, después de dedicar sus últimos años a entrenar a jóvenes atletas y de llenar sus días con obras benéficas. La vida es así, lejos del mundanal ruido de Hollywood.

5
TARZÁN, EL HOMBRE QUE SE CREÍA JOHNNY WEISSMULLER

Poco importa que sean más de veinte actores los que, de manera oficial, se han puesto el taparrabos de Tarzán en casi sesenta películas. Y sin olvidar las docenas de tipos disfrazados de hombre mono, que lo plagiaron bajo otro nombre. Delante de las cámaras del cine y de la televisión no ha habido ni habrá otro como él.

No hay duda: Tarzán es Johnny Weissmuller como Bela Lugosi es Drácula. Nuestro argumento principal, que por sí solo debería bastar para mantener en pie tal axioma, reside en que ellos mismos -Johnny y Bela- se creyeron ciegamente su personaje. Y, puesto que estamos en la tierra de la fantasía, en un mundo donde debe triunfar la fe, en buena lógica esta cualidad debería ser suficiente para convencer a los más remisos.

El húngaro de Lugos dormía en un confortable ataúd poco antes de encontrarse con esa última estaca afilada que traía los síntomas de un ataque al corazón. Si Lugosi fue incinerado en 1956, vestido con su capa de vampiro y si Weissmuller acabó sus días lanzando el famoso grito entre los geriátricos y los hospitales mexicanos, ¿quienes somos nosotros para hacerle callar? ¡Aaaahh....AhAh...AaaahhAaaahh! ¡Que el célebre grito de Weissmuller ahogue cualquier discusión! Por otra parte, tan inútil.

Porque Weissmuller no estaba solo en sus creencias. Muchos niños de mi época también estaban convencidos de que Johnny era Tarzán. De hecho, la mayoría de mis amigos de la infancia no sabían de la existencia de Weissmuller. Y creo que nunca olvidaré la cara de uno de ellos cuando le descubrí las tripas de las películas. Fue para él un segundo y definitivo golpe a la ingenuidad, asestado a la línea de flotación de la credulidad y enviado justo después de mi crudo discurso -temible jab al hígado de la ilusión- que versaba alrededor de ¡toda la verdad sobre los Reyes Magos!

En *¡Stop, novela de amor!*, escrita por Fernando Fernán Gómez y publicada por Espasa Calpe en 1997, el escritor y cómico reflexiona sobre esto y lo hace de modo maestro, como casi siempre: «Considero ridícula la profesión de actor. En mi infancia no sabía que Johnny Weissmuller era una persona, creía que era Tarzán, como creía que Charlot era un vagabundo y no un payaso de familia de payasos».

Hace unos años, argumentando su rechazo para interpretar, por quinta vez, a Indiana Jones, Harrison Ford dijo en una entrevista: «No quiero hacerme viejo gritando por la calle con un sombrero y un látigo, como le pasó a Johnny Weissmuller». Y lo entendemos, pero al tiempo pensamos ¡qué falta de encanto!, ¡cuánto ha perdido Ford, sin sus rasgos de Indy! Y además, ¿que ha sido de él?, metido últimamente en tantos papeles sin vida y reconvertido a actor mediocre durante tantos años. A veces es mejor ser un loco que ser, simplemente, nada.

Hay una leyenda, difícil de comprobar, que cuenta el historiador Gabe Essoe, ambientada en el estallido de la revolución en Cuba. En 1959, mientras Weissmuller estaba en La Habana, haciendo de relaciones públicas en un campeonato de golf, pasó lo que casi todo el mundo sabe. Castro entró con sus soldados en la capital. A Johnny, que andaba a lo suyo, los insurgentes castristas lo detuvieron en un hotel, junto a otros americanos que estaban también por allí, para jugar a lo de los hoyos. No sabemos exactamente que tipo de hoyos andaban buscando. Pero el caso es que, rodeado de fusiles y tipos barbados, Johnny lanzó el más célebre grito de la Historia. Y comenzó a golpearse el pecho furiosamente. Atónitos, los soldados que le dieron la patada a Batista, alucinaron. ¡Aquel tipo era Tarzán!... «¡Ah, Juanito que viejo estás. Pero sé bienvenido a Cuba!», saludaron los fieros revolucionarios. Y, alegremente, lo dejaron irse.

Si hay que elegir entre la realidad y la leyenda, pues eso... que la verdad no te estropee una buena historia. E imprímela bien florida... En el Floridita.

El de Johnny Weissmuller no es solo el icono por excelencia del hombre mono, es también el más poético de la historia tarzanesca. Y ser un Tarzán poético, con la Gran Depresión que estaba cayendo aún en 1932, pues tiene su mérito. Johnny lo consiguió por su aire de estar siempre un poco perdido, por su aspecto de ser un rey -de los monos- pasmado. Lejos de cualquier sombra que nos recordara a un ser de la civilización, Johnny fue Tarzán por su aspecto *naif*, por su tranquilidad única y por sus inspiradas y breves réplicas de guión, escritas por el talento de gente como Ivor Novello -autor del célebre "Me Tarzan, you Jane"- Leon Gordon, Howard Emmett Rogers, Myles Connelly y Paul Gangelin, todos olvidados y talentosos artesanos al servicio de la Metro. Entre ellos, especialmente grande fue Cyril Hume, coguionista de *Trader Horn* (1931), la película que puso de moda África en todos los cines del mundo.

De todas formas, algo muy especial, intangible quizás, debería tener el Tarzán de Weissmuller si aún continuó siendo poético cuando la MGM dejó de producir sus películas y el productor Sol Lesser las puso en los circuitos de distribución de la RKO. Entonces, los filmes se hicieron más prosaicos, más baratos, más de serie B y el talento del equipo de guionistas comandado por Carroll Young rebajó el listón heredado de la MGM.

Y, a pesar de los pesares, el Tarzán de Johnny seguía siendo entrañable, incluso por encima del rápido deterioro físico del nadador olímpico. Un estropicio producto de la dolce vita que lo convirtió en un tipo tan fondón como el papá de cualquier niño de posguerra. Viéndolo en algunas de sus últimas películas uno no puede dejar de pensar en lo bien que se debía comer y beber en el Hollywood de los años cuarenta. Porque, por entonces, Weissmuller era un Tarzán acabado, en horas bajas. Y aún así, era el único Tarzán, un buen salvaje torpón y sonado, con la autenticidad pegada a la piel.

Lo dice un proverbio africano: «Por mucho que adelgace o engorde el león, seguirá siendo el rey de la selva».

Flashback obligado. Todo tiene sentido en este torbellino que son la vida y los recuerdos. Porque, un poco más adelante, vamos a ver que Johnny fue Tarzán por su cara de idiota. Tal cual. Que nadie se escandalice. Esto es un cebo para que el lector siga leyendo y manteniendo el interés. Lo del cebo se hizo siempre en el cine -aunque entonces no se llamaba así- y ahora es moneda de cambio en la televisión. Moneda de cambio para que nadie cambie, de canal.

Johnny era un pobre botones en el Plaza Hotel de Chicago, hasta que se fijó en él un entrenador de natación. El cazatalentos deportivo observó que el chico tenía cualidades, espiándolo mientras nadaba de tapadillo en la piscina de los ricos. ¡Y vaya que las tenía! Con veinte años, Johnny fue tricampeón olímpico de natación y medalla de bronce de waterpolo en París en 1924. Y también obtuvo dos oros en las olimpíadas de 1928 en Amsterdam. Además se adueñó de sesenta récords mundiales, batió tres plusmarcas en un mismo día y fue el primer nadador que consiguió hacer 100 metros en menos de un minuto. Perfeccionó la innovadora técnica del *crol -crawl* en inglés- conocida como estilo libre. También ideó el ciclo de respiración que utilizan los nadadores de hoy día, consistente en inspirar sacando la cabeza del agua a un lado, mientras se levanta un brazo, para así espirar bajo el agua.

Con veintiséis años años, aún imbatido, Weismuller dejó la natación profesional. Publicados quedaron mil y un epítetos para definir sus hazañas piscineras: "El hidroplano humano", "el pez volante", "el príncipe de las olas"- ¿hay olas en una piscina?- o "la maravilla acuática"...

¡Que cosas tiene la naturaleza! Raquítico y con problemas en la infancia -según algunos historiadores se dedicó a la natación como una superación, aunque esto no está claro-, larguirucho en la adolescencia- 1,90 metros a los catorce años- su cuerpo fue luego idolatrado por muchas y muchos, loado en los periódicos y revistas de la época. «Está construido como una escultura clásica griega», escribió un cursi en The New York Sun. Y pronto contestó el productor Sol Lesser, yendo más allá: «No sólo tiene el cuerpo armónico y el canon de una estatua clásica, posee también el físico fuerte que se necesita y esa cara sensual y animal que da la impresión de la jungla».

Esos eran los atributos de Johnny, adorado por los fabricantes de bañadores- a los que les sacó una buena pasta- y por las señoras que leían las revistas ilustradas.

Y aquí hay que decir que, en general, y casi por lógica, los tarzanes cinematográficos salieron de las piscinas, de los estadios y de los gimnasios. ¡Pues sí que estamos descubriendo América! Pero bueno, basten algunos ejemplos para entenderlo: Buster Crabbe, como Weissmuller, también fue campeón olímpico de las piscinas y nadó como compañero de equipo de Johnny, Herman Brix se subió al podio como campeón de lanzamiento de peso en las olimpiadas de 1928, Tamer Balci, el Tarzán turco, era futbolista de élite, Denny Miller y Ron Ely jugadores de baloncesto de las ligas universitarias, Mike Henry estrella de fútbol americano y Glenn Morris fue un enérgico campeón olímpico de decathlon que encandiló a la mismísima Leni Riefenstahl.

Dice la leyenda que el Tarzán de la Metro tuvo muchos pretendientes. Y que Johnny no habría sido lo que fue si Herman Brix no se hubiese lesionado a sólo unos meses del comienzo del rodaje de la película. Pero eso es mucho decir. Weissmuller parecía predestinado. Y la azarosa búsqueda de un Tarzán imposible, así parece demostrarlo.

W. S. Van Dyke, el encargado de la nueva película *africana* de la MGM que tenía a Tarzán como estrella, le dijo no a auténticas estrellas y a futuros relumbrones. Repudió, por ejemplo, a Clark Gable por ser bajo y «no tener buen cuerpo». Tampoco quiso a Charles Bickford, que le parecía muy mayor y «por tener unos ojos diabólicamente azules, propios de un noruego y no de un inglés». Y a Joel McCrea ni lo probó, ya que, según el director, «estos chicos cuando se quitan la ropa, no parecen hombres desnudos, sólo son tímidos desvestidos». ¡Grande, el viejo cascarrabias Van Dyke!

Así que, en un principio, a regañadientes, W. S., finalmente aceptó a Douglas Fairbanks Jr., al que puso a entrenar intensivamente. Pero sin ninguna convicción. Y de pronto, fruto de una casualidad, así como quien no quiere la cosa, el guionista de la película se encontró con Johnny en una piscina de hotel -que es, por lo que parece, donde Johnny solía encontrarse con toda la gente, su ecosistema, vaya- y se lo llevó a Woody Van Dyke. Y W. S. eligió a Weissmuller *in extremis*, por un extravagante y nada poético motivo. Dicen que así se lo dijo a la cara, con sinceridad faltona, marca de la casa: «Oiga, lo he elegido porque usted es el candidato que tiene más cara de idiota». Es evidente que si Burroughs hubiera escuchado este chascarrillo *dykiano*, se pondría de los nervios, o más allá.

Pero, en el fondo, eso era lo que pensaba de Johnny el patriarca ERB. "A papá nunca le gustó el modo en que Weissmuller interpretó a Tarzán, porque lo hizo como un zoquete. «Cualquiera que lea los libros de mi padre verá que el personaje no era así», dijo Hulbert Burroughs en una entrevista algo marciana que demuestra lo errados que estaban padre e hijo. Y lo acertado que estuvo el señor Van Dyke.

Y aunque todo lo relacionado con el casting del Tarzán de la Metro suene a cuento chino, contado a mayor gloria de Hollywood, la verdad es que no es increíble, teniendo en cuenta la calidad del animal de la Metro, con perdón.

El gran Woodbridge Strong Van Dyke es una más que fuerte leyenda del Hollywood montaraz, al estilo Cecil B De Mille -con quien, por cierto, se formó W.S.- Howard Hawks o Raoul Walsh. Un tipo al que se conocía como "one take Woody" -le bastaba una toma cuando otros hacían docenas- una bestia parda que dirigía con el látigo en la mano, capaz de asustar incluso a la maravillosa ingobernable Joan Crawford, un aventurero que se curtió en la Polinesia, aprendiendo de Flaherty en *Sombras blancas de los mares del Sur* (1928) o que rodó en África en condiciones penosas, de pura guerra, su legendaria *Trader Horn* (1930), la película en la que se gastó casi tres millones de dólares cuando un presupuesto medio de entonces estaba en la décima parte.

Pero Van Dyke y la MGM le sacaron buen partido a los 60.000 metros de celuloide rodado en el continente negro para *Trader*. Esa fue la África que ambientó y nutrió los fondos y transparencias de docenas de películas de la productora del león. Así que el despilfarro se enjuagó con creces.

Cuando un joven y despistado Orson Welles le pidió algún consejo para salir vivo en aquello tan complicado del oficio de hacer películas, Woody el Fuerte le dijo al joven genio advenedizo: «Keep moving!». Mantente en movimiento y *tira palante* que diría un castizo. Así que no es extraño que Van Dyke fuera el elegido para dotar con el inimitable vigor que disfruta la primera de las dos indiscutibles obras maestras que llevaron a Tarzán dentro.

Pues sí, *Tarzán de los monos* (1932) es una *masterpiece* absoluta y eso ayuda mucho a la carrera de cualquiera. Desde entonces, Johnny Weissmuller interpretó a su *alter ego* en un total de 12 películas. Fueron dieciséis años en los que vimos envejecer a Tarzán, crecer a Boy y desaparecer a nuestra adorada Jane, sustituida en los cuatro últimos filmes de Weissmuller por un pálido remedo. Todo esto, en un orden algo desordenado, lo fuimos percibiendo los jóvenes espectadores *voyeurs* como si fuera un retrato acelerado de la creación y posterior desintegración de nuestra propia familia.

Otro inciso de la memoria. A comienzos de los años setenta nos tocó una quiniela. Mi amigo Alberto y yo éramos tan renacuajos que nuestros padres tuvieron que acompañarnos a cobrarla. ¡Una quiniela de catorce! Si, pero no fuimos millonarios. Por desgracia aquella fue una semana muy facilita. Pero, de cualquier forma, la cosa dio para mucho. Dinero para tapar todos los agujeros -las simas más bien- de la economía familiar de las dos casas y, en mi caso, para comprar un proyector de súper 8 milímetros y otras cosas de puro lujo para un niño loco por el cine, como una moviola manual. Y descubrimos una tienda de fotografía que vendía películas mudas y sonoras en formato doméstico. Entraron en casa bobinas de 60 metros con 10 minutos de todos los monstruos de la Universal -Karloff, Chaney, Lugosi- fragmerntos de seriales de la Republic, cortos cómicos de Chaplin y, *last but not least*, una bobina de *Tarzán en Nueva York*, con banda sonora pegada a un lado y en versión original. Ahí descubrimos que Tarzán era Tarsan para los americanos. Que Jane le decía a su amor «Taaarsan», arrastrando la primera a y aquello nos volvía locos. ¡Qué extraña alquimia, qué cosa tan mágica e inabarcable, era el cine! Destrozamos la película, machacados los pasos por los rodillos del proyector, de tanto proyectarla, marcha atrás ahora, marcha adelante después. ¿Qué tenía aquella voz, tan hipnotizadora?, nos preguntábamos.

Y es que en las dos indiscutibles obras maestras de la historia del Tarzán cinematográfico, *Tarzán de los monos* (1932) y *Tarzán y su compañera* (1934), el estallido de sexo, misterio y aventura es realmente vibrante e inolvidable. «Johnny Weissmuller y Maureen O Sullivan, son exaltación plástica de la naturaleza», publicó el diario gráfico español Ahora, el día 31 de octubre de 1932, cuando la primera película de la pareja se estrenó en España, en El Palacio de la Música de Madrid.

Muy propio lo de exaltación plástica de la naturaleza, como pie de foto de una imagen de la pareja enseñando más de lo que permitía la época.

En la tercera película, *La fuga de Tarzán* (1936), el héroe consolida su relación con Jane y aún son los años de esplendor, cargados de deseo y brío. En la cuarta,*Tarzán y su hijo* (1939) , la sagrada familia encuentra a Boy y se atenúa aquel añorado y jubiloso calor de la carne que ya no volverá.

Entonces, revive un productor muy listo, Sol Lesser, para sacarle más réditos económicos a una historia que se enfriaba en la taquilla. En *El tesoro de Tarzán* (1941) y en *Tarzán en Nueva York* (1942), continúa la educación del chico mientras papá va perdiendo tono muscular y ganando quilos. La energía de los primeros filmes se ha perdido casi definitivamente, pero aún hay latigazos de pura poesía.

Pero la Metro Goldwyn Mayer -una empresa de negocios, al fin y al cabo- se desentiende del mito y le pasa la franquicia a la RKO. Lesser continúa al mando del barco, aderezando las películas que produce con el sabor de la serie B y ambientándolas en civilizaciones de cuatro pesetas, que el avispado productor rescata de las novelas *pulp* de Burroughs: Palandria, Palmeria, Palmira, Tarong, Aquatania... Y, al tiempo, ya queda certificado que nunca más estará en nuestras vidas la Jane canónica. Durante un par de filmes, en *El triunfo de Tarzán* (1943) y en *Tarzán el temerario* (1943) -también conocida como *Tarzán y el desierto misterioso*- no hay Jane. Se ha ido a Europa, ayudando a sus compatriotas ingleses en la Segunda Guerra Mundial. El pobre Tarzán queda tan aburrido que hasta se enfrenta a los nazis.

Y llega Brenda Joyce. Es como un divorcio y un nuevo matrimonio. Joyce es ya una Jane como muy madrastra, no por malvada sino por insípida. Y por eso no es extraño que Lesser ponga delante de los ojos de Tarzán a otras muchas mujeres. Para que se alegre la vista. Junto a él, nosotros también lo intentamos-alegrarnos la vista -pero con poco éxito.

Así, el Tarzán de Weissmuller, el marido fiel que solo tenía ojos para Jane mira -solo mira- a otras chicas: amazonas, mujeres leopardo, cazadoras intrépidas y hasta sirenas. Son títulos inequívocos: *Tarzán y las amazonas* (1945) -*Tarzán y las intrépidas amazonas* en una reposición de los años sesenta- *Tarzán y la mujer leopardo* (1945), *Tarzán y la cazadora* (1947) y *Tarzán y las sirenas* (1948). Mujeres exóticas y mundos fantásticos muy *pulp*, al gusto de Burroughs. En estas últimas, papá Weissmuller ya está hecho unos zorros, blando y fondón. Y Boy se ha convertido en un efebito musculoso.

Cronológicamente, Weissmuller era el sexto Tarzán del cine -el séptimo si incluimos al pequeño Gordon Griffith- pero, para siempre, ocupó el número uno en el ranking de la popularidad. Un cetro que no le arrebataría nadie. Ni creemos que nadie se lo arrebate nunca en el futuro, por mucho que este negocio cambie.

Como señaló Lesser, sus rasgos eran de origen "exótico" ya que nació en Timisoara, ciudad que, cuando vino al mundo Johnny -con el premonitorio, muy bíblico y acuático nombre de Jonás- pertenecía al Imperio Austrohúngaro, tan berlangiano. Timisoara es hoy Rumanía y, en 1989, fue cuna de la revolución que acabó con el dictador Ceaucescu.

Ya lo dijimos, en sus años dorados, el aspecto de Johnny Weissmuller era realmente imponente. El pequeño Herbert Mundin se desmaya con un grito seco al encararse con un silencioso Weissmuller en la noche americana del plató de *La fuga de Tarzán* (1936). Weissmuller, fuerte y erguido frente al pequeño actor de carácter, es una de esas imágenes que lo explican todo sobre el legendario porte tarzanesco del actor de origen rumano.

Cuando el Tarzán de Johhny hace su primera aparición para la historia, ya va transcurrida media hora de *Tarzán de los monos* (1932). Escudriña desde los árboles la extraña expedición que comanda C. Aubrey Smith. Y, aprovechando el ataque de los pigmeos a la comitiva, Johnny-Tarzán rapta a Jane-O Sullivan.

Con su exiguo taparrabos -apenas dos trozos de piel unidos por una fina tira de cuero- un delgado y fuerte Weissmuller se mueve como un felino, sin necesidad de extras, salta de rama en rama, como una fiera observadora e inquieta.

«¿De que color son tus ojos?», pregunta O Sullivan en *Tarzán de los monos* (1932), mirando fijamente a Johnny. Y, al momento, ella misma se contesta: «Si, ya lo se, del color de la selva».

Tarzán no le quita ojo a Jane, perplejo con su parloteo. «Me encanta decirle cosas a un hombre y que no pueda entenderlas», concluye O Sullivan, fascinada con la relación que acaba de comenzar.

En los diez años que pasaron juntos, dentro de la escasa intimidad de los estudios de la Metro -entre 1932 y 1942- O Sullivan y Weismuller tuvieron una vida privada muy divergente. La de Maureen transcurrió sin sobresaltos, si exceptuamos embarazos y discretos divorcios.

La vida de Weissmuller fue más agitada, regada de líos con categoría. Líos que implicaban a leonas de fieras uñas, que iban de Joan Crawford para arriba. Y tuvieron un apasionado y doloroso *highlight*: Johnny se casó con Lupe Vélez, la diminuta dinamita mexicana de Hollywood. Pequeña de talla, gigante en amores, Vélez fue una devoradora con lista kilométrica de amantes: Jack Dempsey, John Gilbert, Gary Cooper, Douglas Fairbanks, Charles Chaplin...

"La mujer que escupía fuego", "la gata salvaje", "la reina del hot-cha", era una falsa *femme fatal* de fondo frágil, corazón enamoradizo y sexo caliente. Tuvo un trágico final, con floreado suicidio teatral con seconal. Y tenga el lector la indulgencia de perdonar todos mis pareados involuntarios. Vélez se murió con la cabeza metida en el inodoro, después de tomar 20 pastillas del somnífero de las estrellas, ahogada en su propio vómito, de la misma manera que, tres décadas después, moriría el genio de Jimi Hendrix.

El pequeño huracán Vélez desestabilizó mucho a un sensible y enorme Johnny. «Abandonado en la jungla que fue su matrimonio», según palabras de Guillermo Cabrera Infante. Exagerando, a la búsqueda de un buen titular, un columnista de aquellos años encabezaba así una crónica: «La pantera Lupe devora al Rey de los Monos». Y es que Johnny se presentaba a los rodajes con profundos arañazos y cortes en cara y espalda. Cabrera Infante lo resume de una manera brillante en su libro *Cine o sardina*: «Lupe, que no se andaba por las ramas, insultaba, peleaba, golpeaba al noble gigante que fue Weissmuller, que solo era capaz de decir Yo Tarzán, ella la selva». Muy ocurrente, claro.

Pero también es célebre en la crónica rosa y negra de Hollywood la famosa pelea protagonizada por ambos -y dirigida también contra el dueño del local- en el Ciro s, ilustre chiringo de lujo de las estrellas. La refriega la cuenta, entre muchos otros, Billy Wilder, en sus memorias dictadas a Helmut Karasek. El director la define como una auténtica batalla campal, donde Johnny volcó una mesa llena de comida sobre el regazo de Lupe. Parece que, después de mucho aguantar escarceos e infidelidades varias, Weissmuller estalló de celos cuando Vélez se lió con *Big Boy* Williams, llamado así por sus aireadas proezas amatorias. Y la ruptura hizo temblar los cimientos de la Babilonia del cine. Porque Johnny estaba ciegamente enamorado de Lupe. Varios años después del divorcio, sintiéndose culpable, la lloró por las barras de los bares que daban de beber a los siempre sedientos dioses de Hollywood.

Lloró mucho, sí, pero Weissmuller fue también muy dado a cambiar de pareja. Con Lupe estuvo casado cinco años, desde 1933 hasta 1938. Y Vélez era la tercera esposa de las cinco que tuvo el rey de la selva. Hay historiadores que hablan de seis matrimonios, ya que no están claros sus primeros años antes de ser famoso.

La primera muerte de Weissmuller le vino con cuarenta y cuatro años, cuando dejó colgada para siempre su auténtica piel en *Tarzán y las sirenas* (1948), una película bonita por lo kitsch, pero en verdad mala. Un filme rodado en México y en los estudios Churubusco, escenarios que quedaban muy, muy lejos de la que fue casa de Tarzán. Posteriormente, Johnny se mudó a los estudios de la Columbia, interpretando entre 1948 y 1956, al héroe y aventurero *Jungle Jim*, personaje creado por Alex Raymond para el cómic. Junto al chimpancé Tamba, que sustituyó en sus funciones de compañero simio al fiel Jiggs, Johnny fue Jim en algo más de una docena de títulos y en veintiséis capítulos de una serie de televisión. Con *Jungle Jim*, Weissmuller realmente tocó fondo en el pozo de su muerte en vida.

Jim de la jungla no fue más que un triste émulo de Tarzán, con Johnny vestido con su uniforme de explorador, su sombrero de Stewart Granger y sus calcetines blancos. ¡Que duro fue ver eso! «Desnudo era una estrella», escribió José Luis Guarner, poniendo al día la legendaria marca de la casa de los publicistas de la MGM. Las ropas de *Jim de la Jungla* anulaban a Weissmuller, lo convertían en un torpe gigantón que peleaba contra gorilas asesinos -*Mark of the gorilla* (1950)-, dinosaurios -*Jungle Manhunt* (1951)-, nativos aficionados a los narcóticos -*Fury of the Congo* (1950)-, nazis, pigmeos, arañas gigantes, mujeres leopardo y caníbales. En *Captive girl* (1950), uno de estos films de serie B protagonizados por Jungle Jim, Weissmuller compartió aventuras con su ex rival Buster Crabbe, que interpreta ahí a un cazador de tesoros chapucero. No era la primera vez que los dos tarzanes coincidían juntos, pues ya habían rodado *Fuego pantanoso* (1946) en un descanso tarzánido de Weissmuller. Y ya no se podía pedir más en esta escalada de la desolación. Dos tarzanes decrépitos, vestidos y domados, peleándose como un par de gallos desplumados, y los dos por el precio de uno.

En la extravagante y delirante, pero al tiempo morbosa, *Won Ton Ton, el perro que salvó a Holywood* (1975), un viejísimo Johnny, que por entonces ya vivía en una residencia para actores jubilados en Woodland Hills, hizo su última aparición en el cine. La película, con el reclamo y la excusa del perro Rin Tin Tin, estaba ambientada en el Hollywood sagrado y babilónico de los años veinte y era como un panteón con forma de homenaje a las viejas glorias, aún vivas pero muertas ya. Zsa Zsa Gabor, Yvonne de Carlo, Ethel Merman, Walter Pidgeon, Joan Blondell, Victor Mature, Peter Lawford, Virginia Mayo, Fernando Lamas, Rory Calhoun, Ricardo Montalbán, Jackie Coogan, Andy Devine, Broderick Crawford, Dorothy Lamour, Rhonda Fleming, Cyd Charisse, o John Carradine se repartían papelitos junto a Johnny. Eran juguetes ancianos y muy rotos, olvidados viejecitos para el derribo de balneario.

La segunda muerte de Weissmuller, la física, aconteció en un hospital infame de Acapulco, en los primeros días de 1984. En los años cincuenta, aprovechando los benignos impuestos y el buen tiempo del Golfo de México, las estrellas de Hollywood se construyeron enormes casas en el país vecino, que les quedaba a un tiro de piedra, bajando hacia el Sur. Pasados los años de la moda mexicana, Errol Flynn, John Huston o Ava Gardner se fueron marchando del país, pero Weissmuller aún se paseaba vestido- o desvestido- de Tarzán, gritando su célebre alarido de la mano de su última esposa, María Brock, que iba disfrazada de algo parecido a Jane. Por fuerza, sus vecinos mexicanos tenían que pensar que los yanquis, esos semi dioses de Hollywood, debían estar locos de remate, perseguidos por alguna maldición innombrable. Sin embargo, a pesar de todo, trataban con respeto y cariño a Johnny y le seguían el juego en su locura, respondiéndole como si realmente fuera Tarzán.

Pero la prensa amarilla era otro cantar. Hizo sangre. Se metían con él, por gritar allá a donde iba, por berrar aquel canto que lo hizo célebre. El mundo lo castigaba por hacer algo por lo que en el pasado le pagaron, y muy bien. A él, al hombre mono al que jaleaban para que gritara en mil y una galas benéficas de los años treinta, cuarenta y cincuenta. José María Iñigo lo entrevistó por entonces en su programa "Directísimo" de TVE y Johnny insistió en despedirse con su célebre grito, en directo, en Prado del Rey... «Lanzó un gallo tan grande, desentonó tanto, que aquello fue un cachondeo», recuerda el presentador en su libro de memorias *La tele que fuimos*.

Weissmuller llevaba muchos años sin fuerzas para gritar en condiciones. Fueron décadas de enfermedades varias. ¡Qué ironía! El hombre más sano del mundo fue un enfermo crónico como ya adelantara un periódico agorero de Nueva York, una mañana de 1973, en un titular sensacionalista: «Tarzán está muy enfermo».

Desde una década atrás lo de estar enfermo no era novedad para el sano rey de la jungla. Y en 1974, con sesenta y nueve años, Johnny sufrió una severa crisis cardíaca. Lo internaron en un hospital de Nevada. En 1977 tuvo una trombosis cerebral y lo ingresaron en un complejo sanitario de California. En 1979, después de una operación de un tumor en el cuello, con 74 años, conoció por primera vez un psiquiátrico. Decían que estaba loco, que se creía Tarzán, que aterrorizaba a sus vecinos con sus gritos nocturnos... Cuanta injusticia hay en el mundo. No te pueden encerrar por ser tú mismo. ¿O sí?

Antes, Johnny se había arruinado dos veces. Después de ganar más de dos millones de dólares como actor, no tenía nada. Tras dejar el oficio de la interpretación, desde 1958 vendió piscinas, llegando al cargo de vicepresidente de la empresa, lo que sin duda tiene su ironía y nos lleva a la inevitable pregunta: ¿quién mejor que él podía ser presidente? La historia hasta es miserable con eso. El rey sólo es vicepresidente.

También, más tarde, Johnny fue relaciones públicas de urbanizaciones y complejos hoteleros. Incluso trabajó en la recepción del Caesar s Palace de Las Vegas. Pero naufragaba. El gran nadador se hundía con cada brazada. Y en los últimos años sobrevivió con una pensión del Screen Actors Guild.

Cuando subastó su famosa mansión de Beverly Hills y sus trofeos deportivos olímpicos, el subastador dijo: «Estos son los tesoros de Tarzán». ¡Qué dura es la vida del artista que cae en desgracia!

Aquel Johnny *golden boy*, aquel coloso que medía 1 90 y pesaba casi cien kilos de músculo. Aquel que se dejó llevar por la dolce vita de Hollywood y aumentó a más de 140 kilos. Aquel mito del vigor, cuando murió, a punto de cumplir ochenta años, hacía tiempo que necesitaba que lo ayudaran a levantarse y a caminar. Parecía una momia egipcia de poco más de sesenta kilos. ¡Y veíamos aquellas fotos del rey de la selva en los periódicos y las revistas! Era como mirar a tu padre destrozado y exhibido delante de todo el mundo.

Al entierro de Johnny asistieron mil personas, la inmensa mayoría anónimas. Eran fans mexicanos, en el pasado niños ilusionados y ahora huérfanos de su héroe. No había apenas caras conocidas del Hollywood dorado. Estaba José Estrada, el doble que lo asistió en sus últimas películas de Tarzán de la RKO. Y hasta el cementerio se acercó Linda Christian que lo calentó en la recta final de su deambular cinematográfico. Y John Gavin, actor y embajador de Estados Unidos en México, leyó un discurso. Y alguien llevó al sepelio a un chimpancé llamado Samantha que no era Chita. Efectivamente, Jiggs 2, recluido ya también, como su compañero, en una residencia para viejas glorias, no pudo asistir, por motivos de salud. O algo así.

Sobre el cementerio "El Valle de la luz" de Acapulco, cayeron la noche y las tinieblas. Ahora, treinta años después, ese camposanto se llama "Jardines del tiempo". Valle de la luz y Jardines del Tiempo. Dos grandes nombres para un camposanto. Si señor.

Aunque los cronistas del *couché* no se ponen de acuerdo en muchos aspectos del fallecimiento, entre edema pulmonar, trombosis cerebral, paranoia galopante, natación en alcohol o problemas del corazón a todos los niveles- también el figurado- nosotros pensamos que Tarzán en realidad murió de pena negra. Pero, al menos, su otro yo, Johnny Weissmuller, vivirá siempre feliz en un perlado y azabache, blanco y negro.

6
TRES TRISTES TARZANES, TRES

Érase una vez que se era la algo tonta historia de tres tristes tarzanes que tuvieron que compartir reinado al mismo tiempo con el Tarzán alegre que retozaba pletórico en la negra selva de los cines de todo el mundo. Tres tipos disfrazados que querían hacerse pasar por su modelo. Y estaban los cuatro a la misma hora y en la misma fiesta.

Cuando pensamos en ello no podemos dejar de recordar aquella genialidad disparatada del concurso de disfraces de Charlot, al que se presentó un señor llamado Charles Chaplin y quedó cuarto...

Frente a Johnny Weissmuller, que reinaba con facilidad y armonía en la jungla de las pantallas de los años treinta, el productor Sol Lesser apadrinó a Buster Crabbe en 1933. Sin mucho entusiasmo, papá Burroughs hizo lo mismo con Herman Brix en 1935. Y Lesser lo intentó de nuevo, a la desesperada, en 1937 con Glenn Morris. Huelga decir que ninguno de los tres le hizo ni un mínimo de sombra a Weissmuller y que todos fueron barridos de los cines por el enorme poder de distribución de la Metro Goldwyn Mayer y por el encanto único del actor al que apoyaba la productora del león.

Clarence Linden Crabbe, de nombre artístico Buster Crabbe, y conocido por todos en Hollywood por Larry Crabbe, tuvo la mala suerte de debutar como Tarzán justo después de que la Metro estrenara su película con Johnny Weissmuller.

Tarzán de las fieras (1933) llegó como la tozuda respuesta de la Paramount, que no pudo con el enorme poder de distribución de la major del león. Está claro que Sol Lesser, productor que luego apadrinaría la etapa de Johnny

Weissmuller en la RKO -y también *factotum* de todas las películas de Lex Barker y las primeras de Gordon Scott- hizo su primera incursión en el mundo tarzanesco con muy mal pié y apoyando al actor equivocado. Y es que a Crabbe ya lo habían rechazado los ejecutivos de MGM, viendo que no encajaba para nada en el personaje. En su lugar los responsables del león eligieron a Johnny Weissmuller.

Antes de ser Tarzán por un día, Crabbe ya había actuado como héroe de la jungla en *King of the jungle* (1932) -en España estrenada como *El hombre león*, en octubre de 1933- dando vida a Kaspa, un personaje que, como sugería su nombre, era en verdad casposo y estaba descaradamente "inspirado" en el héroe creado por Burroughs.

Pero, a pesar de todas las evidencias posibles, Sol Lesser y la Paramount insistieron. Confiaban en la popularidad de Crabbe, ya que, como Weissmuller, fue campeón olímpico de natación en 1932 y los dos compartieron alegrías en el equipo norteamericano. En la publicidad de la película, los mandamases de Paramount utilizaron hasta el hartazgo la medalla de oro que Buster consiguió en los cuatrocientos metros. Era oro, pero no sirvió de mucho.

Con un exiguo taparrabos de leopardo, enseñando generosamente caderas y glúteos- compitiendo también así en lo menguante de la indumentaria con Weissmuller- Crabbe luce sus rizos ensortijados cayéndole sobre la cara. Un poco bizco y muy naif, su Tarzán es un ingenuo salvaje, algo tonto e infantil, que ríe por cualquier cosa. Y, tanto le da unos azotes a su chimpancé -a la que al final del filme llama, por fin, Cheeta- como acaricia a una gacela en plan héroe de almanaque nudista.

A la película de Crabbe todavía le pesa la transición del mudo al sonoro, con resoluciones muy torpes, como esa secuencia en la que el actor ríe y se toca el pecho -sin decir ni mu- cuando Jacqueline Wells le pregunta: «Are you Tarzan?» Y es que en realidad el guión de *Tarzán de las fieras* es un puro despendole, bastante *demodee*. Y áun nos parece más anticuado si lo enfrentamos a la película contemporánea de Weissmuller, mucho más novedosa y moderna en dirección, diseño, actuaciones y diálogos.

Entre egipcios malos que bailan como en una película de Busby Berkeley, un dios que se llama El Zar y cuevas fabulosas de esmeraldas, el Tarzán de Crabbe se nos antoja salido de un Hollywood que se había muerto hace años.

Cuando *Tarzán de las fieras* fue estrenada en España, un año después que en los EEUU, una revista de la época hizo este comentario, nada inocente, por cierto: "Si hay que elegir, preferimos al otro". El otro siempre es el mejor.

Después de su única película de Tarzán, Crabbe disfrutó de una discreta pero constante carrera de actor de cine de aventuras y fantasía, interpretando a personajes como Flash Gordon o Buck Rogers. En los años cuarenta, continuó con la serie B y regresó a la jungla como una especie de Indiana Jones en *Nabonga* (1944), junto a un feroz gorila de opereta y de pareja de la enigmática Julie London. En los años cincuenta, actuó en un buen número de seriales cinematográficos y de series de televisión que tuvieron su colofón en otra vuelta a la jungla, con el actor ya cuarentón, para interpretar el personaje de las historietas Thunda en *King of the Congo* (1952). Y, como ya vimos, coincidió con su modelo, Johnny Weissmuller, en dos ocasiones.

Buster Crabbe murió de un ataque al corazón, en 1983, un año antes de que falleciera Weissmuller. Tenía 75 años y, también como Johnny, como actividad extra, había vendido cientos de piscinas a las leyendas de Hollywood.

Aunque hay versiones divergentes, parece que el actor Bruce Bennett, que entonces aún respondía al nombre de Herman Brix, fue el elegido por papá Burroughs para interpretar a su hijo de ficción en *Las nuevas aventuras de Tarzán* (1935), una película producida por la Burroughs-Tarzan Enterprises, donde el escritor metido a productor también fichó a Jiggs, el chimpancé de Weissmuller que se ve que no tenía exclusiva con la Metro. Así el monito encarnó a Nkima, que no era Chita, ni se le parecía.

Zapatero a tus zapatos, dice el prosaico refrán. Y, por lo menos para Burroughs, resultó dolorosamente exacto. Ni él, con la autoridad moral que le correspondía, pudo con la majestuosa MGM y no pudo discutir el cetro de Weissmuller.

Aunque las últimas investigaciones parecen demostrar que Burroughs intervino más bien poco en la producción de la película y que fue su amigo y socio, el actor Ashton Dearholt -también conocido como Richard Holt- el que se encargó de liar todo el desastre. Dearholt, que con el eventual nombre artístico de Don Castello interpreta al villano de *Las nuevas aventuras de Tarzán* (1935), también metió en el rodaje a su amante, Ula Holt, con la que luego se casaría.

Curiosamente, Herman Brix -al igual que Buster Crabbe- estuvo en la terna de actores de la Metro, y era la opción de Burroughs que la MGM estaba dispuesta a considerar para su versión de 1932. Pero el actor se rompió un hombro rodando otra película y la Metro llamó a Johnny.

Brix, desde 1939, quiso cambiar de nombre artístico y llamarse Bruce Bennett para escapar del mal fario que le trajo Tarzán. Y no es una decisión que podamos criticar, la verdad, porque la película, vista hoy, es más que fungible. Y es que *Las nuevas aventuras de Tarzán* (1935) no eran muy nuevas que digamos, aunque si sorprendieron al respetable con un efecto de chistera decidido por Burroughs y por sus guionistas. Por primera vez, después de diez películas y siete tarzanes distintos, el hombre mono se alejaba de África -o de su casa inglesa- y viajaba a Guatemala, en busca de su amigo y educador el teniente D Arnot. Se iniciaba así la variante de Tarzán viajero, que a lo largo de la extensa filmografía tarzánida llevaría al hombre mono por medio mundo, desde la India hasta el Amazonas.

¡Y menudo lío geográfico se armaban aquí! Tarzán llegaba a Guatemala desde África de una manera muy *sui generis*. De árbol en árbol primero, luego a lomos de elefante, y, por último, en barco, luciendo su smoking blanco civilizado. En dónde llevaba las maletas es un misterio.

Y, ya en Guatemala, los expedicionarios que buscan a D Arnot, ven desde la cubierta del barco a negros africanos que bailan mirando a cámara. ¡Menudo tripi! ¿Pero en donde estamos? Claro está que, ¿quien sabía entonces por donde caía Guatemala?

En Guatemala, el rodaje fue un caos, plagado de incidencias, problemas económicos, desastres climáticos y enfermedades. La cosa se puso tan dura que la película se estrenó con un rótulo que pedía la indulgencia del espectador, advirtiendo que el sonido se había visto enturbiado por las adversas condiciones atmosféricas. El caso es que la filmación y el montaje se prolongaron tanto que a Weissmuller le dio todo el tiempo del mundo a hacerse con sus millones de fans y, para cuando se estrenó *Las nuevas aventuras de Tarzán*, todo el pescado ya estaba vendido.

La película era un serial puro y duro, con la vocación popular y menor que tiene el formato, trufada de diosas verdes, joyas preciadas y una codiciada estatua maya escondida en la Ciudad de los Muertos; una ciudad que parecía una nefasta premonición del mundo que habitaban los productores del filme. Y, no contentos con pegársela una vez, los productores repitieron, remontando el material sobrante de los descartes, mezclado con algunas tomas nuevas y una buena parte del metraje de *Las nuevas aventuras de Tarzán*. El resultado restante fue el híbrido *Tarzan and the Green Goddess* (1938), estrenada en España en dos partes con los títulos *Tarzán y la diosa* y *Tarzán en la ciudad muerta*. Aquí Tarzán se muestra más civilizado que nunca, alternando en el Hotel Continental de la jungla guatemalteca con Aston Dearholt, el malo de bigotillo y perilla, caracterizado a lo diablo cojuelo. Hay leones en esta Guatemala, ya no está la monita Jiggs -seguramente hubo algún lío legal con MGM- Ula Holt sale poco, y una tempestad, en un barco cargado de orientales encapuchados, cierra la película.

Herman Brix, ¡como no! -al igual que Crabbe o Weissmuller- también fue campeón olímpico, en concreto de lanzamiento de peso en los Juegos de 1928, donde se hizo célebre por ganar la medalla de plata, circunstancia ésta que le permitió dedicarse al cine desde 1930. Brix iba a ir a las Olimpiadas de 1932 pero el accidente peliculero que contamos antes lo apartó definitivamente del deporte. En el *remix* precipitado de *Tarzan and the Green Goddess* (1938), Bennett -aún Brix en algunos créditos- tiene una secuencia para la antología en la que rompe las cuerdas que lo atan, tensando los músculos de su pecho. El artificio del cine no puede ocultar el poderío físico del atleta.

Con el tiempo, Bennett se hizo un buen actor de carácter, tal y como podemos ver, por ejemplo, en *El tesoro de sierra madre* (1948), donde interpretaba a uno de los cuatro aventureros deslumbrados por la fiebre del oro. Pero, al principio, cuando respondía al nombre de Brix, era un zote, inexpresivo y envarado. Y así lo vemos metido con calzador en su Tarzán, seco como pocos. Sin duda, en los momentos de acción de *Las nuevas aventuras de Tarzán*, el atleta aprovecha para lucir su agilidad y energía, pero cuando debe hacer algo expresivo con su cuerpo -algo que sea distinto al salto o a la pelea- parece como si estuviera dentro de una armadura.

Bennet, áun como Brix, interpretó una especie de Tarzán apócrifo llamado Kioga, en el serial de la Republic, *Hawk of the wilderness* (1938). Y, en su carrera de serie B, regresó muchas veces a las aventuras africanas, incluyendo la intervención en la serie televisiva *Daktari* (1966).

Bennett y Brix, los dos en uno, murió -o murieron- en el 2007, ¡a punto de cumplir los ciento un años!, entrando en el club centenario de Manoel de Oliveira, Bob Hope, George Burns, Estelle Winnwood, Kaneto Shindo, Douglas Slocombe, Adolph Zukor, Hal Roach, Leni Riefensthal, Irving Rapper y otras leyendas del cine que sobrepasaron la centuria.

Glenn Morris (1912) fue otro atleta, otro hombre de hierro, el cuarto campeón olímpico que le dio cuerpo al hombre mono. Todo un héroe para los yanquis, pues resultó ganador absoluto de decatlón en las olimpíadas de Berlín, aquellas llamadas "Olimpiadas de Hitler", donde Leni Riefensthal, la cineasta mimada del Tercer Reich, filmó *Olympia*, ese maravilloso pero venenoso documental que funciona como hipnótica exaltación de la raza aria.

Ahí, Riefensthal sacaba a Morris -y a muchos otros deportistas- como a un dios, con asombrosos y plásticos planos contrastados -blanco y negro de mármol y bronce- tomados en contrapicado. Ves hoy día esas filmaciones y luego miras las imágenes de cualquier documental o reportaje actual y comprendes que, aunque en estos momentos todo es, técnicamente, posible, ya nadie tiene aquella capacidad de mirar. Y es que las de *Olympia* eran imágenes de una belleza reverencial. ¡Normal!, porque la directora y por lo menos uno de los fotografiados compartían cama.

Leni adoraba el cuerpo de Morris y al revés. Y eso lo recuerda la Riefenstahl en sus memorias: tras ganar la medalla, Glenn descendió del podio, ¡abrió la camisa de Leni y besó sus pechos delante de cien mil personas! Ni Tarzán haría algo más espectacular...

¡Y qué prosaica es la vida! Un hombre que fue tan deseado y que se comportó de modo tan audaz, un tipo que estuvo en la cima del mundo, o algo así, ¡acabó de agente de seguros en Los Ángeles!

Pero antes de ese desastre, mucho antes de que la realidad aplastara a la ficción, Morris fue Tarzán al menos una vez, un año después de su triunfo de Berlín. Sin embargo, a pesar de la publicidad gratuita con la que contaban el espabilado Sol Lesser y la Fox, *La venganza de Tarzán* (1938) resultó otro desastre estrepitoso de taquilla. Una hecatombe, sí, pero no todo puede atribuirse a las escasas aptitudes interpretativas del héroe olímpico. Recapitulemos. La dirección artística volvía a ser de opereta, situada en algún punto lindante con lo hindú y lo norteafricano, con chinos, árabes, harenes, cortinas y odaliscas. El guión intentaba imitar, sin ningún talento y con mucho descaro, las películas de Weissmuller. El *footage* de bichos resultaba tan insistente como ramplón. Y así podríamos continuar un buen rato. Solo la dirección de David Ross Lederman, brilló esforzada, funcional y a veces muy imaginativa, como en ese expresivo plano donde la sombra de la bailarina se proyecta sobre el rostro del malísimo jeque interpretado por C. Henry Gordon.

¿Y Tarzán? Pues como dijimos, Glenn Morris, con las innegables carencias dramáticas ya apuntadas, puede resultar simpático, pero no pasa de ser un hombre mono algo vagoneta -se despereza varias veces en el film- con perenne cara de coña, de no creerse nada de nada, y con muy poca elocuencia. En la película, Morris apenas habla -sólo dice algunos nombres-, gesticulando ridículamente y gritando sin control... Por cierto, su grito es realmente patético, amanerado y, afortunadamente, breve.

Vale que su cintura estrecha y su pecho ancho, propios del atleta practicante de muchas disciplinas, hacen de él un Tarzán convincente a nivel físico, pero esa nariz tan grande y el feo rostro angulado más parecen los rasgos de un personaje cómico que los nobles y magnéticos trazos del rey de la jungla. Time fue bastante más cruel en sus impresiones que nosotros: "Morris combina las facciones de Burguess Meredith y Harpo, pero sin talento". Y la Lupe -Vélez- se encontró a Morris en una fiesta y casi se lo come: "¡Tu no eres Tarzán, solo hay uno y es mi Jooohnny!". En fin, como para retirarse. Y justamente eso fue lo que hizo el improvisado actor, Morris no solo no volvió a ser Tarzán sino que tampoco hizo más películas.

En *La venganza de Tarzán* actúa también Hedda Hopper, entonces una actriz del montón, pero conocida después por ser la feroz cotilla rival de Louella Parsons. Hopper fue una hipócrita paladina de las buenas costumbres y del sexo como dios manda, que en radio y prensa se dedicó a quitar la piel a estrellas poco ortodoxas del Hollywood cainita. Hizo acoso y derribo de Charlie Chaplin, Katherine Hepburn, Cary Grant y Randolph Scott, entre muchos otros. La Hooper, casi cincuentona aquí, hace de mamá de la heroína, interpretada por Eleanor Holm. Y la verdad es que le sienta bien ser una señora muy agobiada por unas fiebres de rinoceronte que la acosan. E indignada por los litros de whisky que bebe su marido, el sin par gordo George Barbier.

Y así, tras la derrota en las taquillas de Glenn Morris, atleta y héroe de guerra herido en la Segunda Guerra Mundial, pasarían una docena de años antes que otro actor se atreviera a sustituir al imbatible Johnny Weissmuller, rey de las taquillas selváticas.

7

LEX BARKER, REINAR DESPUÉS DEL REY

Reinar, siendo un príncipe y sin la categoría de tu padre, es, como mínimo, una frustración shakesperiana. Algo así le pasó a Lex Barker, que tuvo que suceder a Johnny Weissmuller, sentándose en un trono que le venía muy grande. Y, desde el principio, las comparaciones fueron odiosas para Lex.

Barker era hijo de familia bien neoyorquina, con mucho pasado de abolengo. Desde su época en Princeton, al estudiante le tiraba eso del teatro e incluso llegó a debutar en Broadway. Pero su carrera como actor renqueaba más que prosperaba cuando estalló la Segunda Guerra Mundial. Entonces, Lex luchó en Europa, fue herido en Sicilia y regresó como héroe. A la vuelta lo esperaba el caramelo del taparrabos tarzánido. Y esos fueron realmente, sus únicos momentos de verdadera gloria. El resto fue humo. Su carrera consistió en un vagabundeo por camas y pantallas de medio mundo. Porque, tras olvidarse de Tarzán, Barker vagó por decenas de pequeñas películas rodadas en los lugares más variados: Brasil, Alemania, España, Yugoslavia, Italia, Francia y hasta en el Líbano. En media docena de ellas hizo de Old Shatterhand, el personaje de los westerns de Karl May, avivado en un puñado de baratos filmes europeos que le devolvieron al actor un poco de la popularidad perdida al calor de los cines de barrio. Y es que se puede decir que sólo un Tarzán, Christopher Lambert, logró una carrera mínimamente destacable más allá de la selva. Algo que, como vimos, tampoco Weissmuller consiguió.

Desde *Tarzán y la fuente mágica* (1948), con treinta años, Barker fue el hombre mono en cinco filmes, el último *Tarzán y la mujer diablo* (1953). Por el medio quedaron *Tarzán y la esclava* (1950), *Tarzán en peligro* (1951) y *Tarzán, furia salvaje* (1952), todas ellas películas de serie B, según los esquemas aplicados, ya desde los últimos títulos de Johnny Weissmuller, por el productor Sol Lesser y la distribuidora RKO. Fueron títulos destinados al olvido, imágenes condenadas a mezclarse en la memoria en un revoltijo sin definición, una borrachera de cazalla con la resaca de mundos egipcios de guardarropía y fuentes de la eterna juventud.

Cuando, durante el rodaje de *Tarzán y la fuente mágica* (1948), Barker se puso a caminar por el arboreto de Arcadia -así se llamaba, en extraño guiño paradisíaco, el paraje natural donde se rodaron algunos filmes tarzánidos de Johnny y de Lex- un fotógrafo de Los Ángeles le hizo las primeras instantáneas al joven fauno, paseando ensimismado entre la naturaleza vivificante y en taparrabos. Bajo la foto de un lozano Tarzán, alguien tituló al día siguiente en el L.A. Times: «Shangri-la es una Arcadia que está en LA». Y es que la Arcadia paradisíaca solo distaba veinticinco kilómetros de la ciudad.

Hablando de eterna juventud, bellezas estiradas y placidez arcadiana: en *Tarzán en peligro* (1951), Barker tiene una secuencia digna de su narcisismo. El actor, que medio en broma y medio en serio, prometía en una entrevista ser eternamente joven, se mira largamente en el espejo de las tranquilas aguas del río de la RKO, hasta que Chita, rompiendo el hechizo, las agita.

Conscientes del frío magnetismo de Lex, directores y guionistas buscaban excusas para explotarlo. En *Tarzán, furia salvaje* (1952), el director Cy Endfield acude a un primerísimo primer plano de los transparentes ojos de Barker y lo hace con la forzada justificación de una clase acelerada- de como enfrentarse con el miedo- que Tarzán le ofrece a Boy. «Hay que mirar al peligro directamente», explica el maestro. Y, frente a una toma muy cercana de los ojos del león Numa, los claros ventanales de Lex quieren ganarle en magnetismo. «Solo ser un gato grande», dice el hombre mono, desafiando al gran felino.

Lex Barker era un Tarzán tan improbable como apuesto, de casi dos metros de alto, fuerte pero no atrofiado. No en vano, en Hollywood le apodaban Sex Barker o Sexy Lexy. Sería sexi, pero también era terriblemente soso. Y mal actor. Patética es esa secuencia en la que despierta, recuperándose de una tortura, en *Tarzán y la mujer diablo* (1953) y lo hace como quien amanece después de una borrachera.

Su talento dramático era realmente inexistente. Por eso, consciente de que el único tesoro que tenía residía en el palmito de su representado, el agente de Lexy aseguró el físico del actor en cien mil dólares, que era mucho dinero para

1948. Pero Barker parecía más bien un *gigoló* tempranero, un mantenido acostumbrado a los lujos. Seco y poco flexible, jamás consiguió transmitir la más mínima emoción o poesía con su Tarzán. Lex semeja ser un galán de mala conciencia y malas pulgas, destinado a cultivar un carácter avinagrado, como el del tipo que encarna y que acaba liándose a puñetazos con los *paparazzis* de *La dolce vita* (1960). Un galán antipático y algo frustrado al que Fellini puso a sufrir en las noches romanas con las infidelidades de la estrella Anita Ekberg. Tener en frente a Mastroianni era mucho para alguien tan soseras y aburrido como Lex. Ya los fotógrafos canallas y despiadados de *La dolce vita*, viéndolo borracho e inconsciente, se burlan: «¡Y pensar que este hacía de Tarzán!». Parece ser que Lex era así en la vida real, borracho, celoso y adusto.

Y las crónicas nos cuentan también que además era mala persona, violador, antisemita y racista. Según los relatos negros de Hollywood, Lex había violado a Cheryl Crane, la hija ¡de diez años! de Lana Turner. Por entonces, Barker era el cuarto de los siete maridos que tuvo la actriz. Y cuatro años después, la niña violada fue luego asesina, apuñalando al gángster Johnny Stompanato, amante violento de su madre. El juicio fue un culebrón y hasta lo retransmitieron por la tele, resultando todo un espectáculo con muchos puntos oscuros en el argumento y una de las mejores interpretaciones de la carrera de Lana. Extraoficialmente, Woody Allen se basó en este trágico suceso para rodar *Septiembre* (1987).

También Kirk Douglas cuenta en su biografía una anécdota que habla de cómo era en realidad el héroe de guerra Baker, que invitó al actor del hoyuelo en la barbilla a formar parte de un club de tenis del que era miembro. «Es una lástima que no podamos tener un club tan exclusivo como los que hay en el Este. Hay demasiados judíos por aquí y no tenemos más remedio que dejar entrar a algunos», le dijo Lex a Kirk. Sin morderse la lengua, el viejo Douglas, que aún era un joven decidido, le contestó con ironía: «Te entiendo, claro que siendo judío mi punto de vista es distinto». Curiosamente, Barker acababa de participar como actor en *Encrucijada de odios* (1947), una de las primeras películas de Hollywood que cargaron contra el antisemitismo.

La última anécdota que narraremos la vivió Barker con Dorothy Dandridge, cuando los dos formaban parte del reparto del filme *Tarzán en peligro* (1951). La primera intérprete afroamericana nominada a un Óscar a la mejor actriz principal por *Carmen Jones* (1954) -la primera secundaria propuesta fue la Hattie McDaniel de *Lo que el viento se llevó* (1939)- y prematuramente desaparecida a los cuarenta y dos años por una sobredosis de barbitúricos, tuvo que soportar que Lex no quisiera meterse en una piscina después de que ella la usara. Algo de eso podemos verlo en la tv movie biográfica *Introducing Dorothy Dandridge* (1999), un filme interpretado por Halle Berry del que no olvidaremos la muy extraña y chocante imagen de un actor vestido con el taparrabos de Tarzán -representando a Barker, lógicamente- y fumando melancólicamente en el plató, en un descanso del rodaje. El icono de un hombre mono fumador era algo nuevo para nosotros.

Pero, por encima de cotilleos o de hechos más o menos probados que definen a este señor, el asunto es que fue Tarzán. Y, para que quedara claro que era una estrella, antes que cualquier otra cosa, con los mismos créditos iniciales, Barker aparece colgado de su liana ya desde los primeros planos de *Tarzán y la fuente mágica* (1948), una evanescente historia con la fuente de la eterna juventud como excusa. Como dijimos, por entonces él no la necesitaba. La eterna juventud, queremos decir. Y por eso, seguramente, nos lanza una mirada algo perdonavidas y suficiente desde la rama del árbol. Y entonces, el frío más gélido se apodera de la sala.

Incluso cuando se peleaba con sus enemigos, Barker lo hacía sin mucha gracia. Recordamos una sesión infantil en la sala Cinema de Ferrol, en la que los niños recibieron a su Tarzán con silbidos, en las mismas butacas que en las anteriores semanas jalearon a Weissmuller. Ellos, los niños de los años sesenta, que aplaudían prácticamente cualquier cosa, desde la llegada del Séptimo de Caballería hasta los esperados puñetazos repartidos por el héroe en el saloon, fueron refractarios, o por lo menos indiferentes, a la arrogancia sin gracia de este Tarzán ario.

Y es que a Barker no lo aguantaba ni Jane. ¡En cinco películas tuvo cinco compañeras diferentes!: Brenda Joyce -que ya fuera Jane con Weissmuller- Vanessa Brown, Virginia Huston, Dorothy Hart y Joyce Mackenzie, cada cual más antipática y señorona. Y cinco fueron también sus esposas en la vida real, esa que vivió fuera de la jungla. Entre ellas, estuvo, como ya dijimos, Lana Turner y también la miss España Carmen Cervera, más tarde baronesa Tyssen.

Y además, para más *inri*, Barker es un Tarzán que habla demasiado y demasiado bien, algo inaceptable para nuestro gusto de niño del franquismo que, como al dictador, le daba muchos problemas el inglés.

El actor estaba tan obsesionado con este tema de ser un Tarzán con discurso que exigió por contrato un número mínimo de líneas de diálogo por película. Si eran menos de cien, se negaría a actuar. En *Tarzán, furia salvaje* (1952) consiguió tener hasta ciento treinta y siete y, entonces, fue feliz, batiendo el récord de los diálogos más largos de toda la historia tarzanesca. La verdad, creemos que esto es no entender nada de nada de la esencia del personaje cinematográfico, que tenía que ser lacónico a la fuerza. Y ese error demuestra la escasa intuición e inteligencia del actor.

Sexy Lexy era carne de balnearios, salas de masaje y locales especializados en mimos varios. O sea, muy fino para ser Tarzán. Cuando el productor Sol Lesser quiso ser el primero en llevarse una troupe tarzanesca para rodar en África la cuarta película de Barker como hombre mono -*Tarzán en peligro* (1951)- se encontró que nada más llegar a la colonia británica, a Barker se le ponía carne de gallina en los gélidos exteriores de Nairobi. Los genios de producción no habían calculado que el mes de julio californiano correspondía al puro invierno africano. Con el cielo nublado, Lexy perdió el bronceado de los spas y hasta los chimpancés amaestrados que el equipo trajo desde Los Angeles se les morían de frío. En unos días, la troupe se había vuelto a casa, buscando el amable sol de California. Y Tarzán no protestó.

Y, ¡el colmo de los colmos!, como le pasó a Frank Merrill o a Jim Pierce, Barker es ¡un Tarzán en zapatillas!, algo que a los niños nos parecía un horror. Ver al hombre mono caminar por los árboles con aquellos adminículos, tan poco salvajes, era realmente desmitificador. Cierto es que solo las llevaba a veces, pero nuestros ojos policiales las detectaban como el águila ve desde las alturas al ratoncillo, entre el polvo del desierto.

Y realmente solo quisimos a Lex cuando lo redescubrimos, ya adolescentes, en la surrealista y muy loca *Aoom* (1970) de Gonzalo Suárez, junto a Teresa Gimpera; una película en la que interpretaba a un actor aburrido y harto de su profesión y hasta asqueado del propio mundo. Así debía sentirse Barker. Y este fue el último filme que rodó. Compró una casa en la Costa Brava y allí se refugió, alternando su vida entre España y Nueva York.

Porque Lex murió prematuramente en 1973, de un ataque al corazón, cayendo fulminado en pleno Manhattan. Tenía solo 54 años.

«Tarzán no marchar jamás», le prometía a Brenda Joyce en *Tarzán y la fuente mágica* (1948). Y él se fue sin avisar, como segundón o como figura del coro. Y llegó a un lugar en donde reinaban otros.

8
GORDON SCOTT, DE MALIBÚ A LA JUNGLA

Tras Johnny Weissmuller, seguramente el Tarzán más conocido del cine es Gordon Scott, que hizo su primera película del personaje en 1955, ocupando el trono vacío que dejó frío -muy frío, casi congelado- el guaperas experto en posturitas, Lex Barker.

Scott interpretó a Tarzán en seis títulos, incluyendo un piloto fallido para la televisión, que era en realidad tres capítulos consecutivos de una serie que nunca fue, montados como una única película.

El último de los seis filmes del hombre mono de Scott, *Tarzán el justiciero*, se rodó en 1960. Y, desde *Tarzán y el safari perdido* (1957), Gordon fue el primer Tarzán en color del cine. A él también le cabe el honor de ser el primer hombre mono que realmente rodó en África, paseándose como por su casa por el célebre Serengetti, tras el intento fallido de Barker en *Tarzán en peligro* (1951). Pero Scott no era Barker y aguantó estoicamente las consiguientes molestias y peligros más o menos controlados -una pitón y un león rebeldes, por ejemplo- muy lejos de los confortables platós californianos frecuentados por Weissmuller y *Sexy* Lexy.

Tenía aguante. Porque Gordon Scott, desde muy joven, se ocupó en variadas tareas físicas y esforzadas. Trabajó de marine, policía militar, *cowboy*, bombero, vendedor de maquinaria agrícola, culturista y salvavidas playero. Todo antes de ponerse por primera vez el taparrabos tarzanesco. Tenía 29 años cuando lo hizo, convirtiéndose en el número 11 de una larga lista de hombres mono que, con el tiempo, superaría las dos docenas.

Vistos hoy día, alejados del calor de las salas de barrio de los años sesenta, pero con la perspectiva y autoridad que nos dan los años, las canas triunfantes y las miles de horas gastadas en una sala oscura, podemos asegurar que los filmes del ciclo Scott son algo mejores de lo que se dijo en su momento. Al menos, son claramente mejores que los de Lex Barker, Mike Henry o Jock Mahoney. Ahora bien, de ahí a decir que Gordon Scott es el mejor Tarzán de la Historia, como sostienen algunos fans optimistas, pues nos parece un disparate. Porque hay un abismo que lo impide. Una sima que, desde luego, se nos antoja insalvable si lo comparamos con Johnny Weissmuller.

Eso sí, las películas de Scott poco tienen que ver con lo que habíamos visto hasta el momento en el mundo de Tarzán. Tras las tres primeras entregas interpretadas por el actor, en las que el productor Sol Lesser buscaba una orientación algo más moderna con la que dotar al personaje de una nueva personalidad, llegaron las películas producidas por Sy Weintraub. Y la verdad es que, incluso hoy, las dos últimas que interpretó Scott nos parecen violentas, realistas y hasta hot. Especialmente esa pequeña joya, seca, cruel y abrupta que es *La gran aventura de Tarzán* (1959).

Pero que nadie se engañe, el mérito no es del actor, que moldeó un Tarzán seco y absolutamente desprovisto de poesía, sino del productor Weintraub, albacea temporal de algunos tarzanes cuando Sol Lesser dejó de mover los hilos del hombre mono. Lesser tuvo un ataque al corazón, así que vendió su franquicia tarzanesca por dos millones de dólares y se dedicó a dar clases en la UCLA.

Mientras, el nuevo propietario de los derechos, Weintraub I "el realista", tras algunos titubeos, decidido a darle un golpe de timón de los de verdad a la trayectoria cinematográfica del personaje, llegó con el Tarzán de Scott todo lo lejos que la censura y las salas de sesión infantil le podían permitir.

A pesar de su innegable vigor, de limitado talento para ser actor -al fin y al cabo como la inmensa mayoría de los tarzanes- a Scott se le nota demasiado su procedencia de chico sano tipo Malibú, enorme ciudad -playa de cuarenta kilómetros donde, por cierto, él y su esposa Vera Miles construyeron una espectacular mansión.

Los extraños rasgos étnicos de Weissmuller -como ya vimos, de raíz rumana- hacen palidecer a los muy civilizados de Scott, un salvaje de gimnasio metido en taparrabos de diseño, con el pelo bien cortado y casi cardado.

El bronceado, los biceps, triceps, los pectorales- y todos los músculos moldeables que se le ocurran al lector- de Gordon Scott son realmente poco creíbles para el rey de la jungla. Se ven como prefabricados, conseguidos a base de pesas y buena alimentación. Recordamos con ternura la pregunta asombrada que le hicimos a nuestro padre al encenderse la luz del cine Cinema de Ferrol: «¿papá, esos brazos son de verdad?». Entonces la palabra verdad era algo resbaladizo. Quizá quería decir real, ¿quién sabe? Y nuestro sabio padre, para que no nos inquietáramos demasiado mirándonos al espejo del armario de casa, nos aseguró que no, que aquello era todo postizo.

Y ahora reflexionamos y caemos en la cuenta que semejante pregunta no se la hicimos nunca a nuestro padre, mientras mirábamos a Weissmuller, el primer Tarzán que vimos, ni tampoco al descubrir que había un segundo Tarzán llamado Lex Barker. Aquellos se nos aparecieron con naturalidad, desprovista de la alarma de los artificios, ante nuestros ojos miopes e infantiles. Los tres Tarzanes -Weissmuller, Barker y Scott- se asomaron a las pantallas de nuestra ciudad prácticamente al mismo tiempo, en el mismo cine y con menos de tres o cuatro años de diferencia. Weissmuller y Barker eran fuertes pero normales. Y por eso, quizá Scott era el primer Tarzán que nos parecía algo así como una atracción de feria.

Scott está cachas, sí, más que aquel tierno y fondón Weissmuller que exhibió sin complejos su decrepitud en los filmes de los años cuarenta y también más que un Lex Barker que no pasaba de sano señor fornido y muy alto de Nueva York.

Scott fue algo así como el pistoletazo de salida de los tarzanes muy musculosos y atléticos que, en los años sesenta y setenta, llegarían a su zenit con Mike Henry, aquel al que Terenci Moix -animado por Gabe Essoe- llamó Tarzán *miguelangelesco*.

Pero a lo que vamos, Scott es un Tarzán hinchado y a veces decididamente antipático, que, andando las películas, se endurece cada vez más, mostrando su nula capacidad para la empatía con el resto de los humanos que conviven con él en las películas o lo miran del otro lado de la plana realidad.

Como temiendo pasarse en rigidez, a veces, Scott intenta ser *cool* pero sin conseguir superar el nivel de adusto. Una muestra patética de esto es la, supuestamente graciosa, imitación de las fieras que ensaya con bochorno en *La gran aventura de Tarzán* (1959), haciendo ruidos y muecas con sus manos y boca frente a un lote de imágenes de archivo de bichos de la jungla. Viéndola hoy, podemos garantizar que nadie se ríe con esta secuencia. Ni siquiera Chita.

El Tarzán de Scott es además, simple y llanamente, un policía, uno de la *pasma* que colabora alegremente con las fuerzas de la ley británica, Casi se puede decir que está en nómina. En *Tarzán, el justiciero* (1960) -sintomático título español de *Tarzan the magnificent*-, empecinado en entregar a la policía colonial a su prisionero Jock Mahoney -un actor que en solo unos años será Tarzán- Gordon Scott se cuelga del cuello la llave de las esposas con las que lleva preso al delincuente. A nosotros esta llavecita, colgada cual medallón, se nos antoja todo un símbolo de la parte salvaje de Tarzán, dominada ya por las leyes de la civilización.

Scott es así un cruce burdo de las maneras deductivas de Sherlock Holmes, mezcladas con el rastreo sabueso del indio Winnetou. Inefable resulta ese momento en el que encuentra una colilla en el agua, arrojada por Anthony Quayle en *La gran aventura de Tarzán* (1959) y dice: «Están a tres o cuatro kilómetros». ¡Toma ya! A algunos niños aquello nos parecería lo más de lo más, pero, por lógica, oído ahora, resulta ridículo hasta la náusea. Está bien, no seamos picajosos, ya lo sabemos, le pasa exactamente igual que a todo Tarzán. Si te pones a buscarle tres pelos al león... encuentras la melena. Pero, en lo tocante a sus aptitudes de sabueso, a este Tarzán, que quería ser realista, le sobran las fantasmadas.

Y es que además, después de los titubeos de su primer filme, *Tarzán en la selva escondida* (1955), donde dice cosas de florido verbo equivocado, del tipo «¿Por qué hombres tener que matar?», Scott pasa a hablar -sobre todo en sus dos últimas películas- como un bachiller o hasta como un universitario de LA. Sorprendida por tan perfecto inglés, Betta St. John se interesa por su formación en *Tarzán y el safari perdido* (1957) y Gordon responde, chulo como un ocho, con la peregrina excusa de que le enseñaron cazadores y misioneros. Porque además el Tarzán de Scott habla con una suficiencia que te cabrea. Tanta civilización harta.

Eso sí, en la línea *naturalista* que propugnaban Lesser y, sobre todo, el precursor del realismo Sy Weintraub, el Tarzán de los últimos fimes de Scott suda como un cochino. Lo mismo que hará luego Mike Henry. Ya dijimos que la selva de Gordon quiere ser realista, pero a veces es artificialmente sudorosa. ¡Tampoco es para tanto, hombre!

Y, a ratos, el Tarzán de Gordon Scott tiene puntos oscuros muy, pero que muy, feos. Especialmente desde que la Jane de Eve Brent o el Boy de Rickie Sorensen, desaparecen de su vida. Los pobres llegaron pensando en acompañarle en una serie de televisión familiar que nunca cuajó. *Tarzán y sus compañeros* o *Tarzán and the trappers* (1958) fue el piloto que mostraba a una Jane muy madraza enseñando a leer a Boy con la ayuda inapreciable de una unidad didáctica de puro lujo: una vieja edición de *La isla del tesoro* de Stevenson. Pero en esa compañía, el Tarzán de Scott, que se reía de la torpeza de Boy con las lianas, en realidad estaba como un pulpo en un garaje. Al fallar la serie, Boy y Jane hicieron mutis por el foro de la selva de Scott. Y ahí, libre de cargas familiares, el héroe ya se desató, despendolado como el joven católico que se queda sin padres ni confesor.

Así que, si lo sopesas todo, a lo largo de las películas que protagonizó, llegas a la conclusión de que el Tarzán del señor Scott es listo, duro, egoísta, antipático, solitario, frío y cruel. ¡Menudo traje que le hemos hecho al hombre del taparrabos! Y cuidado, no hemos acabado aún. En *La gran aventura de Tarzán* (1959), Scott afirma sin tapujos que habría matado al malo Slade si no existiera la ley del hombre blanco. La inquina que le toma al personaje de Anthony Quayle en el filme citado es casi patológica, única en un filme tarzanesco: «no hay sitio para él y para mi en la selva». Es un enfrentamiento de machos alfa en toda regla.

Como dijimos, si exceptuamos a la Eve Brent de *Tarzán lucha por su vida* (1958) y *Tarzán y sus compañeros* (1958), en las otras cuatro películas que interpretó, parece que en el mundo Scott no hay mucho sitio ni para Jane, ni para las mujeres. Y en el total de los dos filmes en los que aparece, la compañera canónica de Tarzán debe salir como mucho veinte minutos. Por eso, la chica de *La gran aventura de Tarzán* (1959) le reprocha certeramente una verdad como un templo: «Dos para ti son demasiados».

Dicho todo esto, y a pesar de los pesares, hay que reconocer que Gordon Scott nos legó momentos plenos de brío, seguramente los primeros verdaderamente emocionantes desde la época del buen Weissmuller. Como esa espectacular -para la época- escena de la pelea con la pitón que vemos en *Tarzán lucha por su vida* (1958), un lujo que estuvo a punto de costar un disgusto al actor, al que el gigantesco bicho casi asfixia. Hay fotos del rodaje que así lo demuestran. Y se necesitaron seis tipos para quitársela de encima.

No fue el único altercado que Gordon tuvo con los bichos de su jungla. Un león criado por un hacendado británico de Tanzania, con el que nuestro Tarzán llevaba trabajando un mes, le mordió en una pierna al actor, en el momento que su amo lo llamó. Parece que el felino sintió que Scott era un estorbo que se interponía en su obediente camino hacia los brazos amados de su propietario y actuó de una manera muy convincente -treinta y dos puntos de sutura para Scott- en una secuencia que, en parte, se conserva en el metraje de *Tarzán y el safari perdido* (1957).

También son inolvidables todas las trepidantes secuencias de acción de *La gran aventura de Tarzán* (1959), seguramente uno de los mejores filmes de aventuras rodados en esa década. Y es que filmar en el llamado continente negro ayudó mucho, también en *Tarzán el justiciero* (1960), donde Scott atravesaba el paisaje keniata maravillosamente fotografiado por Ted Scaife, llevando detenido al malvado Jock Mahoney para entregárselo a las autoridades coloniales. En este filme, sin la ayuda de especialistas o dobles, un Scott pletórico acomete todo tipo de secuencias de acción y pruebas variadas que demuestran su espíritu de sacrificio. Hasta carga sobre sus hombros, en muchas tomas -el rodaje de toda una jornada- con el peso muerto de una gacela de más de sesenta kilos que Tarzán ha cazado para dar de comer a su numerosa expedición de 7 miembros. El actor tenía treinta y cuatro años y estaba en plena forma física.

En *Tarzán y el safari perdido* (1956), rodada en Uganda, el lago Tanganika, las montañas del Kilimanjaro y la frontera de Kenia, asombrado por la agilidad del actor, un masai que trabajaba de extra en el filme, le puso de apodo "el guerrero que escala árboles". Scott, incluso llegó a cabalgar una jirafa y un rinoceronte ante el asombro de los guerreros que actuaban como extras en *La gran aventura de Tarzán* (1959), un rodaje que fue una pesadilla para el productor Weintraub, ya que los trescientos figurantes kikuyus contratados se pusieron en huelga. Pedían cuatro cosas para volver al rodaje: menos horas de trabajo, comida gratis, un sueldo más elevado y la independencia de Inglaterra. Weintraub les dio las tres primeras, explicó la imposibilidad de negociar la última y el rodaje continuó.

Pero un día, como a sus predecesores, también a Gordon Scott le llegó el turno de dejar de ser el rey de la jungla, así que abandonó su adorada California, se puso una falda corta e intentó mantener el tipo sentándose en otro trono, el de los *peplums*. Emigrando a Italia, haciendo de Hércules, Maciste y hasta de Remo -el creador de Roma- en docenas de pequeñas películas rodadas en Cinecittá, Gordon parecía un Tarzán que había retrocedido, veinte siglos atrás, metido en una máquina del tiempo. No parecía un final descabellado para un hombre que empezó criado por monos y acabó amamantado por una loba.

Cuando Scott falleció, en junio de 2007, muchos titulares, de todo el mundo, anunciaron: "Murió Tarzán... por segunda vez". Y es que la sombra de Weissmuller nunca le dejó ser el número uno y tuvo que conformarse con ser segundón. Ese fue su gran handicap.

9
TARZÁN Y LOS ANABOLIZANTES

Más allá de los cuerpos *demodés* y grandes, al estilo armario, y por encima de los nadadores poderosos, tras Gordon Scott, a Tarzán se le marcaron los músculos ya como por pura obligación, cual atleta atiborrado de anabolizantes. No era cosa de desentonar después de las fardadas del mal llamado "chico de Malibú".

El primer Tarzán aunténticamente *all american boy,* playero, surfero, inexpresivo, rubio y *wasp,* fue Denny Miller, jugador de baloncesto universitario en la UCLA, un tipo con un aspecto que te llevaba a pensar que hasta podría haberse ganado la vida vendiendo biblias. Da igual sino fue así. Era un chico sano, alto como corresponde -un metro noventa y tres centímetros- y vividor, que fue descubierto por un cazatalentos en Sunset Boulevard, cuando Denny era empleado de una empresa de mudanzas.

Con cara de estar dándole aún unos botes al balón, o quizá con el ademán de cargar sobre los hombros con un par de tresillos, Denny se puso los trapos de héroe salvaje en *Tarzán de los monos* (1959), reestrenada en España en los años setenta con la palabra "vuelve" delante del primer título español.

Miller era un desastre de actor, que después de ser Tarzán tampoco mejoró mucho, interviniendo en la séptima temporada de la serie televisiva *Caravana* (1964), una aventura en la que, por su ineptitud, el actor tuvo serios problemas con el realizador. Que Miller haya seguido trabajando -con regularidad anónima- en la industria del cine no deja de ser una de esas extrañas incógnitas de Hollywood de difícil explicación, pero de lógica inexorable. También es cierto que Denny sabía de sus limitaciones y tuvo el detalle de autoparodiarse con cierta elegancia y espíritu crítico en *El guateque* (1968), frente a un Peter Sellers que estaba implacable, dándole caña torera. Sellers, encarnando a un inolvidable extra de origen hindú que deviene en plaga de Egipto, utiliza las armas de la ingenuidad propias de su personaje catastrófico, un cenizo en caída libre por la fiesta del filme de Blake Edwards, que deja un involuntario desastre total a su paso. El personaje de Sellers se empeña, una y otra vez, en bromear con el famosete de vía estrecha uniformado de cowboy que interpreta Miller.

"Wyoming Bill" Kelso, se llamaba el personaje de Denny en *El guateque*, y era una caricatura paradigma del típico actor bruto, noblote y cachas que triunfaba en el Hollywood de los años sesenta. «Me decepcionarás si no me la rompes cuando te dé la mano», le dice un Sellers feliz, que disparará en la frente a Miller con una pistola de ventosas, sin que el sorprendido ofendido apenas pueda reaccionar.

Y si, a Miller se le ve como pasando de todo, haciendo de hombre mono con una laxitud de libro. Y poniendo unas caritas ridículas, de juzgado de guardia. Los exploradores vienen a buscar de nuevo el oro blanco y él les enseña su reventona sonrisa profidén. *Tarzán de los monos* (1959) es, sin ninguna duda, de lo peor que se ha hecho en cine con el personaje. Plagada de descartes de *Las minas del rey Salomón* (1950) y de otras películas en blanco y negro de la Metro coloreadas para la ocasión. Hasta te ríes a tope al ver a los terribles guerreros pigmeos que son ¡un grupo de niños negros de un colegio de Los Angeles! En fin, de auténtica chapuza.

Miller es tan blando como un chicle de fresa, por mucho que le pongan a gritar en playback con la grabación de las películas de Weissmuller, o se pelee, perezoso, con pigmeos y kaluanas, se enfrente con el inevitable cocodrilo -¡archivo de la época de Weissmuller de nuevo!- y hasta se mida con un pobre leopardo de peluche de dientes de plástico y ojos de botón.

Además el guión de Robert Hill quiere transitar por los caminos que recorrió Johnny en *Tarzán el hombre mono* (1932), pero la cosa es tan imposible que hasta se les olvida algo de libro: nadie llama a Denny Tarzán -ni de ninguna otra manera- en todo el metraje del filme. ¿Justicia poética o vergüenza de los responsables? La tapadísima y sosa Jane de Joanna Barnes y la música de orquesta animadora y pachanguera de Shorty Rogers tampoco ayudaron mucho.

El siguiente Tarzán llegó con rasgos cherokees y apellido irlandés. Además de ser actor de segunda fila, con dilatada y esforzada trayectoria, Jock Mahoney había trabajado como extra, doblando en las escenas más complicadas a muchísimas celebridades del cine, desde John Wayne hasta Gregory Peck.

Mahoney tenía una imponente presencia de *stuntman*, sin duda. Una máscara de hombre duro tallada a golpes, un careto como los de antes. La "presencia" en el cine es un don que muchos buenos actores echan de menos y Mahoney la tenía. Pero no poseía el *gift* de la ductilidad, desde luego, aunque, como demostró después, hacía bien de villano, sacando oro de su frío rostro de palo.

A Mahoney, que venía de tener estrecha relación con Tarzán -peleándose como malo de categoría contra Gordon Scott en *Tarzán el justiciero* (1960)- ya en 1948, con 29 años, lo habían rechazado en un casting para sustituir a Johnny Weissmuller. Entonces los productores prefirieron a Sexy Barker. ¡Que se le va a hacer!, la historia del cine está llena de disparates.

En cualquier caso, casi todo en esta vida parece cuestión de constancia. Irónicamente, quince años y dos tarzanes después, gracias a la decidida intervención del productor Sy Weintraub, Mahoney se convirtió en el más viejo de los Tarzanes del cine. Lo hizo con cuarenta y cuatro años, precisamente la edad que tenía un gastado Weissmuller cuando colgó el taparrabos.

Mahoney rodó dos películas tarzanescas que pasaron a la historia con más pena que gloria. Fue un Tarzán viajero, como un Papa postconciliar, desplazándose de la India a Tailandia, explotando una moda trashumante que duró poco. Y, como veremos, afortunadamente fue así, una aventura breve. Al menos para la salud del actor.

En *Tarzán en la India* (1963), Mahoney llegaba desde África ¡a bordo de una frágil avioneta!, con su taparrabos y cuchillo como todo equipaje. Se quitaba las gafas de aviador y saltaba al Ganges para ayudar a un amigo hindú a salvar trescientos elefantes que iban a ser ahogados por una presa.

Toda la película estaba rodada en la India, entre Madras y Mysore, bellamente fotografiada por Paul Beeson y acompañada del sitar de Ravi Shankar. Sin embargo, el solvente director John Guillermin no pudo sacarle partido a un guión que estaba dotado con una buena trama pero que carecía de energía o alma. Sin ellas también estuvo a punto de quedarse Jock, porque los dos leopardos, con los que debe de pelear en el filme, no estaban lo suficientemente drogados y pusieron demasiado empeño en sus efusiones belicosas.

Siempre jugándosela, en *Tarzán en peligro* (1963), Mahoney, cual Hércules tarzánido, debe enfrentarse a las tres pruebas del título original -*Tarzan s three challenges*-, teniendo como antagonista al gigante de color Woody Strode. Pero, en realidad, el peligro encubierto para el actor no eran los bichos ni los enemigos. Fueron las cagaleras, con perdón. El rodaje en Tailandia supuso todo un desafío, no superado por el poderoso hombre de hierro que era el actor. La disentería le quitó veinte quilos de peso y Mahoney tardó en recuperarse más de un año y medio después del rodaje.

Por cierto, no podemos dejar pasar un detalle algo loco. Llama mucho la atención que el Tarzán de Mahoney abandone la India y Tailandia a pie, saludando con la mano a sus amigos, suponemos que de regreso a África. Que viaje más largo y ¡sin cantimplora, ni dinero en el bolsillo!

Mahoney se despidió del mundo tarzanesco, actuando como actor invitado, o *guest star*, en cuatro episodios de la serie de televisión *Las aventuras de Tarzán* (1966-1968) en la que Ron Ely interpretaba al hombre mono. Pero no fue un adiós definitivo ya que John Derek le llamó, para que, ya sesentón, coordinara a los *stunts* en las secuencias de acción de *Tarzán el hombre mono* (1981).

Como curiosidad, podemos contar que Jock fue el padrastro de la célebre actriz Sally Field, pues se casó en 1952 con su madre, la también actriz Margaret Field, cuando Sally apenas contaba seis años de edad. Hija y padre coincidieron en una película, *De miedo también se muere* (1978), donde Sally era protagonista y Jock ya solo aparecía como un viejo actor secundario al que nadie hacía mucho caso. Así que Mahoney murió olvidado de todos, en 1990, con setenta años.

También de la mano del productor Sy Weintraub, durante años dueño y señor de la franquicia cinematográfica y auténtico cazador de tarzanes, llegó Mike Henry que fue hombre mono en tres películas: *Tarzán 66* (1966), *Tarzán en el Amazonas* (1967) y *Tarzán y el niño de la jungla* (1968).

El productor buscaba "un joven Burt Lancaster" y ¡se encontró a Henry! Menudo cambio. Pasar del encanto indefinible del temible burlón -situado entre el descaro del pirata y la ubicuidad del trapecista- a la sosería de un deportista que solo sabía lucir físico, nos parece un salto sin red. Porque, siguiendo la tradición deportiva del personaje, Henry venía del fútbol americano y de lograr una discreta gloria en Los Ageles Rams, el equipo de cabecera del *hooligan* Weintraub.

Y algunos glorificaron de más a Henry. Gabe Essoe yTerenci Moix -y otros muchos, incluidos los publicistas de Weintraub- le llamaron algo parecido a «el Tarzán moldeado por Miguel Ángel». Suena así como un poco excesivo y, si hay que buscar referencias cultas, pictóricas y renacentistas, a nosotros, su musculatura fibrada, alargada y muy marcada nos recuerda más bien a las figuras de Mantegna. Y no sabemos muy bien porqué, pero, alguien con tanto ángulo por todas las esquinas, no nos parece Tarzán.

Además, Mike Henry es un Tarzán demasiado moderno, como ya lo eran Mahoney o Scott. ¡Pero todavía más! Un tipo que ya no habla como un indio americano y que coloca bien el sujeto, el verbo y el predicado, pues...eso...que lo tiene crudo para ser nuestro hombre mono.

Con el pelo corto, quijada cuadrada de barba cerrada bien afeitada y pecho rasurado, con la sombra del vello apareciendo según que escenas, la verdad es que Henry, como mucho, podría ser un James Bond en horas bajas.

Porque este hombre mono es además muy dado a trajearse. Tanto en *Tarzán 66* como en *Tarzán en el Amazonas*, el actor se pone traje, corbata y camisa blanca, adoptando el *look* de un ejecutivo. Nadie lo diferenciaría de cualquier urbanita. Haciendo de Tarzán, Henry no tiene ningún carisma.

Y es que, si es necesario, como hacía Jock Mahoney, a la llamada de un amigo y para enfrentarse a un depredador africano que hace su agosto en Sudamérica, el hombre mono civilizado se va al aeropuerto de Johannesburgo, sube a un avión de Pan American y cruza el Océano, como le vemos hacer con gran soltura en *Tarzán en el Amazonas* (1967). Y tampoco parece tener inconveniente en echar mano de los rifles y las granadas en México, tal y como soportamos en *Tarzán 66* (1966) .

Y ya, con un movimiento de despendole máximo, copiando el cómic dibujado por Burne Hogarth, en *Tarzán 66* (1966), Henry acaba peleando en una plaza de toros, adelantándose al sicotrónico hombre mono creado por el Manolo Summers de *Tarzán en el cementerio civil de los elefantes* (1990). Y no acaba ahí la cosa. En la cuestión de utilizar símbolos civilizados, Henry no se corta. En *Tarzán 66*, ¿cual es el arma que emplea este tongo salvaje para deshacerse de los malos en la plaza de toros mexicana? El lector no lo averiguaría nunca, aunque estuviéramos aquí hasta pasado mañana, así que se lo diremos sin más preámbulos: ¡una botella gigante de Coca-Cola, arrojada con destreza gradas toreras abajo! Suponemos que la multinacional pagó una buena parte de la película.

Para colmo, en *Tarzán en el Amazonas* (1967), el héroe Henry, que es todo lo contrario del despreocupado Weissmuller, insiste machaconamente en la necesidad de que el niño huérfano interpretado por Manuel Padilla Jr., vaya a la escuela, muy en contra de la sana opinión de su protector, el barquero canalla, encarnado por Jan Murray.

Porque el Tarzán de Henry culebrea descaradamente con argumentos claramente orientados a la parroquia infantil, dándole importancia especial a los coprotagonistas infantes -Padilla Jr. o Steve Bond- y a las muchas monerías de una nueva Chita, Dinky, un chimpancé bastante menos habilidoso que sus predecesores y ¡de tamaño demasiado grande para resultar simpática!

¡Y tanto que esta Chita fue antipática! Durante el accidentado rodaje de *Tarzán en el Amazonas* (1967), Dinky, cabreado con tanto viaje de aquí para allá, y desorientado por el clima adverso, mordió con furia la mandíbula de Henry, con el resultado de veinte puntos de sutura, tres semanas de recuperación con fiebres altísimas y un plan de rodaje completamente alterado. Meses después, el actor demandó a los productores por 75.000 dólares. Y lo que es peor, luego corrió el rumor de que el pobre Dinky había sido sacrificado.

No fue el único accidente sufrido en las películas de Henry. En *Tarzán 66* (1966), el león de siete años Major mordió a un extra y a punto estuvo de hacer lo mismo con Mike, ayudando así a engordar la larga lista de incidentes en la filmografía del hombre mono.

Pensadas para niños y de espaldas a los adultos, la pobreza de los filmes tarzanescos de Henry es palmaria. Cualquiera lo diría, después de ver los títulos de crédito pop que abren sus películas, con filtros y colorines cambiantes, muy a lo Bond.

Henry además no tiene ni la más mínima tensión sexual con las damas que se cruza. Y tampoco hay en sus películas rastro de Jane. Todo esto es un auténtico desperdicio, pues no aprovechar a la Nancy Kovack de *Tarzán 66* (1966) o a la espléndida Alizia Gur de *Tarzán y el niño de la jungla* (1968) es de pecado mortal. Como mínimo.

Sin ritmo, ni emoción, ni encanto, podemos asegurar que las películas del Tarzán de Mike Henry no pasarán a la historia. Si acaso tendrán muchas visitas en la red, para ver, a cámara lenta, los bamboleantes atributos de Henry que, como a un Butrageño cualquiera, se le salen del taparrabos en una torpe secuencia de pelea de *Tarzán 66* (1966).

10

LOS TARZANES DE UNA PANTALLA MÁS PEQUEÑA

A Ron Ely le cabe el honor -quizás algo dudoso- de ser el primer Tarzán televisivo, gritando con la voz prestada de Weissmuller, en *Las aventuras de Tarzán*, que salieron al aire en septiembre de 1966 y dejaron de emitirse en abril de 1968.

Aparentemente, por lo que uno puede ver revisando la serie, Ely se embarcó en la experiencia tarzanesca con pasión. Pero, de entrada, aunque los niños de la época le éramos fieles, no produjo mucho entusiasmo entre los tarzanófilos. Si bien es cierto que todo lo que vino después convirtió a Ron, por puro descarte, en el mejor de los tarzanes de la tele.

Continuando con esa regla no escrita de que los tarzanes deberían provenir de alguna disciplina deportiva, Ely había frecuentado muchas canchas. Este texano fue jugador de baloncesto universitario antes de que el cazador Weintraub le hiciera unas pruebas. «Necesitábamos un sex symbol», dijo el productor para presentar a este coloso de veintiocho años y estatura propia del basket. Rubio y muy ario, Ely tenía una mirada demasiado apacible para ser Tarzán y el rasgo, algo blando, de un hoyuelo en el mentón a lo Kirk Douglas.

Aún así Weintraub tiró la casa por la ventana. Tanta fe tenía en su nuevo fichaje que hasta les pagó a otros tarzanes anteriores para que se hicieran la foto de rodaje que legitimara la nueva candidatura. Jim Pierce, Johnny Weissmuller y Jock Mahoney accedieron a salir en la publicidad con Ron y acudieron al set para la instantánea de rigor.

Como anécdota podemos contar que, ya bien avanzado el rodaje de la serie, Ely llegó a dirigir uno de los episodios de la Segunda Temporada, *Hotel Hurricane*, ambientado en un motel de la jungla en donde los malos secuestran al niño Manuel Padilla Jr. Y ahí es donde va a entrar Tarzán cual elefante en una cacharrería. Parece ser que en Hereford, la localidad texana de donde es oriundo Ron, también había un hotel Hurricane. Esto de dirigir, ¿pudo ser un homenaje a su pasado? En cualquier caso la experiencia del equipo artístico y técnico resultó tan mala, aguantando los caprichos del actor metido a realizador, que la cosa no prosperó.

Después de reinar en la jungla, la carrera del deportista reciclado a actor declinó, con sonoros *blufs*, como esa horrible película en donde interpretaba al héroe *Doc Savage* (1975). En los años noventa, Ely dio un giro copernicano a su vida, abrazando una nueva actividad: autor de novelas de misterio. Lo sentimos, pero no hemos leído ninguna.

A mediados de los años sesenta, pululaban por la pequeña pantalla los westerns de todo tipo, desde *Bonanza* hasta *El Virginiano*, pero también triunfaban las series ambientadas en la misteriosa África al estilo *Daktari* (1966) o *Maya* (1967), producciones éstas que seguían la senda de las pioneras *Sheena* (1956), *Jungle Jim* (1955), *Ramar* (1953) o *White Hunter* (1957). También por entonces, empezó a emitirse una que juntaba los dos grandes géneros televisivos de los años sesenta. Hablamos de *Cowboy en Africa* (1967), emitida en TVE a comienzos de los años setenta e interpretada por Chuck Connors, muy metido en el papel de un rocoso vaquero que salvaba animales salvajes de la codicia de los cazadores.

Así que *Tarzán* llegaba en buen momento, porque, como la serie de Connors, también mezclaba la temática africana con una estructura argumental de puro western. Y, aunque suene a caprichoso, lo del western en la serie de *Tarzán* no es ninguna metáfora que nos inventamos, pues, en varios episodios, los salvajes montan a caballo como indios y, concretamente, en *Mountains of the moon* -estrenada también en cines en España como *Tarzán y la tribu Bowala*- los nativos, cabalgando en círculos, llegan a rodear la caravana que lleva a los peregrinos a su *promise land*. Además, los villanos de este capítulo venden armas de fuego a los salvajes, tal y como harían los buhoneros con los indios en multitud de westerns. ¿Hay más dudas de la voluntad genérica de algunos de estos tarzanes televisivos? Pues si las hay, también podemos ver un par de secuencias en las que, como si fuera un cowboy, Tarzán doma un caballo salvaje y cabalga cebras.

Con cazadores malos, traficantes de marfil sin escrúpulos, rubias a las que se les estrellaba el avión, pioneros que buscaban una tierra prometida, leones locos asesinos, monjas coraje y médicos comprometidos -en fin, todos los tópicos argumentales ensayados ya en los tarzanes cinematográficos- el Tarzán de Ron Ely tuvo su corto pero apretado recorrido en dos aprovechadas temporadas.

Por su novedoso diseño, la cabecera de la serie fue una de las más celebradas de la tele de los años sesenta. Se abría con un espectacular plano de unas grandes cataratas -las de Iguazú, en la frontera de Brasil con Argentina- donde Ely lanzaba el inevitable grito de aviso, como diciendo «esto empieza, queridos niños, venid a sala». El título se formaba al paso de Tarzán agarrado a su liana, cruzando de izquierda a derecha de la pantalla. Era una cortinilla doble que abría la puerta a un desfile de lo mejor que ofertaba la serie: imágenes de un león, un leopardo, un cocodrilo y un elefante. Es decir todos los ingredientes animales básicos de la herencia tarzanesca. La sintonía, la que fue conocida como "marcha de Tarzán", compuesta por Sydney Lee, era muy pegadiza y llenó de sonidos familiares las salas de estar de medio mundo.

No se sabe bien porque, pero, siguiendo su extraña política cinematográfica, el productor Sy Weintraub -ese *factotum* del Tarzán realista de Gordon Scott que hemos nombrado ya hasta la saciedad- decidió no incorporar a Jane en las primeras aventuras televisivas del hombre mono. A pesar de ello, Tarzán tenía líos platónicos con hembras occidentales que se dejaban caer por la selva. Pero, insistimos, eran relaciones muy platónicas, y eso que el protagonista tenía *partenaires* de la categoría de Julie Harris, Ruth Roman, Sally Kellerman, Barbara Bouchet o la hermana Teresa interpretada por Diana Ross en el episodio de la Segunda Temporada *The Convert*, donde las otras *Supremes* también salían con los hábitos puestos.

Así que Ely tuvo que conformarse con los consuelos de la peluda compañía de Chita y con el amor filial de una especie de Boy, que aquí se llamaba Jai y era un huérfano interpretado por el niño mexicano Manuel Padilla Jr. De hecho la serie se rodó en México y también en Brasil, algo que cantaba un montón, porque, para estar ambientada en el cuerno de África, había demasiados rastros americanos y hasta un niño de diez años se daba cuenta de que aquello no era el continente negro.

No lo era, pero seguramente resultó más peligroso. El rodaje de la serie estuvo a punto de ser cancelado a causa de varios temporales y de mil problemas de producción, incluida la muerte accidental del domador del elefante Modak o la disentería y las fiebres bíblicas que atacaron a todo el equipo, especialmente durante el rodaje en Río de Janeiro. Incluso, cuando casi al final del rodaje,

Ron Ely se lesionó en un salto desafortunado, cayendo desde una altura de 9 metros, los apurados creadores de la serie tuvieron que dejar su cojera en el metraje final, valorándola como un toque realista y justificándolo en el guión como un artero disparo del malo de turno. No era el primer accidente sufrido por Ron, un tipo duro que no quería dobles de acción y que ha pasado a la historia como el Tarzán más herido del cine, incluso por delante de otro pupas contemporáneo, el cenizo Mike Henry.

Atención al parte de guerra. En solo dieciocho meses de rodaje, Ely se hirió veintiuna veces, cinco en los brazos, nueve en las piernas y pies, tres en la cara, dos en el hombro y una en el cuello. El león de cabecera de la serie le mordió en piernas y brazos. En una pelea, un especialista le rompió la nariz. En otra, el actor Jock Mahoney -ya saben, el que fue Tarzán- le sacó la mandíbula del sitio. Saltando al agua se lesionó un disco cervical y el hombro izquierdo. Cayendo desde una cabaña se rompió tres costillas...

Menos mal que Ron estaba asegurado en tres millones de dólares de la época, que era mucho dinero. Un seguro bien empleado y rentabilizado que le costaba a Weintraub muchas docenas de miles de dólares al año.

Por *Tarzán* pasaron nombres de relumbrón que se encontraban al comienzo o al final de su carrera. El más llamativo fue el policía bueno Jock Mahoney, estrella convidada de *The ultimate weapon*, actor que venía de ser Tarzán en cine y que repitió como malo en otro episodio, *The deadly silence*. También son notables el doctor loco encarnado por Henry Silva en *The ultimate duel* o el cazador de animales Russ Tamblyn de *Leopard on the loose*. Muchos otros conocidos fueron *guest stars* en los créditos de *Tarzán*, como el peckinpahiano Strother Martin. ¿Quieren más?, pues ahí tienen, menuda lista, a prueba de cinéfilos: Andrew Prine, Anthony Caruso, Simon Oakland, George Kennedy, James Whitmore, Jack Elam, Leo Gordon, Ralph Meeker, Sam Jaffe, Neville Brand, Fernando Lamas o Chill Wills . También nutrieron el reparto de *Tarzán* muchas estrellas de color que por fin se abrían paso en la televisión de los sesenta, destacando especialmente el guerrero Woody Strode, otro habitual del *Tarzán* cinematográfico y que, como Jock Mahoney volvió a la serie dos veces más, en su papel habitual de malvado mercenario. El África de Tarzán se hacía negra con los rostros de William Marshall, Nichelle Nicols -la teniente Uhura de *Star Trek*- James Earl Jones o Yaphett Kotto.

Como dijimos, la serie, producida por la NBC en cincuenta y ocho capítulos de 1 hora, y realizada por directores de la talla de Robert Day -autor de muchas películas de Tarzán- Barry Shear, Robert L. Friend, William Witney, Harmon

Jones o Alex Nicol, estuvo dos años en antena y luego fue cancelada. TVE la emitió por primera vez en 1970.

Algunos de los episodios, los que eran dobles, se exhibieron, como largometrajes, en las salas de cine de muchos países, entre ellos España. A las carteleras españolas llegaron, ya avanzados los años setenta, *Tarzán en la tierra prometida* (1968) -también conocida como *Tarzán y la tribu Bowala*- Tarzán y la rebelión de la jungla (1967) -estrenada en España en 1971- *Tarzán, silencio de muerte* (1966) -estrenada en 1972- *Tarzán contra los mercaderes de esclavos* (1968) -estrenada en 1973- y, por último, *Tarzán en Nairobi*, remontada con el doble episodio de *The perils of Charity Jones*, un refrito que conoció un estreno muy tardío en nuestras pantallas, a mediados de 1977.

A finales de los años ochenta llegó al mercado del vídeo español *Tarzán en Manhattan* (1989), una TV movie que era en realidad un piloto para una serie que iba a emitir la CBS y que nunca cuajó. Así que Joe Lara, un californiano de veintinueve años, se convirtió en el segundo Tarzán televisivo y en el número 18 de la historia audiovisual oficial, cinco años después de que la "revolucionaria" encarnación cinematográfica de Christopher Lambert asombrara a los tarzanófilos.

Lara, como ya hiciera Weissmuller en *Tarzán en Nueva York* (1942), viaja hasta la capital del mundo para rescatar a su fiel Chita, raptada por el malvado Jan-Michael Vincent, un actor que, por cierto, en su etapa juvenil, había interpretado a un neo Tarzán en *El hijo de la jungla* (1973). En la ciudad que nunca duerme, el también -como Lambert- medio bizco Lara encuentra la ayuda de una taxista llamada Jane, interpretada por Kim Crosby. Y, de regalo, llega también el apoyo del papá detective de la chica, encarnado por, nada menos, que un Tony Curtis en horas bajas. Subido al taxi, y alucinado por el ritmo de vida de Manhattan, nuestro Tarzán se queja: «Hay menos peleas en la jungla, allí al menos hay paz».

Aunque, dentro de la pésima media tarzanesca de las últimas décadas, la película televisiva no estuvo tan mal, lo cierto es que la serie ambientada en nuestros días, no obtuvo financiación.

Tiempo después, llevando a Tarzán de vuelta a los comienzos de siglo XX, Lara repitió rol a mediados de los noventa en *Tarzan, the epic adventures* -en España *Tarzán, el señor de la jungla*- serie de veintidós episodios, producida por Henry y Paul Siegel y rodada parcialmente en un resort turístico de Sudáfrica.

Armada con una sofisticada, pero inútil, posproducción alambicada en los estudios Disney-MGM de Florida, la cosa ésta de la serie de Lara quedó finalmente muy chapuzas. El encargado del episodio piloto, retitulado *Tarzan s return*, fue Brian Yuzna, conocido director de filmes de terror (*Society, El dentista...*), que llegó a trabajar en España para la Fantastic Factory de Julio Fernández, y que aquí se tomó muy poco en serio su trabajo. Aunque, viendo los resultados del resto de la serie, el primer capítulo parece mucho mejor de lo que realmente es.

El comienzo del piloto de la producción presentaba a un joven Tarzán a lo Christopher Lambert -claramente, Lara busca evocar el look de *Greystoke* (1984)- con smoking, pajarita y coleta recogida, frecuentando las fiestas parisinas de comienzos de los años diez. En ese ambiente debe enfrentarse a malvados rusos que quieren hacerse con su tesoro.

Como dijimos, más allá del piloto, el resto de la serie se hace aún más cutre y aburrida. Con Lara muy predispuesto a las costumbres occidentales y a ponerse camisa y pantalón cada vez que una chica guapa llega a la jungla. Y llegan unas cuantas.

Plagada de trucos baratos de batiburrillo y de saldo, más propios de una serie de Fantasía Heroíca, el exceso de hombres lagarto, *cromañones*, viejas brujas, hechiceros y maleficios sin ningún encanto le da al producto un aire de todo vale que resulta realmente fastidioso. Ya sabemos del gusto por la magia y la fantasía que rezumaban las novelas de Burroughs, pero es que *Tarzan s, the epic adventures* es, hablando en plata, un despendole de puro *tripi*, con sobredosis de bichos y criaturas de caucho a lo *Dr. Who*. En un episodio, Tarzán, merced a un maleficio, se convierte en un gorila, hiriendo de muerte a su amigo negro. En otro se pelea con un ejército de hombres pulpo -o algo así- que viven en la sobada ciudad perdida de Opar, rodeados de ¡sacerdotisas y sirvientas envueltas en lamé dorado!, como recién salidas de un espectáculo de Las Vegas.

Y además, con la grabación precipitada impuesta por la producción, Joe Lara ya no puede disimular que es poco más que un modelo cachas sin personalidad, por mucho que pesen sus rasgos de origen indio americano, rostro anguloso, ojos claros con gen polaco y atlética presencia española. Lara, a pesar de la prestancia interacial de sus genes juguetones y su buen estado de forma- que le llevó a doblarse en muchas escenas tarzanescas-, es un actor del montón que, desde luego, no pasará a la historia.

Un puñado de películas baratas de acción y tv movies cutres lo dicen todo de su talento. Y hace más de diez años tomó una sabia decisión, dejando su carrera interpretativa, pasándose a la actividad de cantante country, también sin demasiado éxito.

Una de las cosas más llamativas de este Tarzán es que inaugura la moda de llevar botas altas -pero altas, altas- que, junto al taparrabos recién cortado, le dan un *look* como de línea de coro de Broadway o de miembro de Village People. Costumbre nefasta esta la de las botas, que va a abrazar con alegría el siguiente hombre mono televisivo: Wolf Larson.

Como era de origen alemán -aunque de nacionalidad canadiense- Wolf Larson es otro de esos tarzanes rubios como la cerveza- que diría la canción- diseñado para añadir al casting disparatado de los hombres mono de las últimas décadas.

Larson fue futbolista antes que salvaje de la jungla y ya pasaba unos cuantos años de los treinta cuando se puso el taparrabos tarzanesco en las temporadas que fueron de 1991 a 1993. Más tarde, trabajó en la serie *L.A. Heat*, con resultados tan poco estimulantes como los conseguidos con su *Tarzán*.

De producción francesa y muy *aggiornada*, quizás ésta es la peor serie de televisión dedicada a Tarzán y, en general, de lo peor que uno ha podido llevarse a ojos y oídos de entre lo mucho que se ha dedicado al personaje de Burroughs. De hecho, el armazón argumental de los episodios no aguantaba más allá de los 22 minutos de duración.

El primer episodio *Tarzán and the poisoned waters* vio la luz en octubre de 1991, con unos pobrísimos resultados de audiencia. Y las aventuras que siguieron fueron de lo más chorras, incluyendo un eclipse lunar en una selva frecuentada por astronautas y alienígenas.

Como tosco homenaje al Tarzán de los sesenta, los productores, y el guionista Ivan Hayes, decidieron incluir una estrella invitada de categoría. En el episodio *Tarzan, the Hunted*, emitido por primera vez en marzo de 1992, aparece Ron Ely, haciendo de un viejo cazador que quiere matar a Tantor el elefante e incluso ¡cazar a Tarzán! Pobre Ron Ely, de noble Rey de los Monos a asesino selvático, todo sin abandonar su África querida que aquí -al igual que en la serie de los sesenta que protagonizó- en realidad estaba en México.

El principal *handicap* de la serie de Larson no son los guiones desastrosos, ni el casting sin brillo. Lo peor sería -ya lo adelantamos- que el actor no pasa de rubio guaperas de ojos claros, melena larga y cuidada, con raya al medio, y un falso físico de gimnasio bronceado con rayos UVA. El aspecto de Larson era tan relamido que, cuando la serie pasó por las tardes de Telecinco, un periodista español y lenguaraz le llamó «un Tarzán salido de Locomía». Aunque a nosotros más bien nos evoca al rubio de Abba.

Pero, y esto es sin duda lo peor, nuestro héroe, imitando a Joe Lara y cual gato de cuento, calza unas botas de piel de siete leguas que nos parecen el colmo de lo *blandiblup*. Y es que se supone que las plantas del pie del hombre mono deberían estar tan curtidas como la cara de Clint Eastwood y Humphrey Bogart juntos. Este Larson con botas hace bueno al ridículo Tarzán cómico interpretado por Chicho Siqueiro en *Tarzán en el cementerio civil de los elefantes* (1990), armado de unas sandalias playeras realmente lisérgicas.

Por eso, aunque a veces el Tarzán de Larson quiera ser fiero, gruñendo a los leopardos para ponerlos en fuga o cargando cual rinoceronte cabreado contra los árboles , pensamos que éste es, seguramente, y con permiso de Travis Fimmel, Miles O Keeffe y Denny Miller, el más blando de todos los hombres mono de la historia audiovisual.

Después del experimento de Ron Ely, castigado sin Jane y sin postre, a este Tarzán televisivo si que le pusieron compañera, una Jane bióloga y ecologista, muy exuberante, de ojos claros, con mirada y gestos algo agresivos. Lydie Denier, ex-modelo, ex-cantante y actriz muy del montón, con su pelo leonino, a veces ceñido con una cintita en las sienes, y luciendo físico con shorts y exiguos tops, quiso ser una Jane *hot* y algo *killer*, pero finalmente resultó casi tan olvidable como lo fue su compañero. Curiosamente, Denier se reencontró con otro Tarzán televisivo, el encarnado por Joe Lara en la serie de mediados de los noventa, aunque esta vez interpretando a la aventurera hija de una amistad civilizada del hombre mono.

El Tarzán de Larson sobrevivió de milagro- y de manera incomprensible- durante tres temporadas. Se rodaron 75 episodios, con muchos exteriores filmados, de nuevo, en México, en especial en la selva de Palenque, considerada como una de las zonas arqueológicas mayas más importantes del país y patrimonio cultural de la humanidad declarado por la Unesco. Así que, otra vez, los escenarios cantaron a un África de pacotilla.

Travis Fimmel es, de momento, el último Tarzán de imagen real de las pantallas, sean grandes o pequeñas. ¡Que *horreur* y que dudoso fin de fiesta! Menos mal que, mientras escribimos estas líneas, ya está casi a punto el rodaje de un nuevo Tarzán cinematográfico, dirigido por David Yates e interpretado por Alexander Skarsgard, al que acompañará la perversa Jane Margot Robbie -*El lobo de Washington*- y un villano de la categoría de Chrisopher Waltz.

Travis Fimmel es -otra vez, en la filmografía tarzánida- un jovencito rubio, de ojos azules y músculos bien definidos, a lo Wolf Larson. Fimmel iba para estrella del rugby, pero se rompió una pierna. Con la pata quebrada para el deporte, el australiano comenzó a ganarse los garbanzos anunciando unos calzoncillos muy famosos. Y acabó de héroe de saga escandinava en la serie *Vikings*

(2013), más afeado, con sienes afeitadas y coleta guarra. Por lo menos ahora ya es capaz de actuar, batiéndose el cobre como precursor de la navegación con rueda solar, buscando rutas para las *razzias* hacia el oeste y batallando en contra de su rey, un muy malvado Gabriel Byrne.

Pero su debut dramático -¡y tanto!- fue en un Tarzán televisivo poco inspirado, con el actor aún muy joven y sin substancia. Fimmel tenía poco más de veintitrés, y poca experiencia interpretativa, cuando empezó a grabar la última serie de televisión -por el momento- basada en el personaje de Burroughs. Los productores de la nueva abominación intentaron que Fimmel pasara a la Historia como el más sexy de los hombres mono. Y así lo publicitaron con tenacidad, pero la capacidad comunicativa del actor estaba por entonces por debajo de la de una muñeca Nancy rubia.

Viendo el Tarzán de Fimmel uno comprende las eternas y malintencionadas preguntas de muchos rijosos aficionados que se remontan a los albores del cine: ¿por qué a Tarzán nunca le crece la barba y va tan afeitado? Y es que el metrosexual hombre mono de Fimmel parece estar a punto de rodar un comercial de masaje facial, colonia o desodorante.

La cosa fue tal desastre que el episodio piloto nunca vio la luz. Y la serie, rodada en el 2003 y ambientada en un New York contemporáneo de diseño, duró una sola temporada de ocho capítulos de cuarenta y cinco minutos.

Debemos señalar aquí también al que seguramente podría haber sido el gran campeón tarzánido de los anabolizantes. Un proyecto televisivo que finalmente nunca fue pero que prometía. En 1981 se anunció el más que extravagante rodaje de una película sobre la vida de Johnny Weissmuller, producida por el cantante Paul Anka e interpretada por ¡Arnold Schwarzenegger! Por entonces, el culturista de origen austríaco tenía escasa experiencia en cine. Solo había trabajado en una película sobre *Hércules* (1970) y en la crónica de un gimnasio de levantadores de pesas titulada *Stay Hungry* (1976). Casi un lustro antes de ser *Terminator* (1984), Schwarzzie estaba a un año de encarnar al papel que lo lanzaría al estrellato, esa especie de Tarzán de la era cimeria que fue *Conan el bárbaro* (1982).

11

TARZANES REALISTAS CONTRA TARZANES DE DISEÑO

Ya lo vimos: cuando Tarzán se nos pone muy real puede perder parte de su encanto. Y así en Christopher Lambert se encuentran el ying y el yang tarzanesco. Él es el hombre mono posible -y bizco- adaptado a los gustos de los prosaicos años 80. Una dualidad que une nuestra aceptación y nuestro rechazo. Sin duda su físico resulta de los menos poderosos o intimidatorios de todos los que han moldeado al Tarzán cinematográfico canónico, intentando huir de los tipos con aspecto de salir de una sesión de pesas en un gimnasio.

Cuando *Greystoke* (1984) se estrenó, hacía tiempo que la figura cinematográfica de Tarzán estaba prácticamente olvidada. Pero el guionista Robert Towne, que será recordado especialmente por el libreto de *Chinatown* (1974), llevaba diez años obsesionado con hacer una versión realista del rey mono.

Greystoke comenzó a fraguarse a comienzos de los años setenta, como un proyecto para la Paramount que finalmente terminó en manos de la Warner. La película nació, literalmente, como «la revisión de la historia de Tarzán vista desde el punto de vista de los gorilas», según una definición del propio Towne, publicada en 1972. *Greystoke* iba a ser «la gran obra» del guionista, que, además de escribirla, también quería dirigirla. Aunque Towne nunca terminó el guión -un mamotreto de 240 páginas que se quedó inconcluso- lo cierto es que parecía realmente obsesionado con la historia del débil niño salvaje que debía sobrevivir en la selva. El escritor incluso viajó a África en 1977 a buscar exteriores. Pero el proyecto se dilató tanto en el tiempo, a causa de los escarceos que Towne mantuvo con otros filmes -y también con algunas de las atletas olímpicas de su película *La mejor marca* (1982)- que el parto de *Greystoke* hubo que asistirlo con fórceps.

Cuando, finalmente, comenzó a rodarse la película, estaba al cargo de la dirección el autor de *Carros de fuego* (1981), Hugh Hudson. El libreto, oportunamente retocado y rematado por el disciplinado Michael Austin, iba firmado también por un tal P. Hira Vazak, nombre que no era otra cosa que un seudónimo de Towne elaborado con el nombre de su querido perro. Así que, por primera vez en la historia, un perro fue nominado al Oscar al mejor guión -lástima que no lo ganara, más que nada por el espectáculo de la recogida del premio- aunque, en verdad, muchos directores y productores de Hollywood, ya pensaban que algunos guionistas eran, de modo figurado, tan cánidos como el Hira de Robert Towne.

Greystoke se estrenó en marzo de 1984 -en diciembre en España- y los seguidores de Tarzán nos quedamos aplanados sin saber muy bien qué opinar. Dudábamos entre si estábamos maravillados -que sí lo estábamos- o quizá simplemente estafados, que también.

La luz de John Alcott, el fotógrafo de Kubrick en *La naranja mecánica* (1971), *Barry Lyndon* (1975) y *El resplandor* (1980), nos había deslumbrado. Sin duda, la película era muy hermosa. Pero aquello no era Tarzán. O sí. *Greystoke* brillaba como una esforzada revisión de *qualité* del mito del buen salvaje que, con los años, nos iría ganando.

El maquillaje de Rick Baker, por otra parte muy bueno, tenía algo demasiado familiar que nos recordaba a un cruce de los homínidos de *2001* (1969) con los monos tan humanos de *El planeta de los simios* (1967). Y en el equívoco juego realista propuesto, seguramente con mucha honestidad, no fuimos capaces de ver más allá de unos señores metidos en pieles. Eso si, muy bien coreografiados por el especialista Peter Elliott, factotum de los movimientos de los primates en filmes como *En busca del fuego* (1981), *Gorilas en la niebla* (1988) o *Congo* (1995).

Como el guión de Robert Towne, la película de Hudson es una adaptación que a nivel argumental resulta muy fiel a la novela de Burroughs y, seguramente contentaría al creador de Tarzán. La acción comienza en Escocia, en 1885, con John Clayton, el padre de Tarzán, anunciándole a su progenitor que se irá a África, ante el dolido asombro del sexto señor de Greystoke, interpretado por el gran Ralph Richardson, nominado al Oscar por esta encarnación. Lo siguiente que vemos ya es el barco de los Greystoke naufragando en la costa occidental del África Ecuatorial, un territorio hostil en el que mamá da a luz a un tarzanito antes de morir, sin tener que asistir a la muerte de su marido atacado por una banda de monos. Kala, una hembra del grupo de primates que mata a lord Greystoke, substituye a su cría muerta por el bebé humano y el niño crece en familia con la duda de si es mono u otra cosa. Hasta que el hombre mono se mira en un herido capitán D Arnot, un explorador belga soberbiamente interpretado por Ian Holm, al que salva de la muerte segura a manos de los salvajes. La historia de esta amistad continúa hasta la civilización, donde Tarzán se enamora de Jane -una maravillosa Andie MacDowell- pero reniega de su condición de hombre al ver las atrocidades que hacen en el museo de historia natural con sus hermanos monos.

Al final, Tarzán, al que por cierto nadie llama Tarzán en el filme, regresa a la jungla con la ayuda de Jane y del buen D Arnot, que lo ven alejarse gruñendo y contestando con aullidos a la llamada de la selva. Quizás como un homenaje deliberado, una parte importante del rodaje fue en el parque de Mahele, en las riberas del lago Tanganika, lugar casi inaccesible de Tanzania, donde la naturalista Jane Goodall protegió a sus chimpancés. El resto de la selva son exteriores de Camerún y dibujos asombrosos fijados sobre los vidrios que el maestro Albert J. Whitlock elaboró para poner frente a los objetivos de la cámara.

Como ya fuimos apuntando, una parte decisiva de la calidad de la película es el más que afortunado reparto. Las encarnaciones de Andie MacDowell, Ralph Richardson y Ian Holm resultan inolvidables. Pero también Christopher Lambert está magnífico. Ya lo dijimos, no es nuestro Tarzán, pero no podemos negar que su recreación es maestra, plena de frescura y muy creíble. La secuencia en la que grita por primera vez- con un sonido que ya nada tiene que ver con el berrido de Weissmuller- consigue estremecernos. Es un grito de dolor desgarrado ante la muerte de su madre Kala, asaeteada cruelmente por un cazador indígena. Luego Tarzán huele a su madre inerte, reconoce la muerte. Y llora.

Nada sobra en las dos horas largas del filme de Hugh Hudson, que está dotado de grandes momentos narrativos: la pelea de Tarzán con su rival primate, las luminosas lecciones de aprendizaje y las tenebrosas sevicias de la vida civilizada en una sombría Escocia.

Lambert, levemente bizco, pelo muy largo y enmarañado, fuerte pero sobre todo flexible, caminando muchas veces a cuatro patas, como un mono, es lo más parecido al personaje literario que se nos ocurre, en el improbable caso de que un niño de la selva llegara a sobrevivir por encima de los veinte años. El proceso de aprendizaje que emprende con las indicaciones del capitán D Arnot le dan muchas oportunidades de lucimiento al actor novel. La risa franca ante las costumbres extrañas de la civilización o la emoción al reconocerse hombre frente al espejo, estarán indisolublemente unidas al físico del actor, que es capaz de comunicar el sentimiento de abandono, pérdida y nostalgia, especialmente en la recta final del filme. Aullar de manera melancólica o con júbilo, gruñir pensativo o amenazante, oler de manera agresiva o sensual, no son cosas que se puedan hacer fácilmente, con un mínimo de credibilidad, más allá del ridículo. No está al alcance de cualquier actor. Y las secuencias en las que Lambert imita las voces y sonidos de los civilizados señores que rondan la mansión de *Greystoke*, son maestras y hay que verlas en versión original.

El caso es que Lambert, con justicia, fue uno de los pocos tarzanes que hizo carrera más allá del personaje. Películas como *Subway* (1985), *Highlander* (1986), *El siciliano* (1987) o *Fortaleza infernal* (1993) lo mantuvieron en un buen lugar del star system. Y Marco Ferreri, siempre preocupado por la crisis del hombre moderno escindido en su papel de macho del pasado y de ser social del futuro, supo aprovechar los ecos agónicos del personaje de hombre mono de Lambert en *I love you* (1986). También es cierto que, de lo último que ha hecho el actor, solo merecen la pena un par de películas, entre ellas un regreso sesgado al mundo Tarzán -el de choque de culturas- con *Una mujer en África* (2009).

Lambert tenía un no se qué de bruto feo-guapo que gustaba a las mujeres. Muy matizado por la tosquedad y la fragilidad con la que jugó Ferreri. Algo que también hacía que muchos hombres se identificaran con un tipo así. "Es como un cachorrito herido", concluye un celoso James Fox, al ver las emociones que el mono desvalido despierta en la Jane de Andie MacDowell.

Seguramente por Lambert, y por todos esos ecos que nos evoca, *Greystoke* funcionó en la taquilla y, también, por qué no, lo hizo a nivel crítico.

En el lado contrario estuvo Miles O Keeffe, jugador de béisbol y de fútbol americano universitarios, apartado del camino del deporte profesional por una lesión. O Keeffe, como Lambert, también hizo su debut en el cine con *Tarzán, el hombre mono* (1981), una aburrida y ventajista producción de John Derek que el actor, productor y director levantó a mayor gloria de su esposa Bo, célebre chica 10 de *La mujer perfecta* (1979).

O Keefe es aquí más bien una muñequita, de leonina melena rizada, sujetada con una cintita de cuero, y no un tosco Tarzán. A cualquiera con dos dedos de frente le parecerá un cachas narcisista de diseño, de físico desprovisto de personalidad y con cuidada tableta de chocolate fabricada en gimnasios. O Keeffe es un Tarzán más aséptico que un preservativo transparente. Y esto es doblemente doloroso, si pensamos que la película quiere ser -pero no lo es- un *rema-*

ke de la primera y gloriosa cinta de Johnny Weissmuller. Cuando O Keeffe aparece, bien avanzados los cuarenta y cinco minutos del metraje, y se pone, junto a su amigo el león, a esperar en la playa a que Jane salga de un baño de camiseta mojada, parece que el director quisiera magnificar la figura de Tarzán. Dos reyes juntos, descansando majestuosamente. ¡Leones en la playa blanca!, como soñó el viejo de Hemingway. ¡Qué bonito, qué poético! Pero, que no se equivoque el lector, el plano elaborado por John Derek es francamente ridículo y la cara de palo de O Keeffe en realidad solo nos hace reír.

La dirección de John Derek, un hombre de sesenta y cinco años explotando a su musa de veinticinco, resulta crispante. La cámara no se separa de Bo ni para *panear*, como recordándonos la injusticia de que ese cuerpo serrano y diminuto no fuera elegido unos años antes para ser la novia de *King Kong* (1976). Menos mal que, entonces, a alguien del equipo de producción de la película de John Guillermin le entró la cordura y eligieron a la maravillosa Jessica Lange. No podemos dormir pensando en lo que hubiera sido el apreciable filme de Guillermin si lo hubiera protagonizado la insoportable Bo.

En este Tarzán almibarado y para esteticistas amantes de las revistas eróticas soft, el pequeño cuerpo de Bo desborda todos los planos y a Derek le puede tanto el mal gusto que incluso la utilización de las añoradas cortinillas de transición al modo clásico- en abanico, giratorias, laterales, circulares, en persiana- parece un puro catálogo, un recurso narrativo artificial y forzado.

¡Y que podemos decir de las peleas! Si las de los Tarzanes en blanco y negro se desarrollaban en acelerados increíbles pero energéticos, aquí se recurre a...¡los ralentizados! Exactamente todo lo contrario de lo que se debe hacer para que una película de aventuras funcione, a menos que seas Sam Peckinpah, claro. La cámara lenta, aquella pesadilla de *qualité* que estropeaba la acción de *El último mohicano* (1992), hace patéticas las peleas de Tarzán, especialmente ese *pressing catch* de pacotilla que mantiene con Stephen Strong, alias de Stephen Cepello, legendario héroe de la lucha libre que encarna aquí a un cruel rey caníbal del marfil. Y, claro, tantos ralentizados acaban pesando en el moroso ritmo de la película.

Tarzán, el hombre mono adolece además de una dirección artística esquizofrénica, consistente en un cruce del vestuario para película de jovencitas indolentes filmadas con *flou* a lo David Hamilton, mezclado con la selva pesadillesca de *Apocalypse Now* (1979). Y un jefe negro que no es negro -Cepello- pintado de ceniza y ¡con cresta *soshone*! Para alucinar.

La acumulación de imágenes "bonitas", filmadas en paradisíacos lugares de la Seychelles y de Sri Lanka, acaba provocando arcadas al espectador, atormentado por una indigestión de postales empalagosas.

Luego está el rollo patatero incestuoso de papá Richard Harris con su hija Bo Derek, excesivamente remarcado por los guionistas Tom Rowe y Gary Goddard. Decir que es grosero, puede significar quedarse corto.

Porque Harris era, sobre el papel, otro plato fuerte del film, que también deviene indigesto. El actor vuelve a la carga con sus peores y más tópicos asuntos: enseñar el culo -con más de cincuenta años cumplidos- e imitar a Marlon Brando y llevar sus personajes hasta la histeria. Es evidente que hacer de loco excéntrico, buscador de marfil de comienzos del siglo veinte, es un caramelo envenenado para un actor como Harris, capaz de lo mejor y lo peor. Se mesa el largo cabello blanco al viento cual Brando en *Queimada* (1969) y ¡se pone a tocar una gaita irlandesa en medio de la selva africana! Más "originalidad" imposible. Lo estrafalario no abandona en ningún momento a Harris, con perlas como esa en la que le canta una nana a un elefante herido. A papá, enamorado de su hija con la excusa de que le recuerda a la madre, le sobra -mucho- tanto rasgo freudiano y tantos gritos histéricos. «Ese mono hijo de puta te quiere a ti. Le voy a hacer un agujero y lo guardaré como trofeo», escupe sus intenciones freudianas papá Harris ante el efebo O Keeffe, que no se inmuta lo más mínimo con su cara de yo solo pasaba por aquí, algo que, por otra parte, viene a ser el único registro del actor.

Afortunadamente -alguna cosa buena tenía que tener- en *Tarzán, el hombre mono*, O Keeffe no habla nunca, dejando que sea la Jane de Bo Derek la que lo haga y diga todo, convirtiéndose así en el único Tarzán desprovisto de lenguaje -que no un Tarzán mudo- del cine sonoro.

Porque *Tarzán, el hombre mono* fue vendida con la falsa coartada pseudofeminista del tema tarzánido visto desde los ojos de Jane. Así, nuestro héroe quedaba desenfocado -teniendo en plano a O Keeffe, en realidad era mejor así- y solo tenía nitidez -a pesar del *flou*- el cuerpo 10 arrogante pero pequeñito de miss Derek.

Al ver la atrocidad que los Derek habían perpetrado, los herederos de Burroughs montaron en cólera y, ante sus protestas, un juez federal le metió mano a la película cortando entre tres y cuatro minutos del copión original. No hemos podido precisar a qué le metieron la tijera.

Tras interpretar a Tarzán, la alarmante falta de recursos interpretativos y expresivos llevó a O Keeffe a merodear por una serie de películas semi cutres de espada y brujería, en las que encarnaba al héroe *Ator, el poderoso* (1982), aprovechando el éxito taquillero de *Conan el bárbaro* (1981). Y se da la casualidad -una de esas falsas casualidades, que no lo son, del mundo Tarzán- que en *Ator,* O Keeffe fue dirigido -es un decir- por Joe D Amato, futuro especialista en cine porno que una década después facturaría el melocotón conocido como *Tarzán X* (1994), la película *hard* interpretada por Rocco Siffreddi.

Menos rubio, pero tan ario como sus tarzanes contemporáneos, el norteamericano Casper Van Dien, tras su equívoco aspecto de buen chico, al menos resultó ser bastante mejor actor y tener mucha más presencia que los demás. Y le imprimió algo de sentido del humor pícaro a su Tarzán, aunque con menos ironía de la que dotó al cazador nazi de alienígenas de la vitriólica *Starship Troopers* (1997), incomprendido filme del siempre gamberro Paul Verhoeven.

Así que, podemos asegurar que Casper no era ningún fantasma con taparrabos de piel de leopardo y ya tenía un buen bagaje interpretativo sobre sus anchas espaldas cuando llegó al mundo Tarzán. Con su papel episódico en 1994, fue de lo mejor de la mítica pero infumable serie *Sensación de vivir*. Casper ya era un actor antes de ser el hombre mono de *Tarzán y la ciudad perdida* (1998), una de las más dignas películas del mito de entre las rodadas en las últimas décadas. El filme tiene un buen pulso de cine de aventuras clásico, con abundantes guiños al respetable. No es cosa rara, pues su director, el prematuramente desaparecido Carl Schenkel, ya había realizado *A espaldas de la ley* (1989), una olvidada pequeña joya de intriga y aventuras, interpretada por un joven Denzel Washington.

Esta fue la primera película de Tarzán íntegramente rodada en África, sin trucos ni un solo plano de plató y surcada con encendidos paisajes sudafricanos maravillosamente fotografiados por Paul Gilpin, el notable operador de *Llanto por una tierra amada* (1997) que aquí consigue unos cielos acerados de nubes pictóricas y ocres de atardecer.

Algunas secuencias, sin abandonar el imprescindible tono aventurero, están cargadas de realismo y se nota que Casper apenas utiliza dobles, cosa que contribuye a la armonía definitiva del filme. Precisamente por eso, el actor estuvo a punto de tener que dejar el rodaje ya que el bebé elefante que Tarzán salva de una trampa, lo levantó y lo tiró al suelo. El accidente no produjo heridas notables, pero Dien estuvo sin conocimiento durante muchos minutos y, en ese tiempo, sobre el set flotó la sombra del desastre que acabó con la vida de Kamuela Searle cincuenta años atrás.

En la película de Casper, Tarzán debía olvidarse rápidamente de su cómoda noche de bodas inglesa con Jane y, con toda la urgencia que permitía la segunda década del SXX, tenía que salir hacia la jungla para enfrentarse a un malo malísimo que, una vez más, se quería llevar el legendario tesoro de Opar, quemando la selva y matando indígenas a su paso. Todo muy bien contado, con una notable dirección artística en la que el maquillaje corporal de los guerreros nubas estaba hecho paso a paso, con barro y ceniza, cual documental de National Geographic.

Aunque la principal gracia de esta película reside en la muy perversa triquiñuela de casting, que le da el papel de Jane a otra Jane de campanillas, la menuda y caliente jovencita de *El amante* (1992). Jane March repite aquí escenas acuáticas casi tan subidas de tono como las que protagonizó en la piscina de *El color de la noche* (1994) junto a Bruce Willis. Y entre los dos actores funciona la química y la complicidad.

CAPÍTULO 12
TARZÁN HABLAR MAL, PERO SER POLÍGLOTA
(SABER CASTELLANO, ITALIANO... Y TURCO)

Si exceptuamos a Totó, esperpéntico Tarzán italiano y bufo del que luego hablaremos, la primera palabra no inglesa que le escuchamos a un Tarzán serio es ¡en turco! La dice Tamer Balci en *Tarzán Istanbulda* (1952), título que se podría traducir como *Tarzán en Estambul*.

Balci fue un atleta y jugador de fútbol nacido precisamente en Estambul. Un insensato que -sin encomendarse ni a Dios ni al Diablo, ni al copy de los herederos de Burroughs- encarnó a un Tarzán en blanco y negro, bastante casposo y antiglamouroso.

En España la película se estrenó dos años más tarde, con el curioso título de *Tarzán contra el Mau-Mau*, aprovechando que por entonces la revuelta de los guerrilleros insurgentes de Kenia era portada en todos los periódicos de la época. Pero en el filme no había rastro de Mau (Militar African Nationalist Movement) alguno. Si acaso, como excepción, entre los extras turcos, con la cara pintada a brochazos, quizás había algún negro que podría haber sido descendiente de los guerreros kikuyu.

Uno de los dos carteles con los que se publicitó la película en España era sencillamente precioso, pero definitivamente fraudulento. En él podíamos ver a Tarzán abrazando a un verde cocodrilo caricaturesco, mientras ¡un tigre! saltaba sobre él. «Papá, en África no los hay», le dijimos, mirando las carteleras y en plan enterado, a nuestro progenitor. Y, efectivamente, en un rebumbio de especies, las habituales imágenes de archivo llegaban a mostrar a ¡un tigre asiático en África!

Vista hoy, la película nos parece realmente mala, casi ridícula. Balci es un Tarzán cutre de verdad, con su pelo ensortijado bien cortado y vestido con un taparrabos que roza lo monjil. En *Tarzán contra el Mau Mau*, director y guionistas fusilan las películas de Weissmuller, llegando incluso a introducir algunas secuencias originales de los filmes americanos, como el plano del abrupto despertar de Chita al escuchar el grito de Tarzán. Los turcos montaron secuencias directamente pirateadas de *Tarzán y su compañera* (1934) pero, curiosamente, tuvieron escrúpulos y no se atrevieron a meter el grito de la Metro. Por cierto, el alarido de Balci es tan agudo y ridículo que resulta imposible no reír.

En cualquier caso, aquí realmente no falta de nada. Están todos los lugares comunes de las películas de Weissmuller, pero mostrados y dosificados sin el menor encanto. Por ahí aparecen Chita, una especie de Jane ignota y gordita en biquini de flores, el recalcitrante cocodrilo, la leona, las lianas, un fabuloso tesoro enterrado en un cofre y hasta un explorador graciosillo a lo Herbert Mundin.

Como la película está rodada en Turquía, aunque ambientada en Tanganika, el hijo de la selva es turco en lugar de anglosajón y sus familiares lo llevan de vuelta a casa en Turquía. En la secuencia final, desde la cubierta de un trasatlántico, Tarzán, vestido de occidental, se fotografía junto a una pseudoJane con la Gran Mezquita al fondo. ¡Que horror!

En *Tarzán contra los hombres leopardo* (1964), Ralph -o Rulph- Hudson en realidad interpreta a un personaje que se llama Tarzak, o Zoltak, dependiendo de la nacionalidad de la copia que uno consulte. La película es una producción italiana que roza lo abominable, con un bajísimo presupuesto y título original menos tramposo que el español: *Tarzak contro gli uomini leopardo*, conocida en el mercado anglosajón como *Ape man of the jungle*.

Probablemente, decir que aquí el mito tocaba fondo es quedarse corto, con un actor protagonista que tenía tanta permeabilidad con Tarzán como la carga genética que Raquel Welch podría compartir con una ameba. Hudson, un culturista italiano de vía estrecha, tuvo una corta carrera cinematográfica -seguramente aún así demasiado larga -trabajando también en el peplum *Los gigantes de Roma* (1964).

Bajito y pelirrojo, el actor da un look de Tarzán de revista porno gay más que de majestuoso rey de la jungla, peleándose en una especie de ruinas romanas con los hombres leopardo del título- fantoches tocados con pieles *ad hoc*- tal y como lo haría cualquier gladiador de película de romanos, moviéndose como un Maciste cualquiera, con saltos circenses, mucho *ale hop* y llaves de *pressing catch* que evocan la lucha grecorromana.

El Tarzán de Hudson, ataviado como el protagonista de un péplum -¡incluidas muñequeras de cuero!- nos crea un lío de géneros nada estimulante. Como siempre, Tarzán está ocupado en proteger una expedición- esta vez científica- capturada por los salvajes. Como su amistad con uno de los jefes de la tribu acaba por imponerse, entonces se entretiene en salvar a la bella Nuccia Cardinali -cantante y actriz italiana, estrella de las fotonovelas y protagonista de *Dos cruces en Danger Pass* (1967)- que interpreta aquí a una corajuda doctora que un cocodrilo goloso quiere degustar.

Carlos Veo, el director de *Tarzán contra los hombres leopardo,* experto en chapuzas y saltos de eje, utilizando su seudónimo habitual de los *spaghetti* western -que no es otro que Charlie Foster- volvió a a reincidir con otra película del hombre mono, esta vez no ya de puro saldo sino de auténtico derribo. Interpretado por Anthony Freeman,*Tarzán y el tesoro escondido* (1965) -en Italia *Per una manciata d oro*- es otro despendole de antología, con Tarzán ayudando ahora a los nativos en la sana tarea de deshacerse de una expedición de blancos malos que buscan el enésimo tesoro oculto.

Si Raplh Hudson era pura decadencia lo de Anthony Freeman -de auténtico nombre Mario Novelli, culturista y especialista en películas de romanos y *spaghetti* western- ya no tiene nombre. Con su pelo de veinteañero chico catequista, la raya al medio, rostro barbilampiño, espíritu flojo de pasante en prácticas y un estómago demasiado bien alimentado para su edad, este hombre es más bien un Maciste disfrazado de Tarzán. Más repelente aún que el alegre Hudson.

La película, rodada en Somalia en localizaciones que evocaban el pasado colonial italiano- y también en interiores de un plató romano- se estrenó tardiamente en España, a comienzos de los años setenta, distribuida por Cire films.

También habló un perfecto italiano el inefable culturista, con nombre de banquero, Armando Bottin, que, sin vergüenza, se hizo llamar Johnny Kissmuller Jr. para interpretar a un hombre de la selva supercutre en *Tarzán, el fabuloso hombre de la jungla* (1972), tongo conocido por los mundos controlados por la ERB Inc. como *Karzan* -con la K, en una grafía confusa para despistar- *il favoloso uomo della jungla* o, también, *Karzan, master of the jungle.*

La abominación se estrenó en España en 1974 y algún crítico aquí calificó la película de "pura tomadura de pelo", con el italiano camuflado de rubio teñido, una melena larga y la barba negra apurada que revelaba al tiempo su fenotipo, genotipo y también su carnet de identidad romano.

Melú Valente y una tal Simone Blondell, ponían el esplendor de su físico para despistar a los espectadores alucinados con aquella estafa. Bajo el seudónimo de Blondell estaba oculta Simonetta Vittelli, joven actriz de varios *spaghettis* westerns de los años sesenta y setenta e hija del director de esta execración que nos ocupa, Demófilo Fidani, que también adoptó uno de sus muchos alias ingleses -o así- en concreto el de Miles Deem, para vender mejor las peras por manzanas de raíz sajona.

La película es tan penosa, que no hemos olvidado las risas del público de los años setenta, espectadores que iban perdiendo su inocencia a golpe de sucedáneos descarados. Cuando sale el tipo vestido de gorila para pelear con Karzan -o con Tarzán o con el pobre Armando- el descacharre en el cine de nuestra infancia fue colosal. Y recordamos también los alaridos animados de la marinería de nuestra ciudad natal cuando el infortunado Kissmuller Jr. levanta un gigantesco peñón de cartón piedra que, con el meneo, se deshilachaba ostentosamente por una esquina, ¡Qué años, por dios, qué años! Los cines, entonces, eran una cueva realmente divertida.

En realidad, el croata Steve Hawkes no hablaba castellano en las dos producciones españolas *Tarzán en la gruta del oro* (1969) -conocida también con el título para el despiste de El halcón blanco- y *Tarzán y el arco iris* (1971), aunque la versión "oficial" -doblada, por supuesto- fuera, en español.

Steve Sipek emigró joven a Hollywood y allí cambió su nombre por el de Steve Hawkes, obteniendo escasa gloria en su carrera cinematográfica. La vida de Sipek fue harto azarosa desde entonces. La primera película en la que interpretó a Tarzán se quedó sin financiación- los productores huyeron con el dinero- y aquel fue un filme errante que viajó desde Surinam y Miami hasta España, con Hawkes más perdido que Napoleón en Waterloo. En la segunda, rodada entre Colombia, España y Florida, un accidente quemó de gravedad a Hawkes y a su compañera la actriz Kitty Swan. Así, con las graves quemaduras, prácticamente se acabó la carrera del actor, que se refugió en Florida y montó un parque zoológico repleto de las criaturas de la jungla que tanto adoraba. Un parque que las autoridades cerraron recientemente por carecer de los oportunos permisos y también por la accidentada fuga de un tigre de Bengala.

Curiosamente, y más allá de las desgracias, al Tarzán de Hawkes casi nunca se le llama Tarzán. Para evitar el habitual problema del *copy*, que como venimos viendo es habitual en esos años piratas, el nombre del héroe es Zak o Zan, según la copia o el idioma.

Este Tarzán apócrifo deviene algo barriobajero, vestido con un taparrabos de leopardo más propio de revista gay, y con un look de rocker -patillas y tupé- que tira de espaldas. Hawkes tenía la pinta de un portero de discoteca, duro, suburbial, feo y con los dientes mellados. Y su personaje roza lo surrealista, jugueteando a tirarse al agua desde los árboles, como un saltador dominguero de vacaciones en un *aquapark*.

En *Tarzán en la gruta del oro* (1969), Hawkes sabe donde está el fabuloso tesoro del título, botín codiciado que pretende un malo de pega interpretado con poca convicción por Jesús Puente. Y además de malos de opereta, hay amazonas envueltas en pieles prehistóricas y *garimpeiros* borrachos. La película es tan infantil y delirante que se ha convertido en filme de culto para algunos *frikis* muy aficionados a los productos lisérgicos.

Tarzán y el arco iris (1971), ambientada en las selvas de Sudamérica- aunque sin especificarlo en ningún momento- cuenta la azarosa expedición de un grupo de aventureros- ¡con porteadores negros cambiados de continente!- que, cómo no, buscan hacerse ricos a base de enjaular animales para venderlos en zoológicos. ¡Poco importa, una vez más, que se trate de animales africanos capturados en una selva sudamericana! No nos pongamos exquisitos. Y lo cierto es que, viendo la película, este parece un mal menor. La dirección de Manuel Caño es tan torpe y el filme resulta tan disparatado que la cosa realmente no hay por donde cogerla. Un dislate que, por otra parte, le parecerá aburrido incluso a las almas más cándidas. Y es que, además, aquí Tarzán sale muy poco, cediéndole protagonismo a la relación triangular de los expedicionarios y a la historia paralela de aprendizaje de un niño indio que hace su viaje iniciático. Son como tres películas en una, a cada cual más aburrida y torpe.

Como en su primer filme gemelo, el guión tóxico -y alimenticio- es de Santiago Moncada, novelista, dramaturgo y guionista de películas como *La campana del infierno* (1973) o *La corrupción de Chris Miller* (1973), en realidad más conocido por su labor al frente de la SGAE. Moncada volvería a la senda tarzanesca con la desopilante comedia de aventuras africanas *Gorilas a todo ritmo* (1982). Y es que, si el Tarzán turco era una pasada en todos los sentidos, en España tenemos incluso ejemplos más disparatados, con nuestros propios hombres mono hablando español. Para muestra, vamos a ver uno de La Orotava, que al fin y al cabo, no deja de ser África.

David Carpenter -no confundir con un veterano actor americano de reparto, hoy octogenario, ni con un serial killer del mismo nombre y de infausto recuerdo- fue el nombre artístico del Tarzán tinerfeño nacido como Domingo Codesido, uno de los más jóvenes tarzanes del cine. Carpenter tenía veintidós años cuando se puso su taparrabos de leopardo en la muy cutre pero encantadora *Tarzán en las minas del rey Salomón* (1973), una película en la que por cierto no había minas ni rey Salomón.

Domingo era un chaval sano y algo *hippie* de La Orotava, que estudió Bellas Artes y al que le gustaba nadar y hacer pesas en la playa, tal como si viviera en Malibú. Era un socorrista feliz hasta que la canalla del *show bussiness* hispano lo reclutó y lo hizo debutar en el cine, ceñido con ropa de cuero, en la muy rara película de culto de Eloy de La Iglesia *Una gota de sangre para morir amando* (1972). «Yo era un chico que vivía como un animal feliz y sin problemas», comentaba nostálgico el pobre Domingo en una entrevista de 1973.

Los del mundillo artístico lo convencieron de que había nacido para actor, lo pusieron a recibir clases de ortofonía con Pilar Francés y le hicieron picar tiernos anzuelos con motos y otros juguetes colocados al final del sedal.

La carrera cinematográfica de Domingo duró pocos años, hasta finales de la década de los setenta. Tras plantar en teatro *Equus*, rechazó tres o cuatro películas más. Luego desapareció para el cine y se reenganchó voluntario en los paracaidistas de su Canarias natal. Según él, se lo pasó tan bien haciendo la mili -damos fe que Fotogramas publicó fotos de Domingo armado con un *cetme*- que «sentía nostalgia de la época castrense», según nos contaba Jorge Fiestas en una crónica de 1977.

Domingo murió en Tailandia en extrañas circunstancias que permanecen sin aclarar del todo. Era el año 2000.

Carpenter fue otro de esos rubios guapos y cachas que, durante décadas, se han puesto en la piel de Tarzán. De físico atlético, sin embargo transmitía sensación de fragilidad y exhibía una mandíbula con hoyuelo a lo Kirk Douglas que contribuía a hacerlo más quebradizo. Tenía presencia, era fotogénico, pero no sabía actuar y eso se le notaba demasiado. Era como un Buster Crabbe de por aquí, pero cuarenta años después.

Tarzán y las minas del rey Salomón, es seguramente una de las más estrafalarias películas de Tarzán que uno pueda echarse a la cara. Rodada en sitios tan extraños como la gruta de las Maravillas de Aracena en Huelva, el Rincón Safari Park de Madrid y ¡el parque del Retiro madrileño!, este filme es una cosa tan disparatada que parece filmado por un niño rico algo borracho. Aunque en realidad no es exactamente así, porque bajo el seudónimo de José Luis M. Boves, que figura en los créditos como realizador, se oculta -no demasiado, pues era un alias que utilizaba con frecuencia- José Luis Merino, prolífico director español de serie B, responsable de cosas tan dispares como *Requiem para el gringo* (1968), *La orgía de los muertos* (1973) o *La avispita ruinasa* (1983).

Para los amantes de Tarzán, la película resulta tan mala como encantadora. Es como una revisión, a lo loco, de todos los temas tarzanescos reducidos a la categoría *cinexin*, donde la añorada estrella erótica Nadiuska llega a la jungla madrileña para rescatar a su hermano y entregarle un cargamento científico que en realidad son rifles con los que quiere comerciar el malvado Paul Naschy. Retozando, Tarzán-Carpenter evitará, entre juego y juego de querubín naif, la venta de las armas a una malísima sacerdotisa interpretada por la actriz de color afincada en Málaga, Alibe Parsons -o Johnson, en otros créditos de otras películas de su escasa filmografía- que reina en las Grutas de Aracena, las falsas minas del título.

Como dijimos, aquí Carpenter es un Tarzán aniñado de lanitas rizadas en la cabeza, una suerte de *putti* renacentista, angelito de la jungla que al final consigue que su Jane salte del barco que la lleva a la civilización y se quede con él a jugar a las casitas. A las casitas del árbol.

José Luis Ayestarán, culturista de Soria que fue Campeón de España y que, para el cine de más allá de los Pirineos, tenía el nombre de guerra de Richard Yestaran, interpretó a otro tosco trasunto del personaje de Burroughs en *Tarzán y el misterio de la selva* (1973) y *Tarzán y el tesoro kawana* (1974), dos producciones de Profilmes distribuidas en España por Hispamex y dirigidas por M.I. Bonns -alias internacional de Miguel Iglesias- y por José Truchado, respectivamente.

Durante los "años gloriosos" del cine de subgéneros patrios, Iglesias fue un especialista en aventuras selváticas baratas, con una carrera sicotrónica que tiene hitos de la categoría de *La diosa salvaje* (1974) y *Kilma, reina de las amazonas* (1975). dos despendoles inenarrables que mezclaban algo de destape con mucho candor infantil.

En *Tarzán y el misterio de la selva* -o *Green Inferno* para el mundo anglosajón, donde ya sabemos que no se podía tomar el nombre de Tarzán en vano- Ayestarán encarna a un hombre mono hipervitamínico e involuntariamente cómico que, gritando y con una pequeña Chita sobre los hombros-colocada cual capa de abuelita- se enfrenta a unos malos de opereta muy sicotrónicos, a los que en una secuencia antológica tira al agua para después quemarles la canoa, en plan escarmiento ejemplar. En la tarea justiciera, Ayestarán está ayudado por el actor de origen gallego César Burner, agente secreto enviado a la selva en misión especial para desenmascarar al malo Julian Ugarte, un nazi propietario del tesoro del mariscal Rommel. Casi nada. ¿Se puede meter más en menos? En el lío participan también varias chicas de bandera, ¡disfrazadas de monjitas evangelizadoras del África negra!, comandadas por Didi Sherman.

La película se iba a rodar en la peligrosa y voluble Uganda, pero los esbirros del loco dictador Idi Amin Dada, para garantizar protección, pedían un millón de dólares, o alguna locura similar. Si los productores tuvieran ese dinero, seguramente se irían a las Bahamas, pero a tomar el sol. Así que la cosa acabó entre ¡el parque natural de la Sierra del Collserola, Benidorm y el Safari Park de Tarragona! Eso sí, un cámara aventurero se jugó la salud y otras cosas importantes filmando en 16 mm las imágenes africanas en la peligrosa Uganda del dictador caníbal.

Metiendo cintura y poniendo mucha posturita de gimnasio, Ayestarán si que pudo ir a África a rodar su siguiente película del hombre de la jungla. *Tarzán y el tesoro kawana* -o Kawuana en algunas copias no españolas- filmada en Costa de Marfil. También éste fue un rodaje accidentado, donde el equipo tuvo que perseguir a unas fieras huidizas con fobia a las cámaras, sin conseguir un éxito mínimamente aparente que se pudiera proyectar. Una segunda unidad hubo de internarse selva arriba, a tres mil kilómetros al norte de Abiyán, para poder filmar algunos bichos menos tímidos con los que ambientar las aventuras.

La película es otra cima de la sicotronía más delirante, donde Tarzán debe salvar a unos aventureros codiciosos que quieren hacerse con los diamantes sagrados, ahora escondidos en una casa colonial del siglo XVII que fue centro del tráfico de esclavos. Todo contando siempre con la oposición de la tribu del título, que quieren marcar al rojo a los intrusos blanquitos, tal y como los europeos hicieron con sus antepasados siglos atrás.

A pesar de esa agresividad argumental, los productores contaron con la amistosa y barata colaboración de las tribus de la zona, que además aportaron -¡y gratis!- la pista sonora de la película. Aunque, según cuenta Ayestarán, algunos de los nativos, que no tenían muy claro esto de las películas, se tomaban demasiado en serio lo del ataque lanza en ristre y costó bastante explicarles las mentiras del cine. Y el pobre cocodrilo de cartón, de cuyas fauces Ayestarán debía salvar a Loreta Tovar, tampoco ayudó mucho y se deshizo implacablemente en las aguas del río.

Los barbados Luis Induni y Frank Braña -éste en su enésima incursión aventurera por las selvas varias del celuloide- Carlos Tristán y Chris Huerta son los blancos avariciosos de la aventura, mientras que Isabel Luque y Lorena Tover-Loli Tovar o Loreta Tovar en otros créditos- interpretaron a las intrépidas chicas de la historia.

Con su taparrabos de leopardo, Ayestarán tiene momentos muy de documental de Cáritas -o de Félix Rodríguez de la Fuente- llevándoles comida y medicinas a los hambrientos niños que cuida un misionero, con el empeño de un colaborador de base del Domund.

Tras ser Tarzán, José Luis, o Richard, acabó haciendo las posturas del Kamasutra ante, bajo, con, contra, en, sobre, tras -y otras preposiciones y proposiciones honestas y deshonestas- junto a Susana Estrada en *El maravilloso mundo del sexo* (1978), un producto inenarrable de imposible clasificación; todo un manual, un agotador *tour de force*, unos trabajos hercúleos de equilibrios amatorios hechos para la España de la Transición. Una jugada propia de imaginativos y simpáticos canallas fuleros dotada con un inefable colofón jaleado por el Interviú: con cada entrada ¡el regalo de una rifa numerada, para el sorteo de una noche con la estrella femenina!

Yestaran también interpretó al *Supersonic Man* (1979) de otra peliculita española de subgénero, rodada al abrigo de *Superman* (1978), en la que el actor, debidamente uniformado de fantoche, con capa y antifaz, compartía pantalla con Diana Polakov, fotógrafa y actriz de breve carrera, por entonces esposa del cantante Ramoncín. Y Richard también estuvo en *Conan el bárbaro* (1981), donde además hizo de doble de Schwarzenegger.

A lo largo y ancho del mundo, y cruzando las décadas, surgieron otros muchos tarzanes fraudulentos y políglotas, tongos hablados en lenguas que el Tarzán de Burroughs no entendería y contra los que los intereses de la ERB Inc. no pudieron batallar. Además de españoles o italianos, hay tarzanes japoneses, chinos, alemanes, suecos, tunecinos, checos, franceses, portugueses, egipcios, nigerianos, rusos, mexicanos y hasta jamaicanos. *Adventures of chinese Tarzan* (1940), *O Tarzan do 50 esquerdo* (1958) o *el Tarzan des mers* (1963), son algunos de los casi cien tarzanes apócrifos de los que tenemos constancia.

Además de Tamer Balci, hubo otros hombres mono turcos de enorme éxito en su país, como Yaluz Selekman -*Tarzan, the mighty man* (1974)- y, sobre todo, florecieron como setas docenas de exitosos tarzanes de Bollywood, hablados -y a veces también cantados- lógicamente, en hindi. Entre los tarzanes indios, desde el *Toofani Tarzan* (1937) interpretado por John Cavas, que abrió la veda, los más célebres fueron el de Azad Shabam -actor que rodó una decena de tarzanes en los años sesenta- y el de Hemant Birje, todo un éxito de taquilla en la década de los ochenta.

13

LOS TARZANES BUFOS

Pero amigo, ¿quién podría tomarse en serio a un tipo que grita como un loco, colgado de los árboles y vestido solo con unos calzoncillos?... Aunque, bien pensado... ¡me gustaría vivir así!», le dijo a un periodista Groucho Marx, preguntado por las películas de Tarzán. Y, como para hacer buena su *boutade*, un puñado de películas, mayormente europeas, se han tomado a cachondeo al célebre héroe.

Peinado con gomina, luciendo un fino bigotillo bien cuidado, gafas a lo Harold Lloyd y vestido con una limpia y aseada piel de leopardo que le sienta con la asepsia de un buen traje civilizado. De esa guisa interpretó Charley Chase a una surrealista antítesis de Tarzán en la comedia *Nature in the wrong* (1932), crónica disparatada -montada en el más puro estilo *crazy comedy*- de las desventuras de un pobre tipo al que unos timadores aseguran que es descendiente de Tarzán. Para conquistar a su chica, el protagonista imita al héroe con una dedicación encomiable y con tanta vehemencia que acaba creyéndose que él es Tarzán. Por el camino deberá enfrentarse a los problemas lógicos de cualquier urbanita metido a salvaje: lianas que no obedecen, árboles colocados justo en el camino del trapecista diletante, leones hambrientos, un incordio de gorila inglés y hasta una colonia nudista donde se burlan del aprendiz. Pero, contra todo y contra todos, el tozudo Chase acaba viviendo en la jungla con su mujer, su tarzanito, un mono llamado Junior y un piano de madera. Más delirio imposible.

El narizotas Jimmy Durante, compuso un Schnarzan ruidoso, en la comedia musical en *sketches*, *Una fiesta en Hollywood* (1934). Lo hizo rodeado de estrellas de la categoría de Laurel y Hardy y la mismísima Lupe Velez, que, como vimos, fue una Jane racial y peligrosa en la vida real de Johnny Weissmuller. En el fragmento de Durante, Schnarzan grita como una bocina de coche de los Keystone Cops. Es un alarido situado entre el silencio y la trompeta desafinada. El esmirriado Tarzán, con sus pieles desarrapadas y sus matas de pelo en el pecho, ¡tras cantar una canción sobre la reencarnación!, más propia de los Monty Python, muerde en una oreja a un pobre león, en una pelea tan extravagante como singular.

El gigantón de dos metros Clint Walker -luego conocido por su serie televisiva *Cheyenne* (1955) y también por la película *Doce del patíbulo* (1967)- hizo su debut precisamente vestido con pieles tarzánidas en *Jungle gents* (1954), una comedia interpretada por los Bowery Boys, grupo bufo poco conocido en España. La película es una parodia de las aventuras africanas donde los Bowery buscan hacerse ricos con los habituales y codiciados diamantes de la selva, pero huyen despavoridos de un Tarzán crispado con muy malas pulgas que los pone en fuga con su hipo alarido huracanado. Para evitar problemas legales, Clint gritaba aquí su propio grito, artesanal y muy potente.

En 1963, también el gran Jack Benny -inolvidable Joseph Tura de *Ser o no ser* (1942)- interpretó a un Tarzán muy grotesco en su célebre show televisivo. Y, de inapreciable soporte, contó con la ayuda de una jovencísima y arrolladora Carol Burnett, que hacía de Jane. La soñadora Burnett llega a la jungla con su coqueto salacot y se enamora del Tarzán canijo encarnado por Benny, hinchado con biceps de trapo y con pecho de relleno. Y la pobre Carol acaba cocinando en una gran perola para un Tarzán anciano que grita lastimosamente y se golpea el pecho en un último suspiro.

El actor underground Taylor Mead encarnó un Tarzán urbano y desmañado para uno de los primeros juegos de juventud de Andy Warhol. *Tarzan and Jane regained... Sort of* (1964), es una parodia que quería ser cruel con las películas de aventuras y se quedaba en vano intento vanguardista. El Tarzán de Mead, medio calvo y de hirsuto pelo en pecho, paseaba por Hollywood Bulevard, por Venice y por la Playa del Músculo, enseñando el culo más allá de lo necesario. E intentaba subirse a las palmeras, para conseguir sustento, sin éxito. Entonces, por allí aparecía Dennis Hopper, que escalaba un cocotero para alimentar al pobre e incapaz rey de la selva. Naomi Levine era una indolente Jane de Beverly Hills, que nadaba desnuda en las piscinas de los salvajes, legendarios y decadentes hoteles de Hollywood.

Cruzando el charco, y retrocediendo más de una década, encontramos en *Totó, Tarzán* (1950), a un pletórico Totó. El inefable actor cómico napolitano, rodó para la poderosa productora Titanus un Tarzán del subdesarrollo total. Fue una de sus acostumbradas parodias de personajes populares, filmada justo cuando el cine italiano despertaba de las penurias de la Segunda Guerra Mundial. Vista hoy, la película es simplemente antediluviana, aunque con cierta gracia *camp*.

Como otras astracanadas de las muchas que practicó a finales de los años cuarenta y a comienzos de los años cincuenta- sátiras alrededor del Giro, el boxeo, Barbazul o el Imperio Romano- el Tarzán del célebre actor está situado entre la revista populachera y la Comedia del Arte. No en vano, en 1939, el artista ya había interpretado sobre los escenarios al hombre mono, en la revista musical *L ultimo Tarzan*.

A Totó el taparrabos ya lo cogía mayor- tenía cincuenta y dos años- pero su falta de pudor *keatoniano* aún dio para cuatro o cinco *gags* notables, algunos escritos ni más ni menos que por un joven de diecinueve años llamado Ettore Scola, por entonces solo un meritorio que hacía trabajo de *negro* para el guionista Marcello Marchessi. De Scola es el chascarrillo revistero "Io Tarzán, tu buona" (en lugar de bwana) que le espeta Totó a una mujer de bandera, ligera de ropa, una de las muchas que en plan revisteril, rodeaban al cómico. Otra de ellas, sin acreditar, con vestimenta tropical y flor en el pelo, era Sofía Scicolone, una figurante de dieciséis desarrolladas primaveras que, con el andar de los años, se llamaría Sofía Loren.

Y es que las mujeres de bandera -espectacular Adriana Serra, Miss Italia 1941- son la artillería pesada de *Totó, Tarzán*. De hecho, una de las trampas que los malvados exploradores emplean para cazar al "simio blanco" es ni más ni menos que una jaula cebada con Marilyn Buferd, una chica de revista vestida a lo hawaiana -¡que importa el rigor, Hawai. África y Bombay son lo mismo!- bailando y cantando una canción hipnotizadora. Totó-Tarzán corre hacia ella como un animal en celo, enarbolando un inquieto y danzón rabo enhiesto que es la prolongación de su ropa de piel de leopardo.

El pequeño y raquítico físico de Totó, envuelto en las pieles del felino, es ya de por sí hilarante y -dentro de las claves genéricas- también son afortunados algunos de los chistes que se les ocurren al actor y a los guionistas, encerrando al salvaje en un hotel con todas las comodidades inexistentes en la selva: agua corriente, teléfono, cama o ventilador. La parodia de *Tarzán en Nueva York* (1942) es quizá lo mejor del filme, al menos mejor que los momentos en los que Totó corre tras todas las camareras y señoras que lo visitan, llegando a intentar desnudar a una que viste abrigo de pieles.

El Tarzán de Totó aprende a escribir y a bailar de la mano maestra de Bianca Fusari, desbravándose lo necesario para que los que lo arrancaron de la jungla puedan cobrar una jugosa herencia. Y eso es casi todo, aparte de escuchar, en italiano de Nápoles, un desmadejado «Io, Tarzan».

Y del "Io, Tarzan" viajamos al "Io, Jane". Décadas después de que Totó perpetrara su pequeña bufonada tarzanesca, a los italianos les apeteció seguir haciendo sangre con el mito, que ven como muy latino y *macchio*.

Io, Jane, tú, Tarzán (1989) fue una parodia musical, un quiero y no puedo situado entre el show televisivo y la copia zafia de los espectáculos de Broadway. Escrita por el *felliniano* guionista Bernardino Zapponi, a partir de una canción de 1987 cantada por la estrella sexy Carmen Russo, este ovni televisivo apenas ofrece algún buen *gag*.

La reina de la jungla de las variedades italianas, heredera directa de Raffaela Carrá, interpretó a una Jane muy gogó en esta cosa extravagante hecha para la RAI, donde Sebastian Somma era un Tarzán delicado y claramente apagado frente a la furia bailarina de la escultural rubia Russo. Y, para que no faltara de nada, entre antorchas, enormes selvas de plató y docenas de salvajes danzarines, por haber hasta había elefantes que cogían con su trompa a la Russo. Y hay además un colofón de categoría para este circo: la aparición especial de Nino Manfredi, gran actor, metido aquí a payaso.

Santiago Moncada, que, una década atrás, ya había escrito los guiones de las películas de Steve Hawkes, se alía con Sebastian de Almeida y Josi Konski para parir *Gorilas a todo ritmo* (1982), una cosa tan indefinible como infumable. Sin ninguna gracia, entre infantil e infernal, el despropósito, rodado en Florida, sitúa a la intrépida reportera Victoria Vera en la imaginaria y muy *tintiniana* República de Bowongo, buscando a un padre y a un hijo perdidos en la jungla. Allí, para ayudarla, o más bien para entorpecerla en su búsqueda, parche en el ojo y pecho peludo al viento, está, otra vez, Frank Braña, acompañado de un indio rastreador y de un esbirro tartamudo. Cuando la desastrosa e improbable expedición encuentra a Tarzán, este resulta que en realidad se llama Freddie de la Selva. Frankie Mann interpreta a un vejete cascarrabias, calvo, más que pequeño, esmirriado, con abundante pelo en la espalda y al que se le cae el taparrabos por cualquier cosa. El Boy de esta versión, lógicamente no autorizada por el *copy* de Burroughs, ya ha crecido y es un apolíneo adonis tostado al sol de Miami del que la reportera se enamora. Cuando el villano Braña captura al hijo de la jungla en una red, cual pajarito loco, el chico lanza un penoso grito que nos remueve las entrañas. Y pensamos que algunas cosas, como ésta, deberían estar prohibidas.

También hay amazonas -se trata de una película repleta de señoritas ligeras de ropa- que se lo montan con un *look* Grecia clásica y sin embargo habitan ¡en *bungalows*! A lo largo y ancho de décadas y pantallas, Tarzán ha conocido muchos delirios pero seguro que como éste ninguno.

El director Manolo Summers, recordado autor de *Del rosa al amarillo* (1963) o de *La niña de luto* (1964), siempre mostró interés por la figura de Tarzán. Como dibujante y humorista hizo no pocos chistes alrededor de su figura. Y en el cine también, de forma tangencial, tocó algunos aspectos del mito en *Juguetes rotos* (1966) y *Urtain, el rey de la selva o así* (1969). Por lo tanto, no es extraño que incluyera a Tarzán en la serie de tv movies *Cine por un tubo* que rodó para TVE a comienzos de la década de los 90. *Tarzán y el cementerio civil de los elefantes* (1990) es un delirante homenaje de andar por casa, escrito por Federico Volpini, donde Tarzán está interpretado por el magro, feo, peludo y todo dientes Chicho Siqueiro, un hombre mono que remonta el peligroso, sucio y maloliente Manzanares para salvar a Boy, secuestrado por los malos Guillermo Summers e Ignacio Salas.

En Madrid, Boy está esclavizado, vendiendo cacahuetes y refrescos en la plaza de Las Ventas. Y si Johnny Weissmuller rescataba a Boy y a los elefantes enjaulados de los abusos de los mafiosos del circo en *Tarzán en Nueva York* (1944), aquí Siqueiro defiende al toro, enfrentándose al picador y a la cuadrilla con el aplauso del sorprendido respetable. Como vimos, no es el primer Tarzán torero del cine, ya Mike Henry peleó con los malos en una plaza de toros mexicana y, también, como veremos más adelante, el héroe dibujado por Burne Hogarth cogió el capote para lidiar un toro en una de sus aventuras.

Una de las parodias más celebradas, y seguramente la más citada, es la que interpretó Brendan Fraser, encarnando al apócrifo Tarzán conocido como *George de la jungla* (1997), desastroso héroe selvático que pasaba a la imagen real desde la conocida serie de animación de los años sesenta creada por Jay Ward. Fraser era un Tarzán que se pegaba unas tortas tremendas, chocando con los árboles y cayendo en las más tontas trampas. Y, aunque ya tenía una dilatada trayectoria en cine y televisión, el actor se hizo popular por la vis cómica exhibida en este fime. Lo acompañaba la pseudojane encarnada por Leslie Mann, que aquí -como en la serie de animación- se llamaba Úrsula. Y Fraser tenía como contendiente a un gracioso malvado de pacotilla interpretado por Thomas Haden Church, luego célebre por dar la réplica a Paul Giamatti en *Entre copas* (2004). El George de Brendan era un humano criado por gorilas que hablaban, un Tarzán que, por amor, debía viajar a San Francisco y convertirse en un hombre civilizado. Pero, como dictaba la historia canónica de Burroughs, debería volver a poner su jungla en orden, desordenada por cazadores sin escrúpulos. A pesar del precedente de la serie animada por Jay Ward sirviendo como coartada, este falso pero muy auténtico Tarzán también tuvo problemas legales con la temible y vigilante ERB Inc.

Y, con todo, años después, el bueno de George conoció una segunda parte de sus aventuras, estrenada directamente en vídeo. Bastante menos graciosa, ya sin Brendan Fraser y con Christopher Showerman tomando la alternativa de hombre mono, *George de la jungla 2* (2003) nos cuenta nuevas desventuras del héroe cutre que debe enfrentarse ni más ni menos que a su suegra y al ex novio de Úrsula, villanos que han raptado a la chica para llevársela de vuelta a Las Vegas. Con la ayuda de sus amigos animales, George idea una estrategia para liberar a su amor. Thomas Haden Church repite como malvado de pacotilla y Christina Pickles brilla como suegra insoportable que acompaña a su hija Julie Benz, muy olvidable en su trasunto de Jane. Si bien la primera aventura de George tenía un pase y más de algún momento gracioso, con el potente incentivo de la desinhibida encarnación de Fraser, la verdad es que esta segunda película es sólo digerible por niños y espectadores incondicionales de la Disney Channel.

14
LOS TARZANES ANIMADOS

Como vimos, *George de la jungla* fue una serie animada para la televisión, creada en 1967 por Jay Ward, una gamberrada que se emitió a lo largo de cuatro años de éxito. Y, aunque no de manera "oficial", fue el primer Tarzán animado de la historia tarzanesca. En el 2007, la serie conoció un afortunado *remake*, también de animación, y francamente divertido, producido con el sistema Flash de Adobe.

Resulta evidente que George es una revisión descarada del personaje de Burroughs, pero tomando como elemento cómico a un Tarzán desastroso y enclenque, al que solo le pasan desastres.

George no fue el único hombre mono dibujado poco ortodoxo. La ERB Inc. se revolvió en los juzgados norteamericanos contra *La vergüenza de la jungla* (1974), una parodia loca y feroz, en clave semi porno, perpetrada por los cineastas y animadores belgas Boris Szulzinger y Jean Paul Walraven alias *Picha*. Quizás inspirados en el seudónimo de guerra de Walraven, los distribuidores españoles de la película en vídeo decidieron rebautizarla para el alquiler y la venta en vhs, con el poco imaginativo reclamo de *Tarzan y su pi-Chita*.

Cuando se estrenó aquí en cine, la película obtuvo la calificación "S", que venía a ser un certificado para ser exhibida en las célebres salas "made in Spain", habilitadas para pasar sucedáneos de cine porno -cine erótico blando, o porno *soft*- entre finales de los años setenta y comienzos de los ochenta. Unas salas que, por cierto, tuvieron vida más que efímera y que, lógicamente, se esfumaron con la desaparición total de la censura y con la llegada a España de los locales X o pornográficos. «Se advierte al público que esta película, por su temática o contenido, puede herir la sensibilidad del espectador», advertía, por ley, la publicidad de los célebres "locales S". Sensibilidad, eso era lo que significaba la "S" de marras.

Y, en verdad, *La vergüenza de la jungla* es una gamberrada muy loca que no se corta nada y esgrime un punto surrealista muy sano. Los iconoclastas autores del filme nos muestran las desventuras, sexuales mayormente, de un desastroso Tarzán, o, dependiendo donde se exhiba la película, de un Tarzoon o de un Shame.

"Shame" significa vergüenza en inglés y en la sonoridad del nombre se busca también parodiar al amado y misterioso héroe Shane, interpretado por Alan Ladd en *Raíces profundas* (1953). Como se supondrá, el cambio de nombre del héroe en diferentes países y, finalmente, también en EEUU, fue para eludir los pleitos americanos con los herederos de Burroughs, algo que, en cualquier caso, los productores no consiguieron.

Además hubo una agria polémica "familiar" ya que, para su estreno norteamericano, los distribuidores contrataron a Johnny Weissmuller Jr -que guardaba un enorme parecido físico con su padre- para doblar a este Tarzán apócrifo. El trabajo provocó la ruptura de relaciones entre Johnny senior y Johnny junior, porque el personaje -como sabemos, adorado por papá- está brutalmente satirizado por esta versión *destroyer*, de tono francamente brutal que aún exageraron más los adaptadores yanquis. Los guionistas del legendario show televisivo *Saturday Night Live* tuvieron libertad creadora en los textos del doblaje americano. Y se pasaron cuatro pueblos. Además de Weissmuller Jr., actores de la cantera del *Saturday*, como John Belushi o Bill Murray, pusieron las voces en la versión inglesa.

Esmirriado, barrigón y blandengue, con tupé y zapatillas, el héroe de *La vergüenza de la jungla* siempre está caliente pero nunca es capaz de satisfacer a una Jane ninfómana. La familia vive, por lógica, en el Monte de Venus, en una selva donde los negros cantan blues, hay japoneses haciendo fotos y Tintín evangeliza niños a golpe de cruz. Chita -o Chito, dependiendo de las versiones- es un pobre criado maltratado, que lava los taparrabos de su amo mientras que el elefante Dumbo sirve de ducha a Jane. Y el bestiario incluye monstruos en verdad variopintos: mujeres lagarto, hormigas atómicas y penes gigantes muy saltarines.

La película juguetea con lo porno, de la manera en que un escolar adolescente dibuja obscenidades en los márgenes de un cuaderno. Es a veces muy divertida y otras directamente guarra, llegando a agotar a cualquier espectador en su sano juicio. Pero, no nos engañemos, el filme lleva sobre todo -y ahí es donde funciona- muchas cargas de profundidad anti coloniales, con voces en *off* harto elocuentes: «Oro, marfil, diamantes y sangre, son los cuatro productos más importantes de África».

Después de tantas irreverencias y dibujos transgresores, inevitablemente llegó la hora de la corrección de la mano de la serie televisiva *Tarzán, lord of the jungle*. El primer Tarzán animado cuñado con la autentificación del *copy* de Burroughs, salió al aire en la CBS en 1976.

Siguiendo los mundos fantásticos de Burroughs, la división televisiva de la Warner distribuyó 36 episodios de media hora repartidos en cuatro temporadas, donde el héroe visitaba su querida Opar, la Atlántida, la Ciudad de Oro, la Ciudad Prohibida, una pirámide maya, varios cementerios de elefantes, y hasta el mismo Centro de la Tierra. En tales periplos, Tarzán se enfrentaba a vikingos, amazonas, leones de oro, gorilas alados, hombres arañas, serpientes voladoras, robots y hasta a alienígenas. Y también participaba en unas olimpíadas.

Aunque estaba diseñado a partir de los maravillosos cómics de Burne Hogarth, ejemplo maestro del movimiento captado en las viñetas, ésta serie, por el contrario, ofrecía un Tarzán envarado, tosco y antipático y en donde Jane sólo salía en el capítulo 30, la reina La tenía el aspecto de Elsa Lanchester en *La novia de Frankenstein* (1935) y el mono mascota de Tarzán no se llamaba Cheeta ni era un chimpancé sino una especie de capuchino, llamado Nikima, a la *maniera* de papá Burroughs. El problema es que los capuchinos son de América y no de África.

Errores aparte, el caso es que la serie era realmente adocenada y no tenía ni el más mínimo encanto. Se abría con una cabecera larga- eterna- sobre la que se escuchaba un larguísimo e inoperante *off* de Tarzán: "La jungla, aquí aparecí, aquí murieron mis padres y aquí fui rescatado por la gentil Kala que me enseñó los caminos de la selva...". Tras un rollo realmente innecesario y monótono, al fin el grito cerraba la cabecera y daba paso a la cabecerilla de cada episodio. Tanto prolegómeno para nada...

A mediados de los ochenta, el genial dibujante Quino colaboró con el animador cubano Juan Padrón, trabajando durante tres años al cobijo del ICAIC -Instituto Cinematográfico Cubano- en una serie de *sketches* cortos, pensados para emitir como microespacios de televisión que, más tarde, se remontaron en un largometraje. La cosa se llamó *Quinoscopios* (1985) y muchos de esos *sketches*- como los chistes gráficos que los inspiraron- están dedicados a Tarzán.

Hay uno francamente bueno en el que el Ángel de la espada flamígera, después de echar del Paraíso a Adán, a Eva y a la serpiente, hace lo mismo con Tarzán, Jane y... Chita.

Simplemente *Tarzán* -así tal cual, como *Simplemente María*- es el título con el que, en 1999, la Disney decide bautizar una película animada incorporando el importante reclamo de la música de Phil Collins. En la letra de la canción principal iba encerrada la filosofía del todo tarzanesco, con el personaje escindido entre las naturalezas de monos y humanos: «Un ser, dos mundos son», cantaba Collins en la versión castellana.

Porque, gráficamente, además de sofisticar la marca Disney, la película imitaba muchas cosas del *Greystoke* (1984) de Hugh Hudson, con un Tarzán poco erguido, caminando muchas veces a cuatro patas y con el pelo muy largo. Mono y hombre unidos en un diseño de ojos verdes y larguísima melena.

En el *Tarzán* (1999) de la Disney hay una secuencia copiada de la primera novela de Burroughs, del primer Tarzán de Elmo Lincoln, de otros célebres momentos de filmes de Weissmuller y Lex Barker y hasta de los cómics de Burne Hogarth. En ella, Tarzán se refleja en el espejo del río y, al ver que no es igual a sus hermanos monos, rechaza su imagen golpeándola en el agua. «¿Porqué soy tan diferente», se queja amargamente el personaje animado. Seguramente, Collins le contestaría con su canción: «Hijo de hombre... un hombre un día serás».

Si hay un incontestable eco de Christopher Lambert en el Tarzán disneyiano, sin embargo el diseño de Jane poco tiene que ver con el de Andie MacDowell. La compañera de Tarzán, según Disney, se hace más tierna y bobalicona y sin la serenidad de la belleza novecentista de MacDowell. Y es que la ternura más desbocada y la acción con un punto realista estaban dosificadas a partes iguales a lo largo del film.

Seguramente una de las cosas más vistosas de la película son los imposibles saltos acrobáticos de montaña rusa y los descensos de vértigo de Tarzán, maniobrando en una selva esmeralda de indudable belleza. Parece ser que los movimientos del héroe estaban tomados directamente de las evoluciones de varios jóvenes especialistas filmadas en plató, aprovechando que la fiebre del *skateboard* y del *surf* se habían adueñado de aquella década.

Y el grito, que casi parece el mismo de la era Weissmuller, suena muy potente, regrabado y remasterizado para evitar problemas con la MGM y los herederos de Burroughs, con los que la Disney no llegó a un acuerdo en este punto. Curiosamente, a unos días del estreno mundial, una campaña de información masiva invadió los medios, explicando que no se había podido utilizar exactamente el berrido de la era Weissmuller, porque la productora había roto las negociaciones con la E.R.B. Inc. Pero lo importante es que finalmente hubo grito. En España lo grabó José Luis Gil y el de la versión original Tony Goldwyn. A los dos se lo filtraron en estudio y ambos imitaron muy bien los ecos weissmullerianos, sin necesidad de complicadas alquimias.

La influencia weissmulleriana también es evidente en algunos de los tics más representativos del personaje, como las inevitables astillas de rifle, arrancadas a golpes contra los árboles. También estaban aquí las situaciones más célebres del encuentro Weissmuller-O Sullivan, incluyendo el «Tarrrzán-Jane» a golpe de pecho y hombro.

Chris Buck y Kevin Lima, responsables de *La sirenita* (1989), se acercaron con su película tarzanesca al tono de *Pocahontas* (1995), otra de sus producciones más conocidas. Y lo hicieron con muchos aciertos que ya habían ensayado en los otros dos filmes anteriores.

Ese es el caso de algunas virtuosas elipsis, no por evidentes menos eficaces. En *Tarzán* (1999) hay una realmente acertada, en la que el niño mono salta al aire desde una rama y, al caer de su acrobático movimiento ya es un hombre. Y muy hermosa es esa secuencia, casi erótica, en la que Tarzán desnuda la mano de Jane, quitándole el guante con sorpresa- extraña piel- y midiendo el tamaño de las manos de la chica, poniendo las suyas sobre las de ella, en una suerte de lenta y metafórica coyunda. También hay muchas influencias, homenajes y evocaciones de otras películas Disney, en el cocodrilo tomado de *Peter Pan* (1953) o con la serpiente que se hace nudos recogida de *El libro de la selva* (1967).

Como curiosidad, diremos que Glenn Close, que ya había doblado a una inexperta Andie McDowell en *Greystoke* (1984), pone su voz aquí para que hable Kala, la mamá gorila de Tarzán.

El film de Disney, una superproducción que costó la friolera de 130 millones de dólares y que movilizó un equipo de mil personas, tuvo un éxito enorme, duplicando beneficios y superando los cien millones sólo en el verano de su estreno y en EEUU. Así que, ante tales cifras, la *major* decidió producir una serie para la televisión, *The legend of Tarzán* (2001-2002), utilizando los mismos diseños del filme. Claro que, por lógica y por las limitaciones de la producción, el producto televisivo resultó mucho peor animado que la película.

Fueron dos temporadas que vieron la luz en la cadena ABC. Y los productores, pensando en la media de edad del público potencial, hicieron mucho más infantiles a los personajes. Elefantes y gorilas hablan ya con diálogos de libro infantil, sin que sea necesaria la justificación que nos ofrecía la película, donde sólo Tarzán entendía a los bichos. Los paquidermos son rosas y naranjas, y los simios llevan una cresta muy *punki*. El papá de Jane, con su pajarita y bigote a lo C. Aubrey Smith, está próximo a un *digest* de Einstein, y se hace mucho más sabio despistado, funcionando como importante motor de *gags*. En una secuencia, saltándose cualquier lógica, Jane le pide a Tarzán que bailen un vals que su padre ¡ha sintonizado en una radio en plena jungla!

También, con los mismos diseños y una parte del equipo técnico original, se hicieron varias tv movies -*Tarzán y Jane* (2002) y la precuela *Tarzán II* (2005) entre ellas- donde Michael Weiss ponía la voz a Tarzán y Olivia d Abo hablaba por Jane. Aunque, a nivel gráfico y de calidad de animación, el resultado fue más tosco aún que el de la serie, lo cierto es que los guionistas lo intentaron con algunos buenos diálogos que apenas podían disimular el conjunto burdamente infantilizado del producto. Pero ahí quedan perlas como ésta: «No confío en nadie que lleva ropa. ¿Qué tendrá que ocultar?», dice la gorila Terk en una de esas frases para el recuerdo.

Tarzán 3D (2013), es, como su título revela, un Tarzán animado adaptado a los nuevos tiempos. De producción alemana, hecho -a lo *Beowulf* o *Polar Express*- con la técnica de la captura de movimiento de actores que ponen también su voz, el film es un descarado *bluff* comercial. A Tarzán lo modelaron a partir del actor de *Crepúsculo*, Kellan Lutz y Jane evoca el rostro de Spencer Locke.

Una reiterativa voz en off, continua e innecesaria, nos cuenta todos los lugares comunes de nuestro héroe, quizá para poner al día a los espectadores más jóvenes, nueva carne de los multicines. Están la pelea del cocodrilo, el grito, las lianas, la secuencia "Yo Tarzán, tú Jane", el interludio amoroso acuático con nenúfares. Sí, está casi todo, pero la película es fría, como no podía ser de otra manera, ya que la captura del movimiento- la Motion Capture Artists- es, por definición, una técnica que despersonaliza a sus modelos.

El director, Reinhard Klooss -*Animals United*- ha llevado la acción a nuestros días, ha vaciado su selva de negros y la ha cargado de significados ecologistas -con un meteorito kubrickiano radioactivo y poderoso de por medio- y nos ha puesto a un Tarzán niño pelirrojo que es abandonado a la muerte de sus padres ya crecidito y no bebé, con lo que la excusa de que pronto rompa a hablar -estimulado por la rubita Jane- es algo factible. La familia de gorilas de Tarzán -atención, tampoco aquí está la mona Chita- evoca *Greystoke*, como, en el fondo, el canon estilizado de Kellan Lutz recuerda a Christopher Lambert. Pero todo semeja una sombra de lo visto mil veces.

Hay algunos *gags* vergonzosos -la honda hecha con el sujetador de Jane, Tarzán con las gafas de sol de su chica- y, otra vez la selva esmeralda -los colores y los fondos- vuelve a ser lo mejor de una animación a ratos tosca y algo lastrada por un chusco 3D. Como en el *Tarzán* de la Disney, los acrobáticos saltos circenses y algún buen momento extrañamente erótico para una animación pensada para niños -la revisión del clásico strip tease de Jane a la luz de la tienda- crean oasis en el desierto que se convierte la película. Lo demás es francamente decepcionante y muy tópico. Y no es extraño que el film haya tardado tanto en estrenarse en muchos países, entre ellos en España.

Hay una hermosa película corta que, con el inequívoco título de *Homenaje a Tarzán* (1969) -que es también conocida como *La cazadora inconsciente*- dibujó el pintor vasco Rafael Ruiz Balerdi, ayudado por Gabriel Blanco, un arquitecto que dirigió 7 cortos más, entre ellos *La edad del silencio* (1978), una pequeña obra maestra animada con los dibujos de Ops-Andrés Rábago-El Roto.

Pensada para ser el prólogo de un ejercicio más largo, *Homenaje a Tarzán* permanece como una maravillosa pieza inconclusa. Pintado directamente sobre 160 metros de celuloide en 16 mm, al modo de cómo lo hacían los cineastas de vanguardia de los años veinte- con deuda especial para Hans Richter- el filme es un pequeño prodigio de ritmo y sonoridad, un virtuoso ejercicio donde reinan los tambores, los cantos tribales...y el grito de Tarzán de Weissmuller que oímos en los últimos segundos. Líneas y manchas negras sobre el fondo neutro van trazando un mapa de los lugares sonoros y visuales de las películas de Tarzán, extendiéndose finalmente como un tributo al África de nuestro inconsciente colectivo. *Homenaje a Tarzán* ganó el premio especial de cine experimental, en el XI Certamen de Cine Documental y de Cortometrajes de Bilbao.

El animador semi-profesional José María Candel también tributa su particular homenaje al hombre mono en el corto *Tarzán, rey de la selva* (1975). Molestado por leones, cocodrilos y gorilas, pasto de las burlas de los chimpancés, nuestro héroe, que se siente, más que rey, como último mono de la selva, hace la maleta y abandona su querida casa del árbol, camino de ningún sitio. Y, aunque la animación es realmente rudimentaria, la película conserva aún hoy cierto encanto *naif*.

En la senda de *Toy Story* (1995), Mercedes Gaspar, dirige con desparpajo una divertida animación corta, mezclada con imagen real, titulada *Esclavos de mi poder* (1996), donde un Tarzán de papel -y de película- acude en ayuda de los muñecos -Superman, Spiderman, Lucky Luke, Barbie... - de una niña que adora al hombre mono. Los muñecos están siendo destrozados por la hermana de la protagonista y Tarzán lanza su célebre grito, cargando, con la ayuda de todas las criaturas de la selva -el cocodrilo de trapo incluido- contra la intrusa.

En internet, tomando a Tarzán como sinónimo de Adán -con la hoja de parra- y a Jane cual paradigma de Eva, los personajes se dan la mano en un delicioso vídeo casero anónimo, hecho con Barbie y Ken. Aquí el pobre muñeco acaba aplastado en el suelo de gres de la terraza del animador amateur. Es solo uno de los muchos vídeos que florecen en la red y que tienen al mito como protagonista, demostrando su permanencia para las nuevas generaciones.

Y antes de dejar este capítulo tan animado no queremos olvidarnos de la imaginativa campaña publicitaria de una conocida cadena de supermercados, que sorprendieron a los espectadores con unos divertidos *spots* emitidos en Galicia en 1996. Hechos en plastilina y con la técnica *stop motion*, entre un nutrido grupo de conocidos personajes cinematográficos que tomaban vida alrededor de secuencias fácilmente identificables de la historia del cine, los animadores Tomás Conde y Virginia Curiá escogieron a un Tarzán energético que resumía muy bien la idea de nuestro imaginario.

15
TARZÁN, ¿REY DE LAS CAMAS?

Seguramente Rocco Siffredi es el Tarzán más patético de la historia y eso que, como vimos repetidamente, los ha habido realmente impresentables. Pero, sin cortarse y siguiendo las adaptaciones y las parodias tan propias del porno -*Falo Crest* (1987), *Flesh Gordon* (1975), *Alicia en el país de las pornomaravillas* (1975), *Drácula chupa* (1978), *Eduardo Penestijeras* (1991), *Ramb-ohh* (1986), *Harrye la sucia* (1985), *Sex Wars* (1980), *El silencio de los conejos* (1992)... - la estrella italiana del, eufemísticamente llamado, «cine para adultos», quiso apuntarse al chollo selvático. Lo hizo sin ningún encanto en *Tarzán X* (1994), inequívoco título de evidente contenido, que tuvo muchos otros en su paseo por las pantallas del mundo: *Shame of Jane*, *Jungle heat*, *La historia sexual de Tarzán* o *Tarzán il figlio della jungla*.

Aquí, el hombre mono es conocido por «el fantasma que grita». Muy apropiado, realmente. Sorprendentemente, sin ningún reparo, el grito que lanza Rocco está pirateado del de Weissmuller. Y el fantasma Siffredi pone además una desagradable boca de playback para atronar la jungla. Las botas de media caña, el pelo recortado y los ricitos de muñeca pepona a lo Depeche Mode, tan típicos de los ochenta, tampoco ayudaron mucho, a pesar del vigor con el que el célebre actor manejaba su no menos célebre cuchillo de carne. Y es que, además, la película, como todo el porno *mainstream*, es bastante pobre y poco imaginativa. Y la educación sexual y sentimental de Tarzán, con la voluntariosa y esforzada, pero casi inútil, ayuda profesional de Rosa Caracciolo -esposa de Siffredi- es muy poco estimulante. No obstante, si es que la película merece algún respeto será por Caracciolo, que intenta, con empeño encomiable, interpretar a su Jane con algún esfuerzo que vaya más allá de la gimnasia *kamasutrera*.

La horrenda abominación la dirigía el ínclito Joe D Amato, prematuramente fallecido en 1999. Experto director del género, con más de doscientos títulos en su haber, realizados bajo los seudónimos más imposibles -Raf De Palma, Alexandre Borsky, Anna Bergman- D Amato firmó también con su auténtico nombre de Aristide Massaccesi, la tristemente célebre *Ator el poderoso* (1982), un Conan de vía estrecha en donde coincidió con Miles O Keeffe, el Tarzán de Bo Derek.

D Amato intentó hacer de este Tarzán un porno pseudo esteticista, a la manera de sus *Emmanuelle negra* con Laura Gemser, pero le quedó un churro imborrable. Y, no contento con esto, cuatro años más tarde, volvió a entrar en la sala de montaje para perpetrar *Tarzán: il ritorno* (1988), nueva versión hecha con descartes que le quedaron sin editar en la primera atacada, colocando una oportunista voz en *off* de Jane que evocaba sus experiencias selváticas.

En *Tarzán X*, tras la llegada de la expedición de Jane y después de los fogosos primeros encuentros de la pareja, el héroe viaja a la civilización, vestido con pantalón y camisa de mercadillo medieval, para encontrarse con otras féminas: una criadita, la futura cuñada de Jane y otra chica que pasaba por allí. Con ellas, Tarzán vive una aburridísima segunda parte de sudores selváticos, exudados en la civilización.

«Africa no perdona a los aficionados», dice alguien del reparto, y tal afirmación nos parece una verdad como un templo ecuatorial, muy apropiada para el bodrio de Siffreddi.

Rocco es el más famoso de los tarzanes pronográficos pero no fue el primero. Tal honor le cabe -con perdón- a Patrick Wright, que con el evidente seudónimo de Elmo Brix- que juntaba alegremente a Elmo Lincoln y a Herman Brix en uno solo, por vacilar que no quede- interpretó -también es un decir- *Tarz & Jane, Boy & Cheeta* (1975), filme a medio camino entre la parodia y el desahogo rápido. Tallie Cochrane -también conocida por Silver Foxx- era Jane y la sin par Georgina Spelvin -la conocida actriz de *El Diablo en la señorita Jones* (1973), pieza maestra del género- encarnaba a una cazadora de especímenes sexuales.

En clave de comedia loca, muy cutre y sin gracia real, con pelucones mal colocados, colmillos en los collares, taparrabos de fiesta gay y gorilas de guardarropía calientes, la película es tan infumable como la inmensa mayoría de los títulos del género.

Alex Sanders y Sindee Coxx, fueron Tarzán -en la versión original se llama Zartan- y Jane -Jean en el exiguo libreto del filme- en *The savage* (1994), retitulada en su estreno español en 1995 como *Tarzán el salvaje*.

Esta es otra merendola campestre algo indigesta, donde Sanders compone-también esto es una manera de hablar -un Zartan de melena larga al viento, mientras que el prolífico director Buck Adams- hermano de la estrella erótica Amber Lynn y director de un recordado Frankenstein porno- interpreta a un profesor loco que sufre de lo lindo con su mujer e hijas casquivanas, encarnadas -ahora sí utilizamos una palabra con propiedad, por fin- por la Coxx y por Rebeca Wild.

Docenas de otros actores y actrices porno -cuyo pormenor ahorraremos, por respeto al lector- han hecho escarnio del pobre Tarzán y de la activa Jane, en películas *soft* y *hardcore* de las más variadas procedencias. Creemos que a ninguno vale la pena recordarlo.

El propio Lorenzo Lamas, aquel que se publicitaba orgullosamente en los comerciales -«Soy Lorenzo Lamas, el rey de las camas»- de edredones y sábanas, hijastro de Esther Williams -actriz y nadadora de *Escuela de sirenas* (1942) que compartió negocios y líos con Johnny Weissmuller- a la sazón hijo de Arlene Dahl y Fernando Lamas y nieto, en la ficción, de Angela Channing, dio vida a un trasunto de Tarzán, de ensortijado pelo muy largo y rijosa barba apurada al uno, en uno de esos célebres anuncios de la televenta de los locos años ochenta.

Pero, para resumir: la verdad es que, en el reino del sexo explícito, quizá el único Tarzán rey de las camas que valga la pena recordar no es otro que el pobre desastre humano y animado héroe de *La vergüenza de la jungla* (1974), obra delirante y cutre, pero finalmente valiosa y, visto lo visto, a ratos casi cumbre del género. Una película, dirigida por Boris Szulzinger y dibujada por Picha, de la que ya hablamos en el apartado de animación.

16
LA SOMBRA DE TARZÁN ES ALARGADA

Los iluminadores del Hollywood dorado, con su luz, potente como una bomba atómica que lo arrasa todo a su paso, hicieron de la sombra de Tarzán algo tan alargado que, en jugada irónica y en malévolo *ritornello* pirandelliano, la silueta del personaje llegó incluso a tapar la imagen que la vio nacer.

Aquí hay un ejemplo: Hedda Hooper, actriz y célebre gacetillera de la que ya hemos hablado, metió la pata hasta el fondo escribiendo en Los Angeles Times que el Mowgli de Sabú era una imitación de Tarzán. La ignorancia siempre fue muy audaz. Está bien claro que los mundos y personajes de Kipling contribuyeron a moldear al personaje creado por Burroughs, pero también es cierto que la enorme popularidad del Tarzán de Weissmuller puso de moda los niños de la jungla, los héroes en taparrabos y las aventuras africanas. Y Tarzán reinó sobre todos ellos.

Porque es verdad que las películas que tienen como inspiración *El libro de las tierras vírgenes* (1894) de Rudyard Kipling están recorridas de cierto hálito, a veces muy buscado otras casi inconsciente, que nos lleva hasta Tarzán. Es menos evidente en la versión interpretada por Sabú en *El libro de la selva* (1942), pero ya es muy deliberada en la dibujada para Walt Disney Productions en *El libro de la selva* (1967).

Y en 1972 la Disney insistió en el tema del joven salvaje tarzanesco con *El hijo de la jungla* (1972), donde un veinteañero Jean-Michael Vincent -futura estrella del cine de acción- interpretaba a Nanoo -al bautizar el personaje, ¿alguien estaba pensando en *Nanuk el esquimal*, o *Nanook of the North* (1922) en inglés?- un joven blanco criado en la selva africana al que un entrenador fracasado lleva a la civilización para que gane todas las Olimpiadas universitarias posibles.

La película está surcada de algunas escenas encantadoras, especialmente gracias a la pseudojane Dayle Haddon, la profesora de Vincent, que de manera muy sexy -dentro de los límites Disney- le enseña al salvaje, con clases muy prácticas, las delicias de la cultura, por ejemplo lo que es un músculo, el del amor.

La cosa ésta del niño salvaje que no se llama Tarzán pero que lo es, también la encontramos en *El rey de los gorilas* (1976), una producción mexicana rodada en Oaxaca, Puebla y Veracruz, e interpretada por Jorge Graham, un tarzanito abandonado en una barca, cual Moisés, al que los gorilas salvan de los cocodrilos.

Este rastro temático puede seguirse también en muchos otros filmes de niños enfrentados a la naturaleza hostil, como *Perdido en el desierto* (1969), *Walkabout* (1971) o en las dos versiones de *El señor de las moscas,* rodadas en 1963 y 1990, las dos fielmente basadas en la novela del premio Nobel William Golding, una pieza maestra que avivó en los años cincuenta la inacabable discusión entre los seguidores de Hobbes y los de Rousseau.

También, recorriendo al revés la historia de la humanidad, en *La presa desnuda* (1965) el siempre exhibicionista Cornel Wilde, al que en su tiempo solo podía compararse en desvergüenza Charlton Heston, corretea semidesnudo por la sabana, interpretando a un guía del siglo XIX que, para salvar su vida, debe huir de sus perseguidores, una tribu de la selva sudafricana que lo intenta cazar como harían con una gacela. Wilde, hombre blanco solo en la selva, enfrentado con su astucia a los nativos, viene a ser un envenenado trasunto de Tarzán. Y algo parecido hicieron Brad Harris en *Zambo, rey de la jungla* (1972) o el Joe Robinson de *Taur, rey de la fuerza bruta* (1963), una especie de péplum selvático, al que los herederos de Burroughs obligaron a quitar del título la palabra Tarzan.

¿Que son *Cocodrilo Dundee* (1986) y sus secuelas, más que un Tarzán vestido de las antípodas? Pues eso, que ya lo dicen las atómicas prostitutas neoyorkinas que reconocen al héroe en la calle: «Es el pavo que sale en los periódicos, una especie de Tarzán, que caza cocodrilos y come culebras». Y, después de que Paul Hogan salve a Linda Kozlowski del ataque de unos salvajes e ingenuos navajeros en la jungla neoyorkina, ella asegura: «¡Siempre estoy bien contigo, me haces sentir Jane en una película de Tarzán». Una sincera afirmación a la que el paleto australiano contesta con un sonoro pero desganado grito tarzanesco. Tampoco es posible imaginar un Tarzán más Tarzán que *Orzowei* (1977), serie de la televisión italiana -de la que también se sacó una película- que era una adaptación *sui generis* de la novela de Alberto Manzi, autor que, en los años cincuenta, fusiló a Burroughs sin ningún escrúpulo. Orzowei era un niño blanco de la jungla, criado por nativos negros que lo cuidaron, ocupando el lugar de los monos tarzanescos.

El físico al héroe blanquito -con cara de marciano, piel de turista al que no le sienta bien el sol de Benidorm, y ojos de serpiente destacando lo suyo entre los guerreros masai- se lo puso el quinceañero Peter Marshall. Al acabar la serie, Marshall anduvo por media Europa exhibiéndose en los circos y murió muy joven, antes de cumplir los 30, víctima de un accidente de tráfico. Los más viejos del lugar, recordamos con nostalgia la canción de Guido y Maurizio de Angelis, una sintonía televisiva adaptada aquí por los inefables Enrique y Ana.

Ya en un terreno más realista, menos de cachas blanco peleando en selva de negros, nos encontramos *Adiós al rey* (1989), donde John Milius, que siempre quiso rodar un Tarzán y acabó haciendo algo parecido en *Conan, el bárbaro* (1981), llevó hasta Indonesia su Paraíso de la supremacía del hombre blanco ario. Huyendo de los japoneses, el soldado americano interpretado por Nick Nolte llega a reinar sobre los indígenas de la selva de Borneo, justo cuando estalla la bomba atómica de Hiroshima. Además de evocar a Tarzán, el filme ofrece ecos de *Un hombre llamado caballo* (1970), puesto que el soldado americano salva su vida y reina entre los cazadores de cabezas tras conquistar a la hija del jefe de la tribu, tal y como sucedía con Richard Harris en el célebre western.

Nolte encarna en *Adiós al rey*, a un soldado adusto, rebelde, claramente influenciado también por Joseph Conrad y por el coronel Kurtz de *Apocalypse Now* -guión del propio Milius- al que un soldado británico le reprocha: «Sigues creyéndote Tarzán». Y Nolte le replica con una oportuna puya anticolonialista: «Y vosotros Lawrence de Arabia».

Muchas otras películas -imposible citar todas aquí porque nos ocuparía decenas de páginas- están cargadas de influencias tarzanescas siguiendo la senda del hombre civilizado perdido en la naturaleza.

Por ejemplo, se ha hablado de Robinson Crusoe y hasta de Adán y Eva, en las influencias literarias del personaje creado por Burroughs, pero nadie ha destacado las nada disimuladas referencias a Tarzán que encontramos en *Robinson Crusoe por un año* (1987), *El lago azul* (1980) y *Regreso al lago azul*

(1991). En esta última, Milla Jovovich protagoniza una enternecedora referencia a *Tarzán y su compañera* (1934), cuando la buena salvaje se viste con la sofisticada ropa interior de la civilización.

Las aventuras amorosas en el Paraíso de Brooke Shields o de la Jovovich, tuvieron una rápida y oportunista réplica, muy tarzanesca también -con chimpancé incluido- en la producción española *Jane, mi pequeña salvaje* (1982), con Juan Carlos Naya de tarzanito inconfeso y Montserrat Merino bautizada, sin pudor, como Jane. La película alemana *La más loca aventura de la jungla* (1982) también aprovechó la moda, con un grupo de robinsones, socorridos por los animales de la isla a donde va a estrellarse su avioneta. El director de este filme, el veterano Harald Reinl había dirigido al Tarzán Lex Barker en sus aventuras como Old Shatterhand, inspiradas en las novelas de Karl May. Reinl, todo un Tarzán de vocación, murió setentón, apuñalado en Tenerife por su tercera mujer, la actriz Daniela Delis.

Y en *Human nature* (2001), Rhys Iffans interpreta a un cruce de buen salvaje y Tarzán primitivo que los científicos Tim Robbins y Rosanna Arquette encuentran en la jungla, saltando de liana en liana. Y la pareja se lleva al espécimen a la civilización, donde ella intentará mantener vivo su espíritu simiesco y libre y él querrá domesticarlo, enseñándole las cosas más inútiles que uno pueda imagnar: comer con el cubierto adecuado, cortarse los pelos de la nariz o leer a Yeats.

Igualmente, sacado a la fuerza de su selva, donde fue criado por lobos, Howie Mandel tampoco acaba de encajar en la civilización de sus padres biológicos que le exigen caminar erguido y no a cuatro patas en *Walk like a man* (1987), una comedia algo abrupta pero dotada con buenos gags que giran alrededor de los absurdos del mundo en que vivimos.

En los años setenta, el productor y realizador gallego Ismael González quiso rodar un libreto de Juan Antonio Porto titulado *La infancia de Tarzán*, en donde el guionista coruñés metía al pequeño héroe en las selvas de Brasil, entre garimpeiros, petróleo y hasta un experto en kárate. Para el protagonista, los productores pensaban en Mark Lester, el jovencísimo intérprete de *Oliver* (1968). El *pressbook*, que en teoría serviría para vender el proyecto, circuló por ahí, con el dibujo del artista Mauro que mostraba a un jovencito dotado con el reconocible físico de Lester, colgado de una liana. Suponemos que, finalmente, no se logró la financiación.

17

COMPAÑERA TE DOY (JANE ANTES DE JANE)

Para que la selva de Tarzán sea de verdad un Paraíso, además de vistosas plantas de plástico, ciertos ecos bíblicos y algunas estrofas de Milton, es imprescindible que por allí se menee una Eva.

No pocas gracias se han contado a costa de Jane, esa compañera de Tarzán con la que el hombre mono no concibe. Pero de las muchas mujeres que la han encarnado en el cine se ha escrito poco y mal.

«Tarzán queda atrapado por el magnetismo de Jane», declara el cartón de los intertítulos de *Tarzán of the apes* (1918) para resumir el estado de *shock* en el que cae el armario blindado Elmo Lincoln al descubrir a Enid Markey, la primera Jane del cine.

Markey era una actriz teatral a lo Mary Pickford, con algo del encanto de ésta. Al final del filme fundacional, Jane-Markey llama a Tarzán con los encantadores recursos gestuales del mudo y el hombre mono regresa raudo, con la docilidad de un perrito faldero. Es toda una encantadora declaración del poder seductor de Jane, ejercido sobre un Tarzán obnubilado. Una disciplina amorosa en verdad férrea que se mantendrá, al menos, hasta el fin del ciclo Weissmuller.

Luego de Markey, Karla Schramm fue Jane para dos tarzanes distintos, dos productoras y dos películas estrenadas en el mismo año. Schramm se puso frente a Gene Pollar en *The return of Tarzan* (1920) y besó a Perce Dempsey Tabler en *The son of Tarzan* (1920). Era una actriz muy teatral, sin demasiado carisma que desapareció del negocio del espectáculo igual de rápidamente que apareció.

Louise Lorraine relevó a Enid Markey en las sufridas tareas de ser la compañera de Elmo Lincoln. Pero su aparición en el serial *Las aventuras de Tarzán* (1922) es absolutamente olvidable. Sin el encanto pícaro de Markey, la gordita Lorraine, vestida con abundante piel de leopardo, se dedica a gritar, sufrir y ser secuestrada por Rokoff, el malo de turno. Y nada queda en su interpretación de los expresivos primeros planos que retrataron a Markey en *Tarzán of the apes* (1918), ya que aquí la realización es más adocenada, y la cámara jamás se acerca a los rostros de los actores.

Lorraine, tapándose la boca para no gritar, rescatada de un serrallo, colgada de una cuerda sobre el pozo de los leones, o compitiendo- y perdiendo- en belleza con La, la reina de Opar- morbosilla Lillian Worth- es la viva imagen de la anónima actriz del cine mudo.

Como Louise Lorraine, también Dorothy Dunbar fue una Jane blandita y muy poco estimulante en *Tarzán y el león de oro* (1927), quizá para no desentonar con Jim Pierce, uno de los peores tarzanes del cine. Y eso que su aparición, a hombros de negros -cual Cleopatra de Theda Bara- goza de una puesta en escena espectacular. Dunbar ni siquiera tiene un momento de brillo, desaprovechando la oportunidad incluso cuando, al final del filme, los salvajes y sacerdotes del templo la van a sacrificar al dios del sol. De hecho, la carrera de la actriz murió con el cine mudo.

Morena de ojos grandes y una pequeña boca fruncida en permanente rictus antipático, Natalie Kingston fue una actriz californiana de origen español y corta carrera hollywoodiense. Interpretó a Jane en *Tarzan, the tiger* (1929), aunque ya había encarnado otro personaje femenino que no era Jane en *Tarzan, the mighty* (1928), la anterior película protagonizada por Frank Merrill. Kingston es una actriz muy teatral, con el peor estilo exagerado y gesticulante, muy anticuado para finales del mudo. Aunque realmente es muy bella la secuencia de *Tarzan, the tiger* (1929), donde el malvado Sheldon Lewis se la lleva en camisón y a contraluz, componiendo un plano de inolvidable plasticidad y también bastante erótico para la época.

Con su abanico de plumas, sentada en un sillón de caña, Kingston viene a ser como una precursora severa -y vestida- de la Emmanuelle de Silvia Krystel. Pero la verdad es que resulta una Jane realmente antipática, siempre contrariada por la nostalgia selvática que ataca al pobre Tarzán, y clara perdedora frente a la sacerdotisa La, *matadora* interpretada por Kithnou, una belleza *flapper* de rostro anguloso, pelo ensortijado y bastante menos envarada que su enemiga.

Aún así, Kingston pasará a la historia por ser la primera Jane a la que escuchamos gritar. Atención, decimos gritar, no hablar, pues, al igual que pasaba con Frank Merrill, los registros de sonido, hechos mucho después del rodaje de la película, solo permitieron incluir efectos -y no diálogos- en *Tarzan, the tiger* (1929).

18

MAUREEN O'SULLIVAN: EL TESORO DE TARZÁN

Tarzán tiene a Jane», dice Johnny Weissmuller en *El tesoro de Tarzán* (1941), para demostrarle a Tom Conway que un buen salvaje feliz no necesita nada más.

Ningún otro Tarzán ha dedicado mejores palabras a ninguna otra Jane.

Pero, está claro que a algunos esto no los conmueve ni lo más mínimo. «Vive con una mujer de confesarse y el hijo que tiene es adoptado... Hasta la mona es más lista», dice el niño que fue Andrés Sopeña Monsalve en el célebre libro *El florido pensil* (1994), con la mente calenturienta puesta en Maureen O Sullivan, rebelándose contra los disparates de la España franquista y definitivamente enfadado con el comportamiento del Tarzán de Johnny Weismuller.

No pocas bromas se han escrito sobre el hecho de que el Tarzán de Weismuller y la Jane de O Sullivan no tuvieran hijos biológicos, algo que fue obligado por el infausto código de censura Hays. No estaban casados, así que no podían tener un hijo fuera del matrimonio. Pero, bien pensado, esto puede ser tan perverso -hay incluso historiadores que en divertidos ensayos fabulan con la improbable utilización de todo tipo de amoríos contra la concepción-, como aquel disparate surrealista de convertir el matrimonio adultero de *Mogambo* (1953) en un incesto. En cualquier caso, ningún chascarrillo paleto, ninguna censura -americana o franquista- pudo empañar el carnal, erótico y maravilloso reinado de la única Jane de verdad.

La pequeña diosa Maureen O Sullivan hace su aparición espectacular, bajando de un barco en *Tarzán de los monos* (1932). Llega a la selva con seis baúles -"lo imprescindible"- vestida de blanco, enamorando a todos -a Neil Hamilton, a Paul Cavanagh, al perplejo niño espectador- pero pronto le sobra la ropa y se desnuda. Delante de papá. El encallecido viejo aventurero C. Aubrey Smith se azora. Sin malicia, Jane se quedó en combinación para asearse del calor africano. Se pone cremas frente a la cámara que es el espejo, se inclina y los pechos pequeños y turgentes quedan en primer plano. Lo hace todo tan indolentemente que aquello es una premonición de lo que vendrá: un festival erótico para las antologías que tendrá la cima en *Tarzán y su compañera* (1934).

Además de ser una obra maestra de encanto irrepetible, la segunda película del ciclo Weissmuller es efectivamente un ensayo de Cedric Gibbons, el gran director artístico de la MGM aquí reciclado en director, para ver hasta donde se podía llegar con la censura. En *Tarzán y su compañera* (1934), Weissmuller luce todo su palmito hasta el límite, pero le adelanta por la derecha la buena chica católica irlandesa de apellido O Sullivan. Maureen es que se atreve absolutamente con todo. Hay hasta una especie de felación sublimada a lo Lya Lys de *La edad de oro* (1930) buñueliana, donde Jane chupa con concentración la herida del sátiro Paul Cavanagh, ante la sorpresa de este. Y Gibbons remarca la audacia de la secuencia con un travelling de aproximación vertiginoso al rostro de O Sullivan. La cara de Cavanagh -uno de los más antológicos villanos de la historia tarzanesca- es todo un poema.

Y es que, después de los primeros ensayos de *Tarzán de los monos* (1932), en *Tarzán y su compañera* (1934) los guionistas no pierden en ningún momento la oportunidad para pasarse, y O Sullivan va a ser su mejor arma erótica mata puritanos. No en vano, a raíz de su aparición en el filme, la actriz será acosada, insultada y amenazada por las ligas católicas norteamericanas.

«Tarzan, you are a bad boy!», dice O Sullivan, arrastrando las palabras con su voz de terciopelo de la versión original. Y, todos pensamos que, seguramente, Tarzán aún será más malo fuera de cámara.

Maureen, pequeña, vigorosa, proporcionada, con su exiguo dos piezas, cinturita ceñida por una cuerda, trasero y caderas mostrados al límite, caminando en la jungla oscura. Esta es una imagen indeleble que intentó cargarse el señor William H. Hays, con el código de "autorregulación" que asoló Hollywood-Babilonia, desde 1934 hasta 1967. En virtud de tan nefasta tenaza, a medida que se rodaban las siguientes películas, O Sullivan iba apareciendo más y más tapada. Pero todavía arrebatadora, a pesar de que las ropas se hacían más largas. Largas como su pelo, que crecía y se ensortijaba, quizás como única compensación de la desbordante naturaleza reprimida. Y aún, con el bebé Boy en brazos, Maureen es una mamá muy sexy, aunque ya no veamos sus hombros.

Y también con el tiempo, los juegos amatorios con Johnny bajaron en intensidad. Así que, enfriados por el recuerdo del código Hays, rebajamos por un instante el tono de esta selva caliente. Para contar algo más de la actriz que propició uno de los hitos eróticos del cine.

Como la Jane de papel imaginada por Burroughs, Maureen nació en Irlanda, fue niña rica y se educó en Dublín, Londres y París. Sedujo a lores y a millonarios que revoloteaban a su alrededor como mariposas. Disfrutó de la *joie de vivre* de los felices veinte. Hasta que cayó en la selva turbia de Hollywod, donde tuvo que enamorar -y mantener a raya- a los más raros personajes salidos de sus ramas, incluidos los retorcidos productores Irving Thalberg y Louis B. Mayer.

Y allí fue la indiscutible reina de África. De esa África imposible donde todo era posible, ese continente que fuimos construyendo a base de disparates maravillosos. Entonces, cuando creíamos que las películas eran verdad, elevamos a Jane hasta lo más alto del atar pagano, como la sacerdotisa de todos los peligros.

Silencio. Corre un viento ligero. Un dedo señala, alternativamente y en dos direcciones. Una mano se toca el poderosos pecho masculino y casi roza los breves y erguidos pechos femeninos... «Yo Tarzán, tú Jane», dice el propietario de la mano. Pues sí, ésta es una de las frases más famosas del cine, al estilo del "siempre nos quedará París". E incluso el exótico Tarzán turco Tamer Balci la reproduce, sustituyendo el nombre de Jane por algo más impronunciable en *Tarzán contra el Mau Mau* (1952). Podemos ver pálidas variantes de este clásico sistema de ligar en otras películas contemporáneas como *Tarzán de las fieras* (1933) y en la muy ocurrente bufonada española *Tarzán en el cementerio civil de los elefantes* (1990), donde se bromea a fondo con el sonsonete.

Pero la secuencia original, la genuina, que ocupa dos largos y célebres minutos de *Tarzán de los monos* (1932) es de una sutileza y poesía que no admite bromas. Aunque les pese a muchos graciosillos.

«Gracias por protegerme a mi», susurra Jane. «Me», y Weissmuller toca el hombro de O Sullivan. «No, para ti soy tú», responde Jane. Ella dice «Jane» y se señala y él le golpea de nuevo el hombro, esta vez ya completamente fascinado por el parloteo de su dulce descubrimiento. Y entonces, el hombre mono repite «Jane», sumido en un trance hipnótico. «Jane-Tarzán, Jane-Tarzán», dice insistentemente Weissmuller y O Sullivan ríe enloquecida. Todos nos reímos con ella.

No importa, los hijos de aquella selva también podemos repetirlo uno y mil veces, «Yo Tarzán, tú Jane» . Todos somos Weissmuller diciendo «Jane». «Jane, Jane, Jane, Jane». Es un sonido que no se gasta.

Porque Jane es el nombre mágico de nuestra infancia. Los niños de entonces queríamos hacerle cosas a Jane, aunque no sabíamos exactamente cuales. Y para nosotros, realmente, solo hubo una Jane, aunque otras llevaran su nombre. Maureen O Sullivan era tan decisiva -seguramente más- como Johnny Weissmuller a la hora de encerrarnos en el cine. Muchas memorias eróticas se recalientan recordando las sensaciones de aquella -nuestra- sudorosa y onanista infancia de cine de barrio.

Que nadie lo dude, es tan cierto como que la noche sucede al día que las películas de Tarzán-Weissmuller no serían lo mismo sin Jane-O Sullivan. Su encanto irrepetible eclipsó a cualquier otra actriz que haya encarnado nunca a la Eva tarzanesca de la popular saga. El pelo ensortijado, espeso y leonino, el cuerpo pequeño y fibrado, los ojos claros. ¡Que hermosa está en *La fuga de Tarzán* (1936), soltando una lágrima que resbala por su mejilla!; un regalo perlado que un Tarzán sorprendido ataja con su gran dedo. «Esto son lágrimas, Tarzán, tú nunca las habías visto», explicaba Jane en *Tarzán de los monos* (1932). Y, efectivamente, Tarzán nunca había visto una lágrima, ni una mujer como Jane. Antes de Jane, Tarzán no había visto nada en realidad, a pesar de haberlo visto todo en la gran selva.

Algunas de las secuencias de *Tarzán de los monos* (1932) son reflexiones muy poéticas sobre el enamoramiento, sobre la fascinación que produce la geografía del ser amado. Jugueteando, Tarzán inicia un peritaje de Jane, examinando sus pies y midiendo el tamaño de sus manos, comparándolas con las suyas. Entonces, una vez ha comprendido los límites de su pequeña nueva patria, emocionado, Weissmuller coge en brazos a O Sullivan y ella se deja llevar, escondiendo la cabeza en el hombro de él. Y con esa preciada carga, Tarzán se pierde en la oscuridad de la jungla.

«Gracias por ser el monstruo horrible que me secuestró y me retuvo aquí», le dice la dulce prisionera con síndrome de Estocolmo a su amigo-amado en *La fuga de Tarzán* (1936). Y los infantes pensábamos entonces en lo mucho que daríamos porque la niña que nos gustaba nos quisiera de una manera tan incondicional. Y nos dejara secuestrarla para huir con ella al país de nunca jamás...

«Aquí viene su amo y señor», constata irónico, pero certero, el malvado John Buckley en *La fuga de Tarzán* (1936). Y, poco más tarde, en el mismo film, Jane da las claves de su frenesí amoroso: «Amo a Tarzán, es como el aire que respiro y como las estrellas de la noche». Y, cuando Jane ofrecía una más picara declaración amorosa -«En realidad a Tarzán se le da bien casi todo»- la platea se venía abajo en el Cinema de Ferrol.

Y es que Jane representa a la civilización sofisticada que, en arrebato maravilloso e infantil, decidió renunciar, de una manera más o menos consciente, a todas las ventajas del Paraíso artificial, para adentrarse en el Edén más *naif*. Eso es lo más seductor de esta Jane, que antes conoció muy bien los mecanismos de la civilización. En su fragancia está esa pequeña mala semilla con la que el noble bruto Tarzán debe convivir. ¡Qué bonita perversión! Lo advierte nuestro malvado sátiro favorito Paul Cavanagh en *Tarzán y su compañera* (1934): «¡Es una mujer que conoce el desenfreno de un salvaje pero que en Mayfair estaría como en casa!».

Jane-O Sullivan tiene una fe ciega en Tarzán-Weissmuller. En muchas películas -*Tarzán y su compañera* (1934) o *La fuga de Tarzán* (1936)- cual trapecista, se arroja desde lo alto de un árbol a los brazos del hombre mono que la esperan como red salvadora. ¿Alguien duda que las múltiples lecturas de los primeros Tarzán de Weissmuller están preñadas de pura poesía?

No menos ciega es la pasión del hombre mono por su objeto de deseo. En *La fuga de Tarzán* (1936), cuando Weissmuller oye que Jane tiene pensado ir a Londres, vaga por la jungla y se tiende en la hierba desconsolado. E, incluso, es capaz de ofrecerse en bandeja a la muerte, encerrándose a sí mismo en la jaula del villano: «Jane quiere a Tarzán en trampa». Ese era otro motivo de empatía tarzanesca para los jóvenes enamoradizos de la época: la entrega incondicional al amor.

A Tarzán-Weissmuller le gusta despertar a Jane-O Sullivan en la mañana, acariciándole el pelo- ella le besa la mano- y tendiéndose a su lado. Después del célebre «Tú Jane, Yo Tarzán», -acompañado de los movimientos inequívocos del dedo señalando en las dos direcciones y tantas veces caricaturizado- como dijimos, Summers lo hace en *Tarzán en el cementerio civil de los elefantes* (1990), con el hombre mono tocando descaradamente el pecho de la mujer- resulta muy hermosa esa secuencia de *La fuga de Tarzán* (1936) en la que Weissmuller mira largamente a su compañera y dice, sencilla y llanamente: «Jane». No hacen falta más palabras.

Claro que luego, para acabar su trabajo como disciplinado despertador, Weissmuller suele arrojar a O Sullivan al agua. Afortunadamente para nosotros, porque en *Tarzán y su compañera* (1934), Jane se queda fugazmente desnuda, al enredarse su ropa en una rama. ¡Cuántos vhs -y luego dvds- han trabajado a cámara lenta, *slowly, slowly,* para ver un poco mejor lo que en su momento enfadó tanto al código Hays. Ese es uno de los más célebres cortes de la censura de todos los tiempos. Pero el material original se salvó.

Si supiera la censura que, con los años, habría vídeo doméstico y *rewind* y *fast forward,* otro gallo cantaría en la selva del león. Y luego algún historiador malvado y destripa ilusiones nos ha querido quitar la ilusión -como Hays- contando que en *Tarzán y su compañera* (1934), O Sullivan utilizó una doble de cuerpo para ésta y para otras escenas acuáticas. Da igual, nunca hemos tenido problemas para mezclar la realidad y la ficción.

En *La fuga de Tarzán* (1936), el villano John Buckler comete el error -o sea, la caga definitivamente- de atormentar a Tarzán diciéndole que se va a llevar con él a Jane muy lejos de la selva y que Tarzán no volverá a ver jamás la luz de su vida, con permiso de Nabokov. ¡Que insensato, este villano!, es como querer despojar al Rey de su tesooooro. Ante tal perspectiva, el hombre mono reacciona tan violentamente como lo haría el Sméagol de *El señor de los anillos*. Y se desata la tempestad.

La pequeña y proporcionada O Sullivan, al contrario que la inmensa mayoría de las otras Janes, era una maravillosa actriz, con gran intuición. Sobran los momentos modélicos que prueban ese talento. Pero realmente inolvidable, por la ternura que rezuma, es esa secuencia en la que Maureen se abraza, con su cuerpo vibrante y menudo, a su padre gigantón, el viejo Aubrey Smith de grandes cejas blancas. O Sullivan era también una actriz muy sutil, capaz de momentos de oro cargados con apenas nada, como ese de *Tarzán y su compañera* (1934), donde la actriz deja que flote en el silencio de la pantalla su mirada melancólica, evocando la lejana luna que iluminaba el Támesis.

Parece que fueron más, pero Maureen O Sullivan, madre de Mia Farrow -por lo tanto suegra de Frank Sinatra, André Previn y Woody Allen- y esposa del director y guionista John Farrow, interpretó a su alter ego en solo seis títulos. Quería ser mamá, tener niños de verdad y desentenderse de la mentira del cine. Pero aún así, nunca pudo separase de su rol de Jane. A pesar de su innegable talento y encanto, todo lo que hizo después, cuando su vida familiar se lo permitía, resultó el pálido reflejo de la reina que fue, allí en aquella selva de plató.

Al contrario que Jane, Maureen no lo pasaba del todo bien en esa jungla de la Metro. Entre otras cosas porque O Sullivan odiaba al chimpancé Jiggs, al que, según cuenta Mia Farrow en su libro de memorias *Hojas vivas* (1997), llamaba «that ape, son of a bitch». El pobre mono hijo de puta compartía sentimientos parecidos. Y, a pesar de que sería francamente bonito un titular gacetillero del estilo "O Sullivan era tan hermosa que hasta la mona Chita tenía celos de ella", todo en realidad se reducía más bien a una cuestión de choque animal. Sencillamente, cuando, por exigencias del guión, Weissmuller abrazaba o besaba a Maureen, Jiggs se vengaba furiosamente. Porque Chita adoraba a Tarzán. Y por eso Farrow insiste: «Mi madre decía que los monos eran unos homosexuales que adoraban a Johnny y que estaban celosos de ella y que la mordían a la menor ocasión». Así que ahora, cuando vemos en la tele o en el dvd las secuencias compartidas entre Jiggs y Maureen, lo hacemos con otros ojos. Chita acaricia a Jane en *Tarzán de los monos* (1932), pero al momento le quita el pañuelo, lo rompe y lo huele con desagrado. La verdad siempre sale a flote.

O Sullivan, que tenía veintiún años cuando se puso las exiguas pieles de Jane por primera vez, quedó varias veces embarazada entre película y película de Tarzán. Y por eso su vida familiar la fue apartando, primero del hombre mono y luego de las pantallas. Y, como ya dijimos, aunque ella quería dejarlo, la Metro presionaba para que aguantara un poco más. Ante la insistencia de la actriz, los guionistas incluso llegaron a matarla al final de *Tarzán y su hijo* (1939). Pero en una *premiére* del filme, el público se amotinó. Ante tales muestras del clamor popular, los productores rodaron un nuevo final y le pidieron a Maureen que siguiera siendo Jane unos años más.

Maureen lo dejó definitivamente en *Tarzán en Nueva York* (1942). Y aún así, abandonado el plató, los productores insistieron, una y otra vez, para que volviera a la jungla. Pero O Sullivan no quiso. La última ocasión en que se lo propusieron estaba embarazada de Mia. Y, apoyada por su marido John Farrow-guionista y director tarzanesco- declinó de nuevo la oferta. Se dijo que O Sullivan también lo había dejado por Weismuller, por una secreta relación amorosa que hubo entre ambos. Según parece, tal cosa solo era una habladuría de los publicistas y de los cotillas de las revistas hollywoodenses. Maureen se sinceró con su hija Mia Farrow en la autobiografía de ésta: «Sentía un gran cariño por Johnny, pero, aunque toda Norteamérica pensaba que manteníamos un romance, nunca hubo, ni remotamente, nada parecido entre nosotros».

El asunto es que nadie, ni Johnny, ni el inmenso poder de MGM, ni el cariño del público, pudieron convencer a O Sullivan para que volviera a la selva de Tarzán. Weissmuller y ella se reencontraron, interpretándose a sí mismos en breves apariciones, en la horripilante y delirante paranoia anticomunista titulada *The Phynx* (1970), donde la pareja había sido raptada y encerrada en una fortaleza de Albania, prisionera junto a otros astros del capitalismo tipo ¡Ed Sullivan o Andy Devine! Por dios, menuda empanada y ¡qué mal rollo!

Pero nunca, nunca, el olvido pudo con O Sullivan. Cuando falleció, en 1998, con ochenta y siete años, en un hospital de Fénix, Arizona, los titulares hablaron de Jane más que de Maureen. Pasó lo mismo con Johnny. Y es que los actores mueren, pero los personajes permanecen.

19
LAS OTRAS JANES

Se menea con descaro frente a Buster Crabbe en *Tarzán de las fieras* (1933), encarna a la hija de un loco estudioso de las antiguas civilizaciones, y su personaje responde al nombre de Mary Brooks. Pero aún así, podemos considerar a Jacqueline Wells una Jane con todos los honores.

Además Wells, interpreta frente a Crabbe un par de secuencias que son variantes del célebre estilo "Yo Tarzán, tú Jane". Lo hace con una herencia anticuada, pero muy curiosa, propia del cine mudo, una industria silente en donde Wells comenzó su carrera. En una de ellas, muy divertida, Wells señala el gramófono que tanto llama la atención de Buster Crabbe y dice: «Eso es mío» -«That... mine»- a lo que el atontado Tarzán -aquí muy espabilado- replica: «Eso... mío», señalando al pecho de la chica.

Jacqueline Wells llega a la selva buscando a su papá, en la compañía de un novio desmotivado y de unos porteadores que cantan cansinos. Y Tarzán sale a su encuentro algo más animado que el resto del reparto, para llevarla junto al progenitor perdido. El hombre mono ya se ha enamorado de ella al ver la foto -en realidad son dos instantáneas, intercambiables al antojo del director del film- que de su hija conserva con amor el viejo enfermo y que el primitivo hombre mono guarda -¡vaya!- en el interior de su taparrabos.

Wells tenía 19 años y era una rubia simpática, menuda y bien proporcionada. Por eso hasta los cocodrilos se relamen cuando entra desnuda -de espaldas a la cámara, claro está- en el agua del río. Entonces aparece Tarzán, que queda aún más fascinado que los propios saurios que intentaban merendarse a la chica. Cuando la saca del agua, tras la habitual pelea con el cocodrilo de turno,

Tarzán mira a Wells de arriba a abajo, con la ayuda de una panorámica subjetiva que viaja desde las piernas desnudas hasta el cuerpo de formas muy visibles bajo la combinación mojada. Y este, sin ninguna duda, es el mejor momento de una película torpe y anticuada, pero no totalmente carente de encanto.

Se da el caso curioso de que Wells -nacida Jacqueline Brown- con medio centenar de películas a sus espaldas y por exigencias contractuales, tiene que cambiarse de nombre artístico cuando firma contrato con la Warner en 1941. Desde entonces va a ser la conocida actriz de serie B, Julie Bishop, recordada por los aficionados por interpretar a Lee Gershwin en *Rapsody in blue* (1945) o a una de las integrantes de la *Caravana de mujeres* (1951) que puso a rodar el gran William Wellman.

Tampoco Ula Holt se llamó Jane en *Las nuevas aventuras de Tarzán* (1935) y en *Tarzan and the Green Goddess* (1938), dos fiascos producidos por Burroughs y por su colega Ashton Dearholt.

De Ula Holt poco se sabe. Además de las de Tarzán, solo intervino en otra película. Se casó con su amante y descubridor -Ashton Dearholt, alias Don Castello- durante el rodaje tarzanesco en Guatemala, para desaparecer a continuación, engullida en el ruido de la Babilonia del cine.

No está muy claro si Ula y Ashton se conocieron en un viaje anterior al de Guatemala que emprendió para localizar exteriores el actor, productor y hombre de confianza de ERB. El caso es que en esos años y en ese entorno hubo un lío de camas enorme, donde el propio Burroughs acabó casado con la ex mujer de su colega. Cosas de la vida social californiana. Miren si no a Clint Eastwood.

Ula, pequeñita e hierática, que al principio del filme parecía una bruja severa, de pronto, en un vericueto del guión se cae al río. Y así tiene oportunidad de lucir su extraña belleza cuando Tarzán la salva de los cocodrilos. Deslumbrante, realmente. Quizá ese sea su único momento real de gloria, perdida en un reparto donde debe compartir liderazgo femenino con otra expedicionaria -Dale Walsh- y hasta con una diosa verde viviente vestida de opereta -y con el sonoro nombre de Kia Kia- que desea casarse con Tarzán. Viendo a Ula, con su largo pelo rizado, rostro anguloso y voz hermosa, grave y profunda, a uno le entran ganas de especular sobre su enigmática y poco estudiada figura.

Para acabar con este abanico de Janes que no eran Jane -pero que se comportaban como tal- debemos decir que Eleanor Holm tampoco se llamaba como la señorita Parker en *La venganza de Tarzán* (1938). Pero su personaje también respondía -y mucho- a lo que se esperaba de Jane: llegaba con una expedición, acompañaba a su papá hasta el corazón de la selva y se dejaba raptar por un solitario Tarzán, que la rescataba de las manos del mefistofélico y habitual árabe sátrapa. Y, claro, viendo lo aburrido que estaba el pobre Tarzán de Glenn Morris, pensamos en aquella frase bíblica: "No es bueno que el hombre esté solo". No vaya a ser.

Eleanor no era actriz, era, para variar y para ponerse a la altura de los tarzanes de la época, una nadadora que compitió y triunfó en los Juegos de 1932. Igual que su compañero Glenn Morris en *La venganza de Tarzán* (1938), estaba destinada a ser medallista olímpica en la competición de Berlín de 1936. Pero la cosa se torció. Eleanor fue campeona, sí, pero de otra manera bien distinta: en el bar del barco que la llevaba a Alemania bebió hasta el coma etílico y la retiraron del equipo. Tras el escándalo, Holm ocupó sus días en sacarle partido a su excepcional físico, que era tan rotundo que el Tarzán de Glenn Morris ¡la saluda con un silbido! Donde aprendió el hombre mono a ligar así, pues eso sí que ya no lo sabemos.

De esta manera se ganó la vida Eleanor, como modelo y diseñadora, pero nunca interpretó más películas.

Y eso que, en *La venganza de Tarzán*, lo intentaba. Con su imborrable bonita sonrisa, enarcaba las cejas -especialmente la izquierda, fluctuante en un prodigio de movilidad- y permitía que un notorio falso lunar paseara, a gusto de los maquilladores del filme, desde el cuello hasta la mejilla derecha.

Inolvidable resulta la secuencia en la que Holm, con su evidente musculatura bien tensada, se enfrenta al déspota árabe interpretado por C. Henry Gordon, arrancándole el bastón de las manos y golpeándole con él, como el jeque hizo antes con su esclavo.

Al igual que ya sucedió con Jacqueline Wells, también Holm protagoniza una secuencia a lo *Tarzan s style*, con Glenn Morris señalándose el pecho y diciendo machaconamente «Tarzán... Tarzán», mientras ella, paciente, acepta que el hombre mono la incordie tocándole el hombro, con la insistencia de Pedro Picapiedra frente a la puerta de su casa.

Y ya que Holm era una nadadora de campanillas, pues eso, que -para competir con Weissmuller- también tocaba montar un número acuático junto al campeón Morris. Y así ya no faltaría nada para evocar a Johnny y a Maureen: sincronizados, natación bajo el agua y extrañas posturas, cercanas al kamasutra submarino. Viéndola nadar así, uno tiene la sensación de que la historia ha sido un poco injusta con esta sirena a la que perdió el exceso de líquido, destilado. Si la revista Time fue dura con Glenn Morris, no se quedó corta con Eleanor, declarándola la peor actriz del año, ni más ni menos.

Como fue Jane para dos hombres monos distintos, un tardío Weissmuller y un primerizo Lex Barker, jugando a ser tan oportunistas como los peores gacetilleros de Hollywood, a Brenda Joyce bien podríamos ponerle el cartel de Jane adúltera. A pesar de las disciplinas de equipo impuestas por la productora, el pobre Weissmuller, al ser preguntado por su nueva pareja, no pudo evitar quejarse: «¡No sé qué van a pensar los niños cuando me vean con una Jane rubia!».

¡Y qué podemos decir!, lo de menos es que fuera rubia. A los niños de nuestra época, lo de sustituir a la única Jane por una indocumentada, pues nos pareció una traición. Así que a Brenda no la queríamos nada de nada, por atreverse a ocupar el lugar de la adorada Maureen. Nos resultaba hasta antipática. Cuando apareció en *Tarzán y las amazonas* (1945), tres años y dos películas después de la marcha de la reina O Sullivan, la señorita Joyce se nos antojó una Jane completamente exenta de carisma. Y la verdad, es que, revisadas sus películas, hoy día, llegamos a la misma conclusión. Insistimos, éramos niños, pero no éramos tontos.

Joyce es la anti Jane. Muy vestida -demasiado- especialmente adusta y severa, esta compañera de Tarzán solo estuvo una década activa en el cine, desde finales de los años treinta a finales de los cuarenta. Y, aparte de la anécdota de llegar a ser Jane para dos tarzanes distintos, su carrera no tiene mucho que reseñar. Por problemas personales -en absoluto aclarados en las fuentes que hemos consultado- abandonó el mundo del cine. Pero la verdad es que no lo sentimos.

Joyce estuvo tan desposeída de atractivo que hasta el productor Sol Lesser, que era muy consciente de su figura maternal, exenta de cualquier sex-appeal, decidió incorporar al casting de las películas tarzanescas a otras actrices de belleza epatante, como Linda Christian o Acquanetta, para así conservar viva la parte erótica de los filmes, por otra parte tan encorsetada por el Código Hays.

Joyce -que también actuó en *Vinieron las lluvias* (1939) y *El despertar de una ciudad* (1940)- murió muy mayor, en el 2009, con noventa y dos años.

En la segunda película de Lex Barker, *Tarzán y la esclava* (1950), Vanessa Brown fue la primera Jane de transición de la nueva era. Ya dijimos que Lex Barker va a cambiar de compañera al ritmo de una chica por película. Lo hará hasta que los productores y guionistas de la saga tomen la decisión de prescindir del estorbo que les supone la pareja estable de Tarzán. Brown, flaca y un poco estirada, algo menos tapada y con un pelo menos de peluquería que el de Brenda Joyce, fue otra chica del montón viviendo en el mundo del hombre mono. Aunque también se mostró más activa y decidida en su intervención en la acción de la película. Al menos, el malvado Tony Caruso la quería capturar para venderla como esclava junto a Denise Darcel. Algo es algo. Y eso que, al lado de la explosiva Darcel, es fácil quedar eclipsada.

Virginia Huston fue otra "Jane por un día" para Lex Barker en *Tarzán en peligro* (1951). Guapa, fría, distante y también algo severa, ¡como no! Por entonces, tener las características propias de una señorita Rottenmeier parecía una condición necesaria para ser Jane. Y Huston las reunía todas. Con el pelo corto y rubio, sostenido en insondable permanente, es una Jane asquerosamente civilizada, que regaña a Tarzán por llegar tarde y a la que le parece hasta rara la pregunta tierna y *naif* que le hace el hombre mono: «¿Tú querer Tarzán... tú ser feliz?».

Ésta Jane-Rottenmeier también se extraña cuando Lex Barker se interesa por su soledad y en lo que ocupa el tiempo libre cuando "Tarzán no estar". En una secuencia que habría rozado la locura erótica si tuviera los cuerpos de Weissmuller y O Sullivan por medio, Lex Barker pesca a Huston en el río como quien pilla un congrio y ella se ríe sin ganas, por puro compromiso. ¡Qué falta de química! Para cosas así, es mejor no vivir en la jungla.

No contentos con el fracaso anterior, los guionistas de Sol Lesser obligaron a otra Jane a asistir a las mismas preguntas, ahora algo angustiadas, del inseguro héroe Barker: «¿Jane extrañar Tarzán?», pregunta el hombre mono en *Tarzán, furia salvaje* (1953). Y, ¡menos mal!, por fin, Dorothy Hart, la cuarta Jane de Lex, contesta a esta pregunta con bastante más entusiasmo del que ponía Virginia Huston: «¡seis días y seis noches sola!», dice. Y, al menos, lo hace con un abrazo.

Hart fue una actriz secundaria que tampoco triunfó en el negocio del cine, aunque, con diferencia, es la mejor de todas las que se pasearon por las películas de *Lexy*. Y su belleza, a lo Simone Simon, no cabía en el ceñido vestido de piel diseñado para los cánones monjiles de Brenda Joyce, que eran unos figurines dibujados por algún creativo loco de la oficina de Míster Hays. Y para prueba, ahí tenemos una secuencia audaz: atada al potro de tortura con forma de cocodrilo de los wazuri, el rostro de Dorothy Hart es todo un inquietante poema de éxtasis teresiano. Incluso los temibles guerreros waziri quedan fascinados por su belleza: uno de ellos toca su rostro ensimismado, quizá para ver si está pintado de blanco. Y sintomática es la escena final, cuando Tarzán llega con el tesoro robado a los wazuri cargado en sus poderosos brazos. Barker lo devuelve a la tribu y, con la misma presteza, recoge en su regazo a Jane y se la lleva. Está clara la analogía. Un tesoro por otro. Algo es algo.

La última Jane de Lex Barker, Joyce Mackenzie, fue un retroceso, parecía calcada de Brenda Joyce. Al menos era igual de antipática y señorona. En *Tarzán y la mujer diablo* (1953) su papel es ya una pura excusa: está allí para que la secuestre la malvada cazadora del título, interpretada por la explosiva *vamp* Monique Van Vooren, una harpía que la eclipsa con un solo menear de pestañas. «Tarzán es hombre de pocas palabras», explica Mackenzie como si hablara de si misma, ya que la pobre tiene muchas menos líneas de libreto que el propio Barker. Esta Jane, más que apagada, parece una indolente perezosa y, cuando Tarzán, harto del perenne sueño de su compañera, la tiraba al río, los niños queríamos que se ahogara, en lugar de juguetear castamente con el hombre mono.

«Jamás te abandonaré», le promete a un Barker que, como vimos, es el más inseguro de los maridos. A pesar de la promesa, ni uno ni otro volvieron a la jungla. Porque decir jamás es decir mucho en una película de Tarzán. Y ya solo nos resta contar que Mackenzie aún tuvo una carrera más ignota que cualquiera de sus predecesoras.

Eve Brent fue una breve Jane rubia para el moreno Tarzán interpretado por Gordon Scott. Actuó en dos películas rodadas en 1958: *Tarzán lucha por su vida* y *Tarzán y sus compañeros*. Ésta última era un piloto para una fallida serie de televisión. En ella, tras el inevitable baño en el río del plató, las caricias y los besos entre ella y Scott duraban dos segundos escasos, justo antes de que la imagen se fuera a fundido a negro. Y lo que pasaba después no nos interesaba, muy al contrario de la curiosidad que nos provocaban las promesas excitantes que se escondían tras la intimidad de Wessmuller y O Sullivan.

Aunque no era buena actriz, puede que lo del anonimato de Brent fuera una injusticia. En principio, la actriz bien podía parecer una de esas Jane señoronas de la época RKO, pero la verdad es que esta chica tenía más chicha que otras. Lo presentimos especialmente en esa secuencia de *Tarzán lucha por su vida* (1958) en la que el hombre mono ¡le pone el termómetro a Jane! Brent, enfebrecida por caprichos del guión, está más sexy con esos calores. Pues sí, porque, además, a esta pobre la humillaron sin ningún escrúpulo, operándola en la selva de algo tan prosaico como ¡una apendicitis! Mujer, Jane, si te juegas la vida, ¡al menos que sea por algún certero flechazo caníbal!

En definitiva, el atractivo oculto de Eve Brent no fue en absoluto valorado por Sol Lesser, que estaba ya en la recta de su despedida tarzanesca. ¡Imperdonable ceguera final! Tras producir quince películas, el productor se jubilaba por motivos de salud, quemando a una Jane que parecía bastante menos fungible que las anteriores.

No obstante todo el mundo tiene su minuto de gloria y en *Tarzán y sus compañeros* (1958), la actriz es protagonista de otro de esos momentos inefables, persistentes en el recuerdo, en el que Brent enseña a leer a Boy con la ayuda de *La isla del tesoro*. «Existe más mundo que esta selva. ¡Si pasaras menos tiempo con los animales y leyeras más!», abronca Jane, con escaso éxito, al pequeño Rickie Sorensen, un vagonetas total, apoyado por un papá cómplice que además contesta escéptico: «¡Libros poco valor en selva!».

Junto a Denny Miller en *Tarzán de los monos* (1959), Joanna Barnes fue la última de las Janes canónicas aparecidas en una película americana. Pero, la verdad, es mejor que no lo hubiera hecho, porque la ignota rubia televisiva resulta tan sosa como la vida sin sal. La actriz no consigue dejarnos ni un momento para el recuerdo, ni siquiera en ese regalo de escena -que sería oro en manos de cualquier otra intérprete- de la ducha bajo la trompa del elefante. Joanne, vestida bajo la ducha, parece el Weissmuller de *Tarzán en Nueva York* (1942).

La malograda Kitty Swan, de auténtico nombre Kirsten Svanholm, que con su físico racial de morena de ojos claros interpretó unos años antes a la reina de la jungla *Gungala* en dos películas italianas de serie B, encarnó también a una Jane de tapadillo en un par de filmes: *Tarzán en la gruta del oro* (1969) y *Tarzán y el arco iris* (1971). Por el eterno problema de derechos, Swan en realidad no pudo llamarse Jane sino Irula, aunque disfrutó de todos los privilegios del personaje: cama entre hojarasca con su Tarzán apócrifo, baño medio *nudie* en río y abundantes paseos en liana. Swan era mala actriz pero la cámara la quería y realmente tenía un encanto indudable e inclasificable. Por eso, en rigor, no podemos decir que pasara desapercibida como Jane.

Y todo parecía más o menos tranquilo en la jungla de imitación, hasta que la realidad más salvaje irrumpió en la ficción. Junto a su pareja cinematográfica, Steve Hawkes, Swan se quemó en una secuencia de la segunda película. Los dos estaban atados a unas estacas de madera y a un árbol, cuando un líquido inflamable del *atrezzo* los alcanzó. Meses de hospital apenas sirvieron para que Hawkes terminara algunas secuencias imprescindibles, mientras que Swan ya no pudo seguir rodando. Su carrera, como la de Hawkes, también terminó ahí. Y fue por ese desgraciado accidente, que el periplo de esta Jane de tapadillo en *Tarzán y el arco iris* (1971) es como el Guadiana. Aparece y desaparece intermitentemente a lo largo del filme.

La Jane más burdamente explícita, y al tiempo la más acaramelada, del celuloide fue Bo Derek, bien conocida y publicitada mujer *10* de Blake Edwards y Dudley Moore. Aparentemente también lo era -digna de merecer un 10- para su marido, el espabilado actor y director John Derek, que, con su mujer, ejerció de Pigmalión de *qualité*, pero algo verbenero, vendiendo sexo y sacándolo -con inexplicable éxito- de donde no lo había. El poco más de metro y medio de Bo se paseó en un puñado de películas eróticas *soft*, fotografiadas con mucho *flou* y jugando a ser hamiltonianas. *Tarzán el hombre mono* (1981) fue una de ellas.

Para que quede claro quien manda aquí, la Jane de Bo aparece ya en los primeros segundos de la película, con las voces en off de unos abuelos cebolleta recordando cuando la vieron por primera vez. «¡Era tan linda, de largo pelo rubio, ojos azules, y piel suave como la crema!», se babean los vejetes. No seremos nosotros los que romperemos el encanto de tales textos. O quizá sí.

Bo tenía aquí veinticinco años y sus mejillas ya tendían a enrojecerse más que las de un borrachín inglés pasando las vacaciones en Mallorca. Los negritos siguen a Bo fascinados por la diosa blanca, por su pelo, sus encajes y sus zapatos de tacón. Paseada en un altar con forma de palanquín, como una reinona, Bo no pierde oportunidad de mojarse las ropas para que se peguen a su pequeño y proporcionado cuerpo y de hacer un *nudie* con cualquier giro del guión. En las blancas playas de las Seychelles la chica fotografía muy bien. De almanaque. Pero cualquier mente juiciosa se acaba aburriendo con estas cosas de camionero. Digo yo.

John Derek vendió *Tarzán el hombre mono* (1981) como una película de Tarzán vista con los ojos de Jane. Algo así como feminista, donde Bo se queja amargamente de todo. De la ausencia prolongada del padre, de la injusticia del mundo -«éste es un mundo de hombres, envidio vuestra libertad»- y hasta de su virginidad. Porque, cuando llega a la jungla, Jane es virgen. Y aprovecha que encuentra un hombre en buena forma, que no habla, que parece tan virgen como ella -evitemos cualquier chiste, quedan para otro capítulo- para tocar a placer -sin que la riña una figura paterna- un cuerpo de hombre, durito y poco agresivo.

«She s here!» grita feliz papá Richard Harris, despertando a todos sus empleados negros y a Akushula Selayam con la que yace entre telas blancas anti mosquitos. Grita así de manera harto incomprensible -aquí ha pasado algo, que no entendemos- al ver llegar el barco que trae a Jane. Porque, en realidad, él estaba esperando un cañón y le llega una pequeña escopeta que quiere ser explosiva y muy resentida con el abandono paterno sufrido durante años. Al principio, papá no quiere llevar a su hija a la excursión, selva adentro. «Ninguna expedición en este país está hecha para una mujer», asegura. Pero, padre enamorado al fin, acaba cediendo.

Sí, porque aquí el enamoramiento de Jane y de Tarzán es secundario. John Derek hace un canto, casi juglaresco, al incesto. Y Harris, cual personaje shakesperiano o griego, quema la selva cuando Tarzán rapta a Jane.

En *Tarzán, el hombre mono* (1981), Bo Derek no está mal como Jane, está lo siguiente. Esa secuencia en la que se come un plátano -con perdón- con toda la ingenuidad del mundo, observada por Tarzán y por los monos, es, simplemente, inenarrable. Y, a falta de manzana, la Jane virgen le da un pedazo de la fruta al Tarzán primerizo. ¡Grande!

Pero el gran momento de Bo, merecedor de la eternidad y un día -de cárcel- es ese en el que, presa del malvado Ivory King, las mujeres de la tribu la desnudan y la preparan para el sacrificio sexual. Las chicas del coro a lo Fura dels Baus ponen a Bo a cuatro patas y la pintan de blanco leche con unos toques de gris y verde. «Estás muy bonita de verde irlandés», especula, medio muerto, el padre incestuoso. Sin duda que es una gran performance realizada en planos cenitales muy aparentes. Y papá Harris, atado al duro poste, grita exaltado: «¡Eres como Afrodita! ¡No eres carne, eres espíritu!». Si esta escena no está en todas las antologías del despendole, entonces es que no merece estar ninguna otra.

Aunque su belleza estaba fuera de toda duda, bastante más modesta que Bo se mostró Andie MacDowell, que, como Christopher Lambert -su Tarzán en *Greystoke* (1984)- debutó en el cine con esta película y este papel de una realista Jane Parker. Aunque debemos decir que su voz no era su voz, era la de Glenn Close, que la dobló. Pues sí, los productores no confiaron en la calidez de la entonación de la hermosa novata. Y no es ella, sino Close, la que, por lo tanto, le enseña latín a Tarzán en esa recordada secuencia de la educación cultural y sentimental del hombre mono. Pero la gestualidad, la forma en que Andie mueve sus labios para decir «Amavero» -habría amado- es todo un prodigio de sensualidad. La belleza de MacDowell corre exultante por todo el filme -¡esa Nochebuena vestida de rojo!- con el maravilloso colofón de la escena en la que Tarzán la espía, mientras una criada peina su pelo largo y rizado. El inquieto Tarzán de Lambert pronto ocupa el sitio de la ayudante de cámara y, frente al espejo, pasa sus manos por la lujuriosa melena amada. La química entre los dos actores en esta secuencia es innegable.

MacDowell triunfó más tarde con sus refinadas creaciones de *Sexo, mentiras y cintas de vídeo* (1989), *Atrapado en el tiempo* (1993) y *Cuatro bodas y un funeral* (1994), películas en donde por fin pudimos oír su personal voz, algo nasal.

Ya vimos que Emma Louise -no confundir con la cantante de *Jungle*- vestida con shorts ajustados y con una apropiada combinación de piel de leopardo, es una Jane de portada de El Papus, o algo así. Su encarnación en la muy *destroyer, Tarzán en el cementerio civil de los elefantes* (1990) es digna de cualquier *starlette* del destape. La parodia del célebre "Yo Tarzán, tú Jane", escrita por Summers y Federico Volpini, la ejecuta Louise impecablemente, como una estoica chica de revista cutre, acosada por el toqueteo del Tarzán Chicho Siqueiro, que lleva su dedo alternativamente desde su pecho hasta el pezón de Jane. «¿No le importaría poner el dedito algo más arriba?», dice Louise en plan comedia de situación, o, más bien, de vodevil de armario. Y Sequeiro contesta entusiasmado: «Tarzán aprender pronto». «Ya veo, ya», replica esta Jane de revista, con mil curvas y *look* poligonero.

Lydie Denier hizo de Jane junto al Tarzán Wolf Larson en la teleserie francocanadiense producida entre 1991 y 1994. Realmente, Denier es una Jane guapa y muy sexy, pero finalmente prescindible. Y eso que, físicamente, estaba muy bien dotada para perdurar en la memoria, luciendo como un cruce energético de Jennifer O Neill mezclada con Valeria Golino.

En un episodio de la serie, a esta Jane le muerde una tarántula peluda y fea, cuando la investigadora intenta guardarla en un frasco. La compañera de Tarzán cae redonda al suelo y entra en un coma que más bien parece un estado de calentura: Denier se pone a sudar, jadeando en trance febril, otra vez cual Santa Teresa del *porno-soft*. Así que Tarzán-Larson sale a toda pastilla a buscar el antídoto que le suministrará un chamán. Es una lástima, deberían haberla dejado unos cuantos capítulos así, porque sin duda esta posesión arácnida aparece como uno de los pocos *highlights* de la serie y también de la encarnación de Jane-Denier.

Curiosamente, la actriz de la Martinica repetiría con otro Tarzán televisivo, Joe Lara, en la serie de 1996, pero esta vez interpretando a Colette, intrépida aventurera francesa, hija de un coleccionista de arte africano, que se mete en mil peligros a lo Pauline y que siempre será rescatada *in extremis* por Tarzán, arrancada de las avariciosas garras de los malos.

Rosa Caracciolo, una húngara que se casó con el célebre actor porno italiano Rocco Siffredi -al que tuvo como única pareja en un puñado de películas porno- compone en *Tarzán X* (1994) una Jane con salacot coqueto, que llega a la jungla buscando una ciudad perdida cualquiera y se encuentra a Siffredi disfrazado del hombre mono. Ya vimos que la película es sencillamente espantosa, pero precisamente lo único que tiene un pase -y no es un chiste- es la esforzada encarnación de Caracciolo, que afeita a Tarzán con su pequeño cuchillo, lo hace mirarse en un espejo -que el huérfano de la jungla guardaba como oro en paño en la caja de su madre- y le enseña las artes amatorias con mucha entrega y dedicación. De *gag* propio de Jaimito es la secuencia en la que Tarzán perita a Jane, encontrando, poco a poco, las diferencias físicas entre hombres y mujeres. Caracciolo aguanta el bochorno con mucha dignidad carnal, ante un Siffredi que está simplemente patético como Tarzán.

Sarah Wayne Callies encarnó a una Jane pizpireta, tontainas y tuneada en la serie televisiva de 2003 frente a Travis Fimmel, un Tarzán de perfumería realmente tan poco creíble como su compañera. Wayne interpretaba a Jane si, pero era una policía que liaba malamente al pobre hombre mono, una vez más, perdido en la selva de los blancos. Luego, la actriz de Honolulú se haría muy popular como estrella televisiva en las series *Prision Break* y *The Walking Dead*.

Hemos visto un más que variopinto reparto de compañeras de Tarzán. Ahora bien, a ningún jefe de casting, aún fumado de grifa, se le ocurriría darle el papel de Jane a la muy *friki* Jane March, la jovencita enfebrecida de *El amante* (1992). Es algo así como dejar el personaje a merced de la niña de *El exorcista* (1974). Pero, aunque sin duda March es la más disparatada y divertida Jane Porter del cine, para nosotros también es la mejor, eso sí después de la reina O Sullivan. Da la sensación de que March se lo pasó muy bien en sus juegos selváticos de *Tarzán y la ciudad perdida* (1998), y su célebre sonrisa de brujita malintencionada luce bien en la selva. Menuda, con su vestido blanco inmaculado -que pronto se ensuciará- March, con su agresivo magnetismo, llama mucho la atención en un reparto desprovisto de otras mujeres y rodeada de machos sudorosos, mercenarios sin escrúpulos y feroces negros pintarrajeados de blanco.

Parece que ser Jane mola. Para celebrar el centenario de la creación de Tarzán, la actriz y presentadora Pilar Rubio posó para la revista semanal del periódico El Mundo, ataviada con un dos piezas de piel, envuelta en lianas y al lado de una perpleja Chita. ¡Estas cosas duelen!

20
HAY MÁS MUJERES EN LA JUNGLA

«Macho defender hembra». De esta manera, tan poco políticamente correcta, expone Tarzán su ideario machista en la muy disparatada producción española *Tarzán en las minas del rey Salomón* (1973). Pues vaya, Tarzán, la liaste parda con las feministas.

Y sí, no se puede negar, Tarzán es un tosco y antiguo caballero salvaje sin saberlo, que protege a féminas en apuros, animales atrapados por el hombre blanco y niños huérfanos. Ya se sabe, ¡mujeres, animales y niños primero!

Pero, en cuestión de mujeres, en el fondo, y resumiendo, el hombre mono es monógamo. A Tarzán -especialmente al de Weissmuller- solo le interesa Jane. Resulta bastante divertida la secuencia de *La fuga de Tarzán* (1936) en la que nuestro héroe descubre y perita a la segunda mujer blanca que ha visto en su vida, examinando con curiosidad a Benita Hume, que interpreta a la prima de Jane. Una vez completado un rápido estudio oloroso y visual, el hombre mono pierde, con la misma celeridad con la que experimentó tal fascinación, cualquier interés en la nueva hembra blanca. Estos sentimientos no son recíprocos. En un aparte, Hume le dice a su prima O Sullivan: «Yo le encuentro bastante guapo».

Cuando, en plena Segunda Guerra Mundial, la MGM decide pasar los trastos tarzanescos a la RKO, Maureen O Sullivan desaparece de la vida de Tarzán y, a la espera de que le busquen otra Jane, el hombre mono experimenta ligeros escarceos, algo bochornosos, con otras hembras blancas. En *El triunfo de Tarzán* (1943), Boy le hace de casamentero con Frances Gifford, una habitante de Palandria muy Gilda, de pelo largo y rizado, cadenita con piedra preciosa ciñéndole las sienes y vestido al estilo árabe. Gifford llega incluso a juguetear con Weissmuller en ese terreno de la ribera húmeda que hasta ahora parecía reservado a Jane, chapuzón en el río mediante. Desatado, el niño olvidadizo y traidor -¡pero hombre, que tienes mamá!- hasta le pregunta a Gifford si sabe guisar. Boy no podía intuir que la que fue la salvaje Kyoka -reina de los sueños húmedos de los niños americanos de la guerra- en *Jungle girl* (1941) no podía tener interés en el mundo del ama de casa.

En 1948, la pobre Gifford sufrió un horrible accidente de coche que casi le cuesta la vida y acabó con su carrera.

En *Tarzán el temerario* (1943), Weissmuller sigue esperando a Jane, ocupada en Europa como enfermera de guerra. Mientras, para matar el tiempo, el hombre mono va a enviarle a su chica una medicina selvática para salvar a los aliados heridos. Buscando la planta milagrosa, al otro lado de un desierto misterioso, Weissmuller se deja seducir -un poquito, un quiero pero no- por una payasa interpretada con ardor por Nancy Kelly, "mediocre artista de variedades" que, ¡en un oasis!, ejecuta el clásico número del serrucho. El ingenio la corta por la mitad, ante el susto de Tarzán que corre a "salvarla" de sus agresores. Kelly está tan suelta y es tan graciosilla aquí que, sin ningún respeto, le llama «músculos» al Tarzán de Weissmuller, aunque el pobre ya tiene más grasa que una ballena. La artista seduce a Chita y a Boy con sus trucos de magia, y a punto está de ligarse definitivamente a Tarzán, hasta que se pasa dos pueblos, embroncando y vacilando al hombre mono. Y éste se le queja amargamente, comparándola con la ausente y añorada Jane: «Jane lista, Jane conoce mucho a Tarzán y no se enfada». A tiempo, el Rey se nos ha puesto mimoso y algo calzonazos.

Ya con una nueva Jane vigilándolo -e intentando que se centre más en lo suyo- parece que Weismuller le ha tomado gusto a esto del ligoteo y se deja seducir otro poco -francamente poco- por Shirley O Hara, vestidita de leopardo como una corista. O Hara tenía 23 años y era una morena de Minnessotta muy guapa. Este fue su primer papel acreditado, ya que antes había intervenido como figurante en una docena de películas. Su carrera no prosperó más allá del anonimato en ignotos papeles de televisión.

Arco al hombro, O Hara que se había escapado a ver mundo, es una chica guerrera de tobillo torcido, que se le cruza en el camino al hombre mono en *Tarzán y las amazonas* (1945). Él la toma en brazos y la carga, selva adelante, unos cientos de kilómetros de nada, para devolverla a la ciudad secreta, donde la vieja y algo amargada reina María Ouspenskaya se olvida del método Stanislavski y castiga severamente la aventura de su pupila con Tarzán. «Esa vieja parece un escorpión», asegura el arqueólogo Steve Geray. Y la Ouspenskaya, como excusándose, tiene estas líneas casi biográficas: «Me he hecho vieja al servicio del Dios Sol». O quizá del dios Konstantin Stanislavski.

A estas alturas, estaba claro que el productor Sol Lesser confiaba poco en el sex-appeal de la anodina Jane de Brenda Joyce, así que continuó buscando chicas de bandera para alegrar a Weissmuller. Y encontró a Acquanetta, que, con su biquini y su diadema de leopardo, seguramente fue la más llamativa de las oponentes de Johnny en su azarosa temporada como Tarzán de serie B vivida en los platós de la RKO. Es inolvidable la viva caracterización de la actriz en *Tarzán y la mujer leopardo* (1945), enarbolando un peligroso y fascinante bastón terminado en garras, un adminículo que a los niños nos parecía de lo más erótico y mortífero. A la morena le sentaban muy bien las pieles salvajes como ya había demostrado en *Jungle woman* (1943) y en otras encarnaciones de chica de la jungla. Y aquí llegó a la cima de su estilo.

Apodada "el volcán venezolano" -aunque realmente nació en Wyoming, de padres indios arapahoes- y de nombre completo Burnu Acquanetta, la actriz de ignotas peliculitas de aventuras tenía uno de esos físicos firmes y llamativos que propició la admiración del director Kurt Neumann que, fascinado, no puede reprimir un arrebatador travelling de aproximación al cuerpo de la mujer pantera, un movimiento ciertamente apasionado que acaba en su rostro. En un momento delirante de esta película *kitsch* y rematadamente mala -todo hay que decirlo- Acquanetta suelta a docenas de leopardos que tenía encerrados como si fueran galgos, para que persigan a la expedición de blancos que guían Jane y Tarzán. La secuencia es sublime, como si la felina soltara todos sus salvajes instintos, enviados a pacer por la jungla.

Patricia Morison -con una sola erre- talentosa cantante, y más tarde exitosa estrella de Broadway de la mano de Cole Porter con *Kiss me Kate* (1948), ofrece un pequeño y extraño giro al abanico de chicas weissmullerianas administradas por el productor Sol Lesser. Su papel de egoísta depredadora de bichos en *Tarzán y la cazadora* (1947) es, no obstante, el causante de uno de esos chascarrillos facilones que los guionistas de Lesser pusieron en boca de Weissmuller: «¡Selva ser pacífica antes de venir mujer!».

Ojos claros, morena de pelo ala de cuervo, muy guapa pero fría, Morison se pinta los labios en plena selva. Y ese, sin duda, es un momento único en una película más que olvidable. No satisfecha, a continuación, la cazadora le ofrece cosméticos a Jane, intentando conquistar así los favores del hombre de la jungla. Pero el hombre mono le sale rana a la astuta villana y replica, de nuevo con acritud: «Jane no luchar contra Tarzán. No necesitar pinturas de guerra». La cazadora, además, se irá en su avión con el rabo entre las piernas, teniendo que soportar las burlas de Chita, que se pinta los morros mientras se tira en paracaídas, después de liberar a sus congéneres raptados.

Linda Christian fue algo así como el canto de cisne mexicano de Johnny en *Tarzán y las sirenas* (1948), la última de las películas en las que Weissmuller dio vida a su personaje totémico. En este filme, Tarzán va a pescar al mar con red y saca a Linda Christian, racial, bronceada, con su pelo largo y ondulado y su biquini de dos piezas, bastante atrevido para la época. Los primeros planos del rostro de la actriz, fotografiados en exteriores mexicanos y en los estudios Churubusco por el legendario Gabriel Figueroa, son lo más de lo más en luz, brillo y glamour. No en vano, Christian, esposa de Tyrone Power -con el que más tarde trajo al mundo a Romina y a Taryn- era por entonces una de las más fotogénicas actrices de Hollywood.

De origen mexicano, Christian interpreta a una nativa de Aquatania a la que quieren sacrificar -o casar, una de dos- con el dios Baloo, espabilado tipo disfrazado con una máscara de gesto airado, un malvado interesado en las perlas que pescan los nativos y que regenta con alegría un timo para salvajes. O sea, un lío argumental que la dirección artística solventaba con golpes de efecto muy bellos -pirámides aztecas junto al mar, saltadores acuáticos de Acapulco- ,y que te hacían olvidar las inexactitudes brutales. El como Tarzán fue a dar a una isla así nadie nos lo explica, pero el caso es que allí llegó y Christian fue la última belleza en compartir plano con Johnny Weissmuller. El actor tenía cuarenta y cuatro años y la chica veinte menos.

La abundante, parisina y divertida Denise Darcel, inolvidable en *Veracruz* (1954) y enfermera imposible de *Tarzán y la esclava* (1950), es una de esas escasas chicas calientes que debería pasar a la selecta galería tarzanesca. Atómica, con su rampante busto generoso buscando sitios para expanderse, el vestido floreado muy ceñido y un salacot conteniendo su melena rubia, Darcel se mira en el espejo de una bandeja de la enfermería de Randini y le gusta lo que ve. Y la verdad es que ella es lo mejor de una película sin garra. Darcel se divierte de lo lindo, metiéndose con Tarzán, ligando con él y peleándose con Jane, a la que pone muy celosa: «Cuando Lola llama, Tarzán corre», le protesta Vanessa Brown a un algo cínico Lex Barker. Cuando el malvado Tony Caruso la secuestra, para venderla como esclava a un sátrapa rey de pega, Darcel se rebela cual fiera de la selva, obteniendo por ello 20 latigazos muy sexys; un duro castigo que a los jovencitos de la época nos gustaba tanto como aquella flecha india clavada cerca del pecho de Joanne Dru en *Río Rojo* (1948).

Monique Van Vooren, jugosa *vamp* rubia de origen belga, comenzaba su carrera frente a Lex Barker en *Tarzán y la mujer diablo* (1953), encarnando a la malvada cazadora del título, que era diablesa, si, pero no tanto. Fumando en larga boquilla, con sus ceñidos aditamentos de exploradora algo *dominatrix*, Monique no llega a ligar con Tarzán, porque estaba más ocupada en manejar a un inmanejable Raymond Burr. Ahora bien, su aspecto inquietante de codiciosa cazadora de oro blanco -el marfil- provoca en Jane extrañas pesadillas que a nuestras enfermas mentes hasta nos parecen levemente lésbicas. Cuando Monique irrumpe en la selva, toda pintarrajeada de *rouge* y llena de afeites hasta la nuca, Jane se pone muy nerviosa y miente, contándole a la perpleja Chita: «llevo años sin ver a una mujer blanca».

Monique acabó haciendo cosas raras en películas más raras aún, con la cima de su baronesa de *Carne para Frankenstein* (1973), junto a Joe Dallesandro.

Vera Miles, miss Kansas en 1948 con solo dieciocho años y, más tarde, rebelde objeto de deseo de Alfred Hitchcock en *Falso culpable* (1956) y en *Psicosis* (1960), se casó con Gordon Scott en 1954. Este matrimonio la llevó a la jungla de su esposo en *Tarzán en la selva escondida* (1955). Las secuencias compartidas por la pareja no es que fueran muy calientes, pero sí que tenían ecos de un erotismo de baja tensión, como si estuviera atenuado por *madame* la censura. En la secuencia más notable, Miles, que interpretaba a una voluntariosa enfermera de un improbable hospital, está a punto de ser devorada, por una pitón y también por arenas movedizas, así que, después de tanto ajetreo y de ser rescatada por su hombre, la pobre necesita un baño que Tarzán le proporciona tirándola al río desde la altura de sus brazos protectores. Mientras se baña y lava la ropa, la secuencia discurre con extraña lentitud a la que el director Harold Schuster le dedica unos minutos que, seguramente, no eran necesarios.

Un avión, ingenio maligno que -exceptuando a Boy o alguna carta de Jane- sólo suele transportar problemas para Tarzán, deja caer en la jungla a un ramillete de impresentables civilizados en *Tarzán y el safari perdido* (1957). Así que, además de con los conflictivos George Colouris, Peter Arne o Wilfred Hyde White, Gordon Scott debe lidiar con dos liantes de primera categoría interpretadas por Betta St. John y Yolande Donlan. La primera, que volverá a repetir con Scott en *Tarzán el justiciero* (1960), utiliza todo el encanto de su pelo corto revoltoso a lo Carolyn Jones para intentar ligar con Tarzán, con escaso éxito. Cuando St. John le habla incluso de matrimonio, éste le pregunta algo así como «¿qué es eso?». Gran chascarrillo y gol a favor que sube al marcador del hombre mono.

Donlan y St. John, a las que el apañado Tarzán ha hecho unos mocasines muy chulos con la piel de sus abrigos de visón, cotillean, mientras miran a Tarzán bañarse en el río, luciendo pectorales o pescando peces con las manos. «Estoy segura de que todo lo hace muy bien», insinúa con equívoca sonrisa la más veterana Donlan. Claro que, a las dos, el espabilado y soltero recalcitrante Tarzán de Scott les dice adiós en el último plano, sosteniendo a Chita en sus brazos, como cutre consuelo.

En *Tarzán el justiciero* (1960), Betta St John regresa a la jungla de Scott con otra personalidad, pero igual de conflictiva que la de *Tarzán y el safari perdido* (1957). De nuevo, lo hace formando parte de un safari de metepatas civilizados con los que debe cargar el hombre mono mientras se ocupa de llevar ante la ley al asesino Jock Mahoney.

St. John, que al principio de *Tarzán el justiciero* (1960) se muestra interesada en el héroe, le acaba tirando los tejos al peligroso Mahoney, todo un falso movimiento que le costará la vida. La actriz interpreta aquí uno de esos inolvidables papeles femeninos realistas, antipáticos y poderosos que le gustaban a Sy Weintraub, que sin duda es uno de los más inolvidables de toda la filmografía tarzanesca. Traidora, incluso con su padre, St. John eclipsa con la energía negativa de su rol, a la otra mujer del reparto, la rubia Alexandra Stewart, relegándola a la categoría de florero.

Después de Maureen O Sullivan, única y auténtica reina de todas las mujeres que pasaron por los filmes de Tarzán, las que merecen figurar en una destacada segunda posición de las antologías, por ser inquietantes, decididas y atrevidamente calientes, son Sara Shane y Scilla Gabel, esa pareja de chicas malas que animan *La gran aventura de Tarzán* (1959), notable film con Gordon Scott donde Shane interpreta a una independiente piloto que estrella su avión en la jungla, mientras que la debutante Gabel, una italiana de veinte años, revoluciona el barco de los malos, en donde es deseada por todos los machos sudorosos amontonados en los estrechos márgenes del pequeño navío. Allí están, en celo mal disimulado, Sean Connery, Niall MacGuinnis y Al Mulock que miran libidinosos a la chica de su jefe Anthony Quayle.

Sara Shane, rubia de ojos claros que bebe Coca-Cola con pajita en plena selva, se divierte metiéndose con la misoginia del Tarzán de Scott, utilizando ironías del tipo: «Vaya vaya, un hombre que vive en la selva con los monos... te

El papá de Tarzán, Edgar Rice Burroughs, departe con Mr. Lincoln, su primer hijo del celuloide.

El tiempo ha hecho de esta poética película la primera obra maestra del mundo tarzánido.

Umgawa Timba! Nunca tan poco significó tanto.

¡Ah, la liana! Una experiencia religiosa para quien la prueba.

La liana es filosofía familiar de la vida salvaje.

Maureen cabalga con todo su poderío. ¡ Quien fuera Timba !

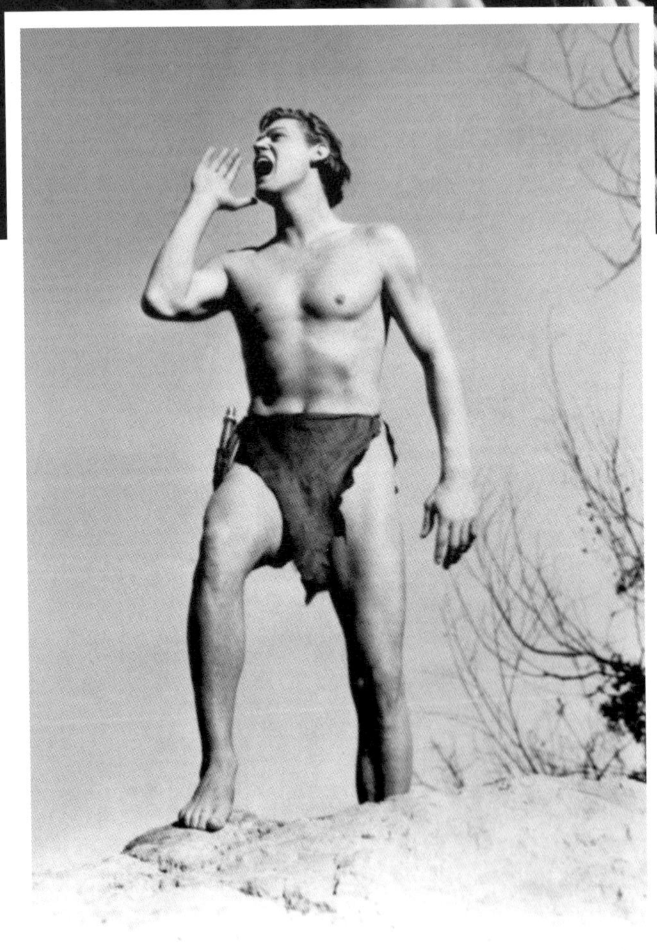

Sin este grito, la banda sonora de nuestras vidas no sería lo mismo.

Tarzán Weissmuller, cual Golum, protege a sus tesooooros.

La familia al compl-
incluida la criadita peluc
de paseo por la jun

Tarzán en Nueva York...la
ciudad no es para mí.

Johnny, ya viejo, intenta meter barriga y mantener erguido su cuchillo.

Jane ya no era Jane y Boy ya no era boy -o sea que ya no era niño-.

i hay que elegir, prefiero al otro», dejó escrito
contemporáneo de Buster Crabbe.

Buster Crabbe haciendo el Tarzán.

Lex Barker y Virginia Huston, unos Tarzán y Jane guapos, pero muuuy fríos.

Lex Sex Baker, era- además de sexy- un Tarzán terriblemente soso.

Lex comparte cuchillo con Chita…cosas de camaradas.

El arco y las flechas, atributo especial de Lexy.

Cual Guillermo Tell, Tarzán Barker enseña a su criaturita adoptada-Tommy Carlton- a hacer blanco en la selva negra.

La fuerza de Tarzán, uno de sus atributos hercúleos.

sorprenderá saber lo útil que soy como compañera de excursión». Una auténtica rompedora que alcanza la cumbre de la heroína traviesa cuando Tarzán la salva de las fauces de un lujurioso cocodrilo. Entonces Shane le espeta sin pestañear: «¿Y qué vas a hacer para el segundo acto?». La rubia que le paraba los pies a Clark Gable en *Un rey y cuatro reinas*, por fin, acaba haciendo el amor con Scott -pero no lo vemos, claro- y se despide triunfal: «Supongo que dos para ti son demasiados».

Del físico y magnetismo de Scilla Gabel, que debutaba como actriz en *La gran aventura de Tarzán*, queda todo dicho si desvelamos que comenzó como *stand up* -o doble de luces- de Sofía Loren. En la tórrida jungla, debido a la frialdad de su macho, la mujer del malo Quayle va siempre caliente. Todas las secuencias en las que está en plano esta italiana de Rímini son sorprendentes por su erotismo latente y más asombrosas lo son aún en un filme de Tarzán, lejanos ya los tiempos de las películas de la pareja Weissmuller-O Sullivan.

Una de las chicas tarzanescas más visiblemente desaprovechadas de toda la saga es Alizia Gur, la inolvidable zíngara que se enfrentaba a Martine Bestwick, ante los ojos lascivos de Sean Connery en *Desde Rusia con amor* (1963). Gur, que fue Miss Israel en 1960, es una fotógrafa del National Geographic que en *Tarzán y el niño de la jungla* (1968) le da réplica a un Mike Henry cachas pero asexuado, al que no le interesan para nada las mujeres. Y ya, al comienzo del filme, se lo advierte a la pobre Alicia este conejo gilipollas que es el Tarzán de Henry: «La jungla no es lugar para las mujeres». Y, aunque Gur afirma que puede cuidar de si misma, lo cierto es que acaba atada a un poste de aldea salvaje, con las cuerdas ciñendo su prominente busto, bien embutido en una llamativa camisa roja. Entonces llega Henry al rescate, con mucho grito y nula tensión sexual, desaprovechando, de nuevo, una buena oportunidad para intimar con la fotógrafa. Y en la película hasta Chita se muestra más comunicativa con la desaprovechada Gur, besándole la mano en cuanto tiene ocasión.

No menos menospreciada, y también a manos del soseras Mike Henry, fue Nancy Kovack, mito erótico de los años sesenta, que ya no pasó desapercibida para los *connoisseurs* después de que apareciera en *Jasón y los argonautas* (1963) y, sobre todo, en *Los silenciadores* (1966), una aventura muy caliente del agente secreto Matt Helm.

Kovack, apretada en su camisa blanca de exploradora, compartía secuencias con Mike Henry que podrían haber sido tórridas -¡ese collar de piedras verdes en su níveo cuello!- pero que algún dios loco se empeñaba en enfriar continuamente. Curiosamente, Kovack fue una elección de última hora, porque Mike

Henry iba a tener como compañera a Sharon Tate. Incluso hay por ahí fotos de la presentación del rodaje con los dos juntos, pero Sharon decidió cambiarse al set de *El baile de los vampiros* (1967) y el resto ya es historia... inolvidable.

Y, ya puestos a hablar de cosas memorables y de olvidos imperdonables, no podemos olvidar a las actrices que interpretaron a La, la reina sacerdotisa de Opar, enamorada ciegamente de Tarzán, que, enferma de celos y lujuria, llega incluso a intentar sacrificar a Jane. Este episodio de celos asesinos lo leemos en las novelas de Burroughs y lo vemos en filmes como *Las aventuras de Tarzán* (1922) -donde Lillian Worth interpreta a una adoradora del sol muy de *vaudeville*- y también en *Tarzán, the tiger* (1929), película en la que Mademoiselle Kithnou, con sus ojos brillantes y su biquini de pedrería a lo can-can, parece sacada de un music-hall de los años veinte.

Desde los años sesenta, con la progresiva deriva *demodee* de Tarzán, muchas otras señoras le dieron réplica al hombre mono. Europeas, americanas, indias y africanas. Por ejemplo, con dieciséis años, Simi, la bella estrella del cine hindú, le ofreció una plástica pero casta contestación a Jock Mahoney en *Tarzán va a la India* (1963). Y la estrella y cantante Diana Ross, que aparece en *The convert* (1968), un episodio de la serie de Ron Ely, es una involuntariamente caliente hermana Teresa. También tenemos a Lydie Denier -que ya fue Jane- de Colette lenguaraz a la que un traficante de esclavos quiere cortar la lengua en *El regreso de Tarzán* (1996). Y la sin par Victoria Vera, con la reglamentaria vestimenta de exploradora, anima a un Tarzán de baratillo y a su Boy crecidito en *Gorilas a todo ritmo* (1982).

En el lado contrario, frente a estas chicas todavía algo calientes, por supuesto que también hay viajeras anodinas en la selva, incapaces de establecer con el hombre mono la más mínima tensión sexual. Suelen ser doctoras, que ni miran a Tarzán y solo se dedican a lo suyo, que es inyectar "dardos de plata" en los brazos de los niños salvajes. Este es el caso de Diana Millay, una rubia insulsa de camisas blancas impecables y pañuelo en la cabeza- para no despeinar la permanente- que le sale respondona al poco entusiasta pero protector Mike Henry de *Tarzán en el Amazonas* (1967): «¡No vine a la selva para estar segura!».

Otras menos frías tampoco tuvieron empatía con el hombre mono, como la lunar y sudorosa Agata Fiore de *Tarzán y el arco iris* (1971), más ocupada en ducharse y en pasearse envuelta en una toalla por la jungla, calentando su relación triangular con Ángel del Pozo y Peter Lee Lawrence.

Algunas de las más raras compañeras de Tarzán lo fueron a la *maniera* de Jane. Pero la más, pero más-más, *friki* nos parece Nadiuska, la llamada Sofía

Loren alemana del cine del destape español. Ella interpretó a una Jane de andar por casa pero encantadoramente *naif*. Las miradas lascivas que le dedica el malvado Paul Naschy en *Tarzán en las minas del rey Salomón*, contrastan con las casi asexuadas y furtivas ojeadas del tímido Tarzán que compone David Carpenter. En dicha película, una especie de Manolo Escobar -interpretado por José Rial- recibe a Nadiuska en el improbable European Hotel como si la mismísima reina de Inglaterra llegara a la jungla. Y es que los modelitos de Nadiuska -hasta que Tarzán decide rasgarlos para que sean más cómodos- son de pura antología del disparate. Y resulta inenarrable ese chascarrillo juguetón dondeTarzán-Carpenter le ofrece carne cruda a Nadiuska y ella hace un fuego para cocinarla. La cara ofendida de la musa del destape también es un poema cuando el malvado Paul Naschy le dice mirándola fijamente: «África es como una mujer que nunca se entrega totalmente». Sin duda un gran momento *kitsch*.

21
ÁFRICA, ENTRE EL PARAÍSO Y LA MERIENDA DE NEGROS

La cita de Paul Naschy con la que cerrábamos el capítulo anterior, es, no por casposa menos cierta. Al menos lo es en el lisérgico mundo del hombre mono. Por mucho que a veces parezca la huerta de nuestro vecino, la casa verde de Tarzán es tan inabarcable como un El Dorado. Situada en algún lugar entre el antiguo Congo belga y el Camerún -aunque a veces se la ubique en el Cuerno de África, entre Kenia, Somalia y Etiopía y otras entre Tanzania y el Congo- siempre es tierra codiciada por colonizadores tronados.

Con frecuencia, los créditos de las películas de Tarzán -especialmente las de Johnny Weissmuller, aunque también otras como *La venganza de Tarzán* (1938)- transcurren sobre un tosco pero potente mapa de África que lleva el nombre del continente negro claramente escrito sobre la piel, para que el espectador menos enterado- si se prefiere utilizar un eufemismo- no tenga dudas. Otras cintas más recientes como *Tarzán, el hombre mono* (1981), se abren -aquí con la ayuda de una lupa- sobre un mapa del África Occidental.

A veces, como en *Tarzán y su compañera* (1934), tras los créditos, la *opening sequence* presenta otro mapa -por situar al espectador que no quede- del ficticio monte Mutia, con su pantano, su jungla y su lago Miora, todo "a un tiro de piedra" del reino de Tarzán. A pie, solo a catorce días de nada.

Casi siempre, con los créditos, suenan tambores sincopados. Esa inolvidable y contagiosa música a lo Max Steiner, de acelerado ritmo vivo, compuesta por Douglas Shearer y George Richelavie, es un festival de grandes latidos de gigante que parecen decirnos: *Tam tam*, peligro y aventura, *tam tam*, lo nunca visto por ojos occidentales.

Claro que todo lo que al joven espectador imaginativo le suena a música celestial, prometedora de muchas alegrías, a algunos que viven la realidad de la ficción les parece un rollo. «No me gustan los tambores de África», afirma inquieto George Meeker en *La venganza de Tarzán* (1938), jaleado por la estirada Hedda Hooper, que ha pillado unas fiebres en este apartado lugar tan alejado de la añorada Nueva York. Muy al contrario, en la misma película, el simpático padre de la heroína amada por Tarzán, disfruta del whisky barato servido en el barco. «Sábado noche en África», brinda, alegre, un etílico George Barbier.

En el ciclo de los tarzanes que Weissmuller filmó para RKO, la característica música de la Metro fue sustituida por la de Paul Sawtell, un sonsonete chorreante de violines y cuerdas varias. Y así, la percusión y el viento, una parte imprescindible del salvaje patrimonio sonoro de Tarzán, se perdieron para siempre.

«Aún no saben donde se están metiendo», rumia el capitán del barco de vapor que navega por el río Congo y que acaba de dejar en un minúsculo apeadero, abandonados a su suerte, a una pareja de blanquitos. Tal aseveración la escuchamos justo cuando comienza *La fuga de Tarzán* (1936), uno de los mejores filmes del ciclo Weissmuller. Y esa es la franca opinión que sobre África comparte todo cuanto colonizador pulula por las películas. «¿Porqué ha venido a este horrible lugar?», le pregunta a la Jane de Maureen O Sullivan el simpático Forrester Harvey, mientras la acomoda en la imposible cabaña de *Tarzán de los monos* (1932). «Simplemente horrible», asegura Herbert Mundin, otro cómico que anima *La fuga de Tarzán* (1936). «¡Heil Hitler!... este clima es asqueroso», saluda pata en alto, encharcado y agotado, el nazi Sig Ruman en *El triunfo de Tarzán* (1943).

«En África el asunto más serio siempre es el sol del mediodía», ironiza, pasota, en *La fuga de Tarzán* (1936), el malvado capitán Fry, interpretado por John Buckler, ante la mirada sorprendida y preocupada de una atónita Rita, la prima de Jane, encarnada por Benita Hume.

Ya lo vemos, la incomprensión es la bandera del occidental depredador, que la mayoría de las veces ve el continente como una gran reserva a su disposición. «Es lo que me gusta de África, no hay que ir lejos para cazar», afirma George Meeker en *La venganza de Tarzán* (1938), mientras se despacha veinte cocodrilos en una sola jornada. ¡Ya que estamos, hay que consumir!

Porque si África no está perennemente disponible para saciar sus apetitos, el blanco se inquieta y encuentra con desagrado que nada se mueve a su gusto.

«¡Siempre hay retrasos en la jungla!», aseguran, cual turistas agobiados en el Caribe, los malos de *Tarzán de las fieras* (1933).

Así pues, todo en África esta plagado de incomodidades y tiempos muertos, pero también de peligros, calor y... negros incivilizados.

«Hasta Tarzán, el rey de la selva en el África negra, es blanco», se quejaba Mohamed Ali -nacido Cassius Clay- en 1966. «No hay cristos ni ángeles negros en el mundo de los blancos», continuaba el boxeador más célebre de todos los tiempos, poniéndose en plan Antonio Machín, en una entrevista reivindicativa del *black power*.

Desde la primera película del mito, *Tarzán of the apes* (1918), la imagen del negro africano que se nos muestra es la de un pobre salvaje, cocinando en perolas gigantes en planos que procedían de descartes de otros filmes documentales, con nativas desnudas de cintura para arriba y niños que miran a cámara. A finales de los años diez, el desnudo no era muy frecuente, ni siquiera en los documentales etnográficos de curiosidades varias. Y el desnudo solo podía entenderse tratándose de salvajes incivilizados.

En *Las aventuras de Tarzán* (1922), Elmo Lincoln patea a docenas de waziris como a perros callejeros. O peor. Es una de esas secuencias que uno no olvida, por lo chocante y por la aguda furia racista que exuda, como la inmensa mayoría de las cosas del Hollywood de la época.

Al fin y al cabo, durante décadas, los negros en los filmes de Tarzán son poco más que animales, apenas comparsas que dan la nota "de color". Mujeres que se hacen trenzas -lo que le parece muy exótico a Benita Hume en *La fuga de Tarzán* (1936)- o lavan la ropa -¡al menos la lavan!- con sus bebés colgados del sobaco. En *Tarzán de los monos* (1932), la propia Jane-O Sullivan hace este comentario "comprensivo", delante de un croma de puro documental de costumbres: «Me gusta el vestuario de estas jovencitas aborígenes. La mujer es coqueta en todas las partes del mundo». Y Jane continúa, solidaria, al ver a dos nativas con gigantescos aros en las orejas, reveladas por la pantalla de proyección posterior: «¡lo que tienen que sufrir para estar atractivas!».

Y es que el pasado documentalista del director W. S. Van Dyke pesa, para bien y para mal, en su obra maestra *Tarzán de los monos* (1932), insistiendo, una y otra vez, en el apunte etnográfico. «Esos salvajes son los nganguas» explica papá y Jane se asusta ante los aditivos- y atributos- de los hombres de la tribu, exclamando: «¡Parecen diablos!». «Jane, mujer, ¡solo son los salvajes que protegen el monte Mutia, pintarrajeados con afeites blancos en la cara!», le diría cualquier niño de la época. Pero papá insiste. ¡Venga a intentar atemorizar a su intrépida hija! «¿Ves esas marcas en los escudos?... nos dicen los leones y hombres que han matado», continúa ilustrando C. Aubrey Smith en su particular misión pedagógica de *Tarzán de los monos* (1932).

Para la Norteamérica racista de los años treinta, los salvajes son sólo negritos que alucinan con las cosas de la civilización. Ignorantes que se dejan comprar por un reloj, como vemos en *La venganza de Tarzán* (1938), o que juegan colgados del barco de vapor Congo Belle en *La fuga de Tarzán* (1936). Pobres diablos que gritan y se asustan como Chita al ver aproximarse el tren que les proyecta en la oscuridad de la selva el improbable proyeccionista Barry Fitzgerald de *El tesoro de Tarzán* (1941). Claro que, según las crónicas, también fue esa la reacción de los civilizados y sofisticados espectadores parisinos al ver las películas de Lumiére en los últimos años del siglo XIX.

Pero el caso es asustarse y gritar. También lo hacen los negros que ya vienen *domesticados* de la civilización. Gritan y se asustan por cualquier cosa, como le vemos hacer -al descubrir los esqueletos de Lord Greystoke y esposa- a Esmeralda, la criada de Jane, que aúlla al silencio mudo de *Tarzán of the apes* (1918). ¿Cuántas veces hemos visto a un criado o a una criada negra, miedosos hasta la caricatura, saliendo despavoridos en un filme americano? A Esmeralda, ¡vestida con delantal y cofia en medio de la selva!, la van a manumitir en el plano siguiente. Lo hará un Lincoln, pero no Abraham sino Elmo, haciendo huir a los amos blanquitos.

En realidad a esta negra de pega no hacía falta que nadie la liberara pues se trata de uno de los muchos casos de actores blancos que, convenientemente tiznados, interpretaron a negros en la racista industria americana. Bajo el maquillaje de Esmeralda, está Bessie Toner, una actriz de teatro, relativamente activa en el cine mudo norteamericano.

Porque, durante años, en muchas películas de Tarzán, se mezclaron actores y extras blancos, pintados de negro, con algún actor afroamericano. Sucede, por ejemplo, en *Tarzán y el león de oro* (1927). Pero, a partir de la llegada de Weissmuller, cierto realismo se impone. Eso sí, siempre con la coartada de ver especímenes humanos tan exóticos como unicornios.

Como si se tratara de un documental del National Geographic, C. Aubrey Smith, el papá de Jane, le explica a su hija Maureen O Sullivan: «Mira ahí llegan los wakombas y los kaborandas, a veces llevan un centenar de plumas de avestruz en la cabeza». ¡Qué escena tan colorida para un filme en blanco y negro!

En ese sentido, los bailes de las tribus son relleno habitual de las películas tarzanescas, tan frecuentes como los interludios de cocodrilos entrando en el agua, los planos de monitos jugueteando o las tomas de las leonas cazando ñúes. Los bailes tribales, son un rollo "exótico" que aún podemos encontrar incluso en las películas más recientes, como sucede en *Tarzán y el safari perdido* (1957), el primer filme a colores de Tarzán, rodado en technicolor. Este de los coros y danzas africanos, es un recurso que deviene cansino, a veces con nativas en *top less*; un torpe recurso muy a lo prólogo de *Zulú* (1963), cual safari antropológico. A veces, incluso aderezado de malvados y cosmopolitas comentarios como el que nos regala Paul Cavanaugh en *Tarzán y su compañera* (1934): «Me recuerdan al Follies Bergere».

Muchos negros salvajes -la necesidad obliga- se reconvierten en porteadores "civilizados", como esos de las películas de Weissmuller, que se despeñan habitualmente desde la cumbre del monte Mutia. «Pobre diablo», apenas pierde el tiempo con dos palabras el bwana Neil Hamilton, viendo como se aplasta el negrito sin nombre. Con *perlas* realmente brutales, como la de ese jefe de la expedición, que se cachondea de los esmirriados congoleños -en calzoncillos y con salacot- que cargan fardos dos veces más grandes que ellos en la racista parodia italiana *Totó, Tarzán* (1950).

Pero, ante todo, y frente a los sumisos porteadores, en el mundo Tarzán, los negros más inolvidables son los de las tribus caníbales, dotados de nombres gloriosamente sonoros -los gabonis, los kolimba, los umboya, los kikuyus, los waziri-, variopinto grupo de aulladores pintarrajeados de blanco, cual esqueletos de cuento mexicano, que componen una danza macabra y corren en acelerados de escalofrío que al espectador de hoy le producen risa. Su maquillaje fúnebre fue retomado con franca ironía por el Barón Samedi en *Vive y deja morir* (1973), la primera aventura bondiana y caribeña de Roger Moore. En *Tarzán el hombre mono* (1981) o en *Tarzán y la ciudad perdida* (1998) ese maquillaje de calavera roza lo terrorífico, recuperando para dichas películas aquella simiente inquietante que tenían los salvajes en los filmes de Weissmuller.

Los negros de los primeros tarzanes son como los indios de los westerns y dan mucho pero que mucho miedo al explorador despistado. Un negro como un armario, tan grande como Elmo Lincoln, rapta a Jane en *Tarzán of the apes* (1918) y le grita cual fiera salvaje- con la sonoridad solemne de los planos del cine mudo- hasta que la blanquita se desmaya.

Los negros de las tribus *weissmullerianas* pueden ser también traidores que se dejan comprar por cualquier cosa. Por ejemplo, abalorios o un saco de sal en *La fuga de Tarzán* (1936). Y que, además, tienen una perniciosa costumbre:

desmembrar a sus víctimas, atándolos a las copas de dos árboles doblados y cruzados, que, al separarse violentamente a golpe de machete, se enderezan desgarrando los cuerpos de las víctimas, tal y como hacía el personaje mitológico Sinis, aquel ser cruel que Teseo mató con su propia medicina.

Los gabonis son quizá la tribu más atractiva de cuantas hayan pasado por un filme de Tarzán, llegando incluso a ser poéticos hasta lo macabro. Son unos caníbales muy misteriosos que tocan la flauta de manera melancólica, escondidos en la selva, mientras acechan a su futura comida. No obstante, según el villano John Buckler, los gabonis «son cobardes, mientras estemos vivos no harán nada», asegura a sus compañeros de expedición en *La fuga de Tarzán* (1936). De hecho, en la película citada, al hombre mono le basta enseñar su cuchillo, con hoja de 30 centímetros, para que las docenas de melancólicos gabonis vuelvan a esconderse en la selva, marcha atrás, a cámara lenta, en una secuencia de tintes surrealistas. Y muy bella.

Como vemos, el racismo en los filmes de Tarzán está, desde siempre, tan rampante, como, en general, lo está en todo el cine norteamericano de la primera mitad de siglo. Ya desde *Tarzán of the apes* (1918), la primera de las películas filmadas de Tarzán, sorprende la virulencia muda con la que se escribe la despectiva palabra *negroes* en los rótulos. No menos agresiva es esta definición de los intertítulos de *Tarzán y el león de oro* (1927): «Pueriles y supersticiosos, los tangani obedecen ciegamente a cualquier blanco listo que se declare hijo del sol».

Todo esto choca con la actitud de Burroughs, aparentemente más respetuosa y hasta admirativa de los negros de la tribu mbonga, definidos así en las novelas: «Los guerreros trabajaban en la sombra... relucía el sudor sobre la tersa piel de ébano, bajo la que se hinchaban y agitaban los músculos, con la flexibilidad y saludable perfección propias de la naturaleza no contaminada».

Los mbonga son en las novelas de Buroughs lo que los kikuyus en las películas de Weissmuller: una tribu "colaboradora". Tarzán cuenta con ellos como aliados -como vemos en la serie *Tarzán, aventuras épicas* (1996)- y especialmente estrecha es la amistad que une al rey de la jungla con Mugambi, guerrero, guardaespaldas de Tarzán y brujo bueno en *Tarzán y la ciudad perdida* (1998).

Y, cuando a la jungla se le subieron los colores, las tribus se hicieron más amistosas y proclives al buen rollo con los blancos. Los salvajes avisaban con sus tambores a Gordon Scott para informarlo de las actividades selváticas del malvado Anthony Quayle en *La gran aventura de Tarzán* (1959), quizá porque a ellos tampoco les gustaba demasiado que los villanos se pintaran de negros para hacer sus fechorías y echarles la culpa.

Como ya adelantamos, los negros son porteadores baratos -o gratuitos- de fardos inmensos y cajas del tamaño del féretro de Nosferatu. La pregunta es inevitable: ¿a dónde van los blanquitos con tanto equipaje? Con semejante peso encima, es lógico que los negros se despeñen a la mínima, con gritos de escalofrío, cayendo al vacío desde lo más alto del muro infranqueable de ese Atlas llamado Monte Mutia, fortificación natural de piedra que aísla el reino de Tarzán del resto de la selva. El Mutia se llamó a sí en honor a Mutia Omoolu, el jefe africano de la película *Trader Horn* (1930), de la que ya hemos hablado varias veces. El Mutia es una pintura de cristal, colocada delante del objetivo de la cámara, o un forillo pintado en el plató para los planos medios o primeros planos. Pero ¡qué impresionante nos parecía cuando éramos niños!

La caída de los fardos -y de los negros detrás- desde las cimas del Mutia, junto a los cánticos de los porteadores son un *must* tópico, casi asfixiante, de nuestra infancia. Con los villanos más preocupados por la carga que por los porteadores que se despeñan uno tras otro, película a película, aquello parecía una *gimkana* hecha con figurantes desechables.

También, encontramos que los negros pacíficos de las películas de Weissmuller son tontos curiosos atraídos por el "misterio" y la "magia" del hombre y la mujer blancos, siempre tan recién lavados y planchados. Los negros son moscas que espanta con su salacot -o directamente a palos- Herbert Mundin en *La fuga de Tarzán* (1936). «Es el único lenguaje que entienden estos paganos», insiste este ridículo blanquito. Lo mismo opina el bizco Jack Elam en *Tarzán en la selva escondida* (1955): «Solo hay una manera de hablar con estos nativos, a palos».

Está claro que los salvajes el inglés no lo dominan, aunque William Henry les pregunte, con pausado y perfecto acento *british*, donde está la residencia británica, en una desopilante secuencia de *La fuga de Tarzán* (1936).

Y es que los negros más o menos civilizados del Tarzán de Weissmuller hablan como él, como indios en un western: sujeto y verbo en infinitivo.

Durante décadas, Darby Jones fue el negro con más discurso en un filme del hombre mono, como podemos oír en *La fuga de Tarzán* (1936): «Hombres decir no ir bwana, hombres decir yuyu».

Jones, el gigante no muerto de la obra maestra de Jacques Tourneur, *Yo caminé con un zombie* (1942), fue de los pocos negros con nombre en los créditos de las películas de Tarzán, pasando desde un filme de Weissmuller hasta otro de

Lex Barker, con el que se enfrentó como avieso brujo de *Tarzán furia salvaje* (1952).

En *La fuga de Tarzán* (1936), el enigmático y larguirucho Jones, interpreta a Bomba y, aunque en sus labios -adornados con aro de oso- siempre hay un «Sí, *bwana*», su figura alta e imponente destaca de manera amenazadora en casi todas los planos en los que aparece. Bomba es negro, pero es amarillo, lugarteniente siempre obediente del malvado capitán Fry. Un firme capataz de ébano que, látigo en mano, azota sin piedad a los porteadores que no quieren seguir caminando por el largo, curvilíneo y peligroso camino que escala el Mutia.

Pero no todos los capataces de expedición son igual de serviles que Darby Jones. En *La venganza de Tarzán* (1938), John Lester Johnson se enfrenta al malvado bruto blanco Joe Sawyer: «Tú, jefe pequeño» le dice desafiante, y encuentra una bala a cambio de su insurrección.

Dorothy Dandridge, la primera actriz negra nominada a un Oscar por *Carmen Jones* (1951) fue una rara excepción en la filmografía de Tarzán, interpretando a la bondadosa reina Melmendi, un papel bastante importante en *Tarzán en peligro* (1951), junto a Lex Barker.

Y, hablando de artistas pioneros, Rex Ingram, actor de color que interpretó al Jim de *Huck Finn* (1939) y que ya aparecía -sin salir en créditos- en el Tarzán de Elmo Lincoln de 1918, encarna en *Tarzán en la selva escondida* (1955) al juicioso jefe de los sekula, partidario de la penicilina y de la medicina del hombre blanco, una magia blanca que elige en lugar de los rituales de su brujo de cabecera.

Nathan Curry, con un enorme aro que le perfora el labio inferior, es otro actor negro con frase básica incorporada -«si, *bwana*»- en *Tarzán y su compañera* (1934). E Ivory Williams, el capataz Riano de *Tarzán de los monos* (1932), también tuvo su réplica mientras ayudaba a quitarse las botas a C. Aubrey Smith. En cualquier caso, el papá de Jane no hace caso de los sabios consejos de Williams: «Monte Mutia muy difícil *bwana*, demasiado alto».

Ya dijimos que el Mutia es una barrera montañosa que nos separa de una tierra que ningún blanco ha visto. «Se alza desde las llanuras, para sostener las estrellas» dice un poético rótulo que remarca lo elevado de la cima en *El tesoro de Tarzán* (1941). Y, tras el monte donde se despeñan tantos negros sin nombre, todo es yuyu. «Una vez encontramos a un guerrero zulú asesinado por su tribu por intentar escalarlo», le dice Maureen O Sullivan a Paul Cavanagh en *Tarzán y su compañera* (1934), para disuadirlo de adentrarse en la selva escondida y así quitarle la idea fija de hacerse con el marfil. Por si no fuera suficiente con la advertencia, Jane continua su labor de zapa: «Los nativos lo consideran sagrado, es tabú, el yuyu de los masai, los wakabaranda y todas las tribus de las costas este y oeste», dice. ¡Toma ya, de costa a costa, ni más ni menos! Pero ni aún así, la voluntariosa Jane consigue convencer a los insensatos blanquitos para que no traspasen las elevadas cimas del Mutia.

Mágica y prohibida, esa parte de la jungla significó, para los niños de cuatro décadas, la frontera de la realidad con el delirio. De hecho, durante mucho tiempo, los infantes de mi generación pensamos que la selva de Tarzán era la misma que el coto en el que cazaba el otro gran rey de los sueños del celuloide, un gran simio llamado King Kong.

Y es que, como ya hemos dicho, no nos parece gratuito comparar a Kong con Tarzán. En las primeras películas de Weissmuller, rodadas al tiempo que se filmaba el King Kong de 1933, hay un punto febril y común de terror, misterio y sexo.

Pero volvamos al mundo de la negritud. En cine y en televisión, con el sueño de Martin Luther King a punto de cumplirse, los negros, civilizados o no, se hacen amigos de Tarzán, siguiendo el manual de la corrección política. Por ejemplo Rafer Johnson, malo enfrentado a Mike Henry en *Tarzán en el Amazonas* (1967), se convierte en bondadoso y virtuoso aliado en *Tarzán y el niño de la jungla* (1968). Malick Bowens es un útil y sabio compañero de Wolf Larson en la serie de 1991, Aaron Seville arropa las acciones justicieras de Joe Lara en la producción seriada *Tarzán the epic adventures* (1996). Y Winston Ntshona interpreta al brujo serpiente Mugambi que salva con su magia la vida del hombre mono en *Tarzán y la ciudad perdida* (1998). En esta última película, incluso el enemigo de Tarzán, el belicoso jefe kikuyu interpretado por Rapulana Seipheno, acaba tan amigo del hombre mono, rendido a la valentía de su oponente blanco. Por no hablar de la fidelidad, más allá de lo normal, que le dispensan Akushula Selayam y Maxime Philoe al repelente Richard Harris de *Tarzán, el hombre mono* (1981).

Muchas veces, siguiendo la más pura dialéctica tarzanesca, los peligros africanos son comparados con los más inquietantes y sofisticados de la jungla civilizada. En no pocos filmes, para Tarzán se hace realidad la máxima de que "el Paraíso también puede ser el Infierno". En *Greystoke* (1984), Christopher Lambert sufre como un niño sin madre en la Inglaterra victoriana, que resulta ser muy cruel con los congéneres primates de Lord Greystoke: «Estoy solo, vine aquí para encontrar a un hombre viejo que ha muerto. Esto ya no es mi hogar», se lamenta desconsoladamente.

Joe Lara, en el capítulo piloto de la serie *Tarzán, epic adventures* (1996), afirma que la alegre vida parisina de los locos años diez es igual de peligrosa que su selva, y, tras una especie de juerga nocturna algo loca, atacado de nostalgia, Tarzán acaba en un zoo, donde le confiesa a un pobre gorila enjaulado que la civilización no es su sitio. Desde el Johnny Weissmuller de *Tarzán en Nueva York* (1944) hasta el Casper Van Dien de *Tarzán y la ciudad perdida* (1999), todos los reyes de la jungla desplazados temporalmente en la civilización occidental anhelan regresar cuanto antes a casa.

Pues África, es, ante todo, el Paraíso de Tarzán. Paraíso es una palabra que deriva del persa pardes, que significa jardín. Así que la selva de Tarzán es un jardín, un jardín del Edén. Porque Edén viene de una raíz hebrea del placer. Después de los créditos, acompañados de tambores que suenan sobre el mapa de África, algunas de las películas de Tarzán-Weissmuller se abren sobre un plácido plano del río de la MGM, un río que quiere ser el Congo. «Tenemos un pequeño jardín del Edén, río arriba», dice Jane-O Sullivan en *La fuga de Tarzán* (1936).

El Paraíso provee de todo lo necesario a la familia de la jungla. «Tarzán va al mercado a buscar comida para toda esta gente», le comenta Jane a su prima Benita Hume, en el filme antes citado. Cual Baloo en *El libro de la selva* (1967), Tarzán, rey del sillón-ball, amigo de retozar en ríos y del *dolce far niente*, nunca abusa del trabajo, ni hace despensa para el futuro. En *La fuga de Tarzán* (1936) caza un ñu, corta y se lleva con él un buen pedazo de carne y deja que el resto de la presa lo disfruten los leones. Y es que Tarzán -el de Weissmuller- es, de alguna forma, un precursor del *hippismo*, del ecologismo y hasta del pasotismo.

El Paraíso de Tarzán es, para los niños de mi generación, lo más parecido al Paraíso Terrenal. ¡Cuántas veces quisimos estar allí!, en esa selva en blanco y negro, con el inconfundible aroma de los platós de los años treinta y cuarenta, hecha de plantas de plástico, *naif* e ingenua.

Johnny Weissmuller no estuvo nunca en África, como, por otra parte, tampoco pisó nunca el continente el papá Burroughs. Los exteriores de casi todas las películas de Johnny se rodaron en el lago Toluca, al Norte de Hollywood, en el Sherwood Forest, al Oeste -llamado así porque ahí se filmó el *Robin Hood* (1922) de Douglas Fairbanks- y en las selvas de Florida. Hay también algún que otro plano de ambientación obtenido en el jardín botánico de Entebbe, en Uganda, muy cerca del aeropuerto que se hizo célebre en 1976 por el famoso secuestro del avión francés por palestinos, pero que, sobre todo, quedó en la retina de todos por el posterior rescate a lo cowboy, llevado a cabo por las fuerzas israelís.

A nivel afectivo, resulta más difícil reconocer el Edén en otra selva, más sudorosa y realista, mostrada en colores desde *Tarzán y el safari perdido* (1957). Ahí, donde hasta el zote de Gordon Scott se pone en plan juglar y dice: «la selva es hermosa por la noche». La frase tiene su guasa, teniendo en cuenta que los sistemas de producción, y la limitada sensibilidad de las emulsiones de la época, obligaron a filmar todas las escenas nocturnas rodadas en África con la ayuda de los filtros de la *nuit américaine*. En fin, *day for night*.

A Scott, un Tarzán duro y antipático, sería imposible imaginarlo en la selva de Weissmuller. Al final de *La gran aventura de Tarzán* (1959), deja ir a Sara Shane y la ve marchar sin gran tristeza, para luego girar la cabeza y mirar a la jungla. Esa prosaica selva es su compensación de anacoreta. Una selva espesa y esmeralda hacia la que se aleja, solo, mientras el The End se forma en el cielo.

«La selva tiene un perfume inconfundible», dice feliz, de regreso a casa, el Tarzán Joe Lara en el episodio piloto de la serie *Tarzán, epic adventures* (1996), donde los más extraviados edenes se ocultan tras la cortina de una cascada.

Y, al escuchar esa frase, entonces nos acordamos de aquella brillante consideración que sobre la gran ciudad -en concreto sobre el club que visita buscando a Boy- verbaliza el gran Johnny Weissmuller en *Tarzán en Nueva York* (1942): «¡La civilización de los blancos oler como una ciénaga!»

22
EL GRITO

El grito de victoria de los monos machos temblaba en sus labios». Esta es una frase que, con pequeñas variantes, dejó escrita ERB en varias de sus novelas. Algo que -sin que el autor llegue siquiera a sospecharlo- iba a dar lugar a una de nuestras más sinceras alegrías infantiles. Toda una efusión liberadora que no tiene precio.

¡Aaaahh... Aaaahhaaahh!.. Repita el lector, como un mantra, las veces que quiera, a todo pulmón, este desahogo ¿No se encuentra más relajado? Pruebe de nuevo, por favor.

«¡Aaahhh... Eeeeee... Aaahhhh.... Eeeeee... Aaaahhh.... Eeee.... Aaahhh!». Así, gritado al modo americano, ¿le ha servido de algo esta vez?

Tras tantos años de salvajes aullidos infantiles, un día, ya veinteañeros, el grito volvió a sorprendernos. Sonaba a mucho volumen, gracias a la "Alta Fidelidad", aquella celebrada *Hi-Fi* de las salas cinematográficas de comienzos de los ochenta. «¿Qué es eso?», pregunta Jane-Bo Derek en *Tarzán el hombre mono* (1981). «Eso es Tarzán», contesta su papá Richard Harris. Sí señor, ¡buena definición! El grito es el más importante de los atributos inmateriales del hombre mono. El grito cierra y resume a Tarzán.

«Ha sido un grito humano», matiza, por las dudas, C. Aubrey Smith en *Tarzán de los monos* (1932). Lo hace al escuchar -ya a los veinte minutos de comenzar el filme- la que será para siempre la seña de identidad de Tarzán, inaugurada en su formato canónico por Johnny Weissmuller y por el alambicado laboratorio de sonido de la MGM.

¡Cuánta expresividad y vitalidad encerradas en un solo grito! ¡Y cuántas veces habrán intentado conseguir ese sonido nuestras jóvenes gargantas de antaño! Uno tiene la sensación de que esta es la onomatopeya liberadora por excelencia. La madre de todos los entusiasmos: ¡Aaaahh...AaaahhhAaaahhh!

Igual que -anteriormente- había convocado un concurso de orgasmos -a la *maniera* de Meg Ryan en *Cuando Harry encontró a Sally* (1989)- en el 2007, el showman Andreu Buenafuente organizó un campeonato de gritos de Tarzán en su legendario *late show*. Algunos de los alaridos del programa televisivo fueron en verdad "inolvidables" y dejaron bien clara la importancia simbólica que para la humanidad -y para este país hecho de gritos, susurros y represión- tuvo y tiene el grito tarzanesco.

El grito. Todo un patrimonio que, como ya adelantamos, estaba en las novelas escritas por papá Burroughs. ERB, desde las páginas del libro fundacional, hizo gritar a su hijo por primera vez en 1912. Y lo describió de esta manera tan expresiva: «Tarzán se puso en pie y se golpeó el pecho con los puños. Levantó la cabeza hacia el cielo y abrió la boca. De la profundidad de sus pulmones se elevó el feroz y extraño grito desafiante del mono macho victorioso». O de esta otra manera paralela, igualmente elocuente, escrita dos o tres años después: «El vencedor plantó su pie sobre el cadáver del vencido, giró la cara a los cielos y profirió un grito tan espantoso que hizo temblar el templo». Y, aún podemos completarlo más, pues, en la cuarta novela, ERB escribió: «Tarzán profirió unos gritos terribles, se golpeó el pecho y rugió». Como se ve, toda la ceremonia, luego reproducida -fabricada- en los estudios de sonido de la Metro, ya estaba perfectamente diseñada en las primeras obras de Burroughs. Solo faltaba materializarla.

Ese grito, familiar hoy, pero tan extraño para 1932, un sonido que el New York Times definió como «un ruido parecido al que obtendríamos al soplar un peine cubierto de papel», conoce varias versiones de como fue su alquimia.

¿Cómo está hecho el más famoso sonido cinematográfico de todos los tiempos? La primera y más extendida versión es que se lo curró el técnico de sonido de la Metro, sintetizando la onomatopeya imaginada por Burroughs a partir de la yuxtaposición de algunos sonidos electrónicos y de grabaciones variadas. También existe una leyenda, apoyada en el llamado canto semi tirolés de Johnny Weissmuller que- aunque el actor estuvo condenado a gritarlo en *playback* en las películas- pronto llegó a imitarlo a la perfección, para poder lucirse en las fiestas de Hollywood. Y también como tortura de los muchos vecinos y enfermeros que lo cuidaron en su vejez.

Y es que el grito de Tarzán resulta más ensordecedor que el que podemos oír si miramos fijamente el silencioso cuadro de Edward Munch. Y es más célebre que *Il grido* (1957) existencial, salido del alma de Michelangelo Antonioni. Suena más alto aún que los angustiosos gritos de dolor y abandono de Harriet Andersson en *Gritos y susurros* (1972), o más sincopado que el grito musical de Janet Leigh, doblada por los vientos de Bernard Herrmann en *Psicosis* (1960). Incluso quizá enmudecería a aquel conmovedor grito de entrega que Fay Wray no puede contener al ver a *King Kong* (1933). Porque el grito de Tarzán es el más conocido de toda la historia. Y no solo del cine.

Tal importancia tiene el célebre aullido tarzanesco que se ha convertido en deseada renta sonora para una viguesa espabilada, de dilatado historial picaresco, con ventas de ¡parcelas del sol en eBay a un euro el metro cuadrado! Ángeles Durán registró el célebre rugido, pasando a partitura el alarido de Johnny Weissmuller y chuleando así a la propia industria yanqui y a los herederos de Burroughs, que llevaban décadas tratando de patentar el grito como marca en la OAMI u Oficina para la Armonización del Mercado Interior. Pero sin conseguirlo. La respuesta de la oficina de marras era siempre la misma: No es posible registrar el grito porque su espectograma no explica con claridad el sonido y es imposible reconocer si representa a una voz humana o a otra cosa. Pero Durán, que es perito judicial, manteniendo un litigio surrealista con la SGAE -a la que reclamó cientos de miles de euros en derechos- lo atrapó en un pentagrama, llegando a interesar incluso a los herederos de Burroughs. A quien no convenció en absoluto fue al juez que la acusó de mala fe y le vino a decir algo así como «vale lo de la partitura, pero usted no es la autora». En cualquier caso, Durán recurrió la sentencia, porque ¡lo que debe cundir el grito tarzanesco en cuestión de politonos de móvil descargados!

"The jungle cry of Tarzan the tiger", decía un rótulo de los estertores del cine mudo. Y tras el breve silencio de dicho intertítulo, esta vez sí, al fin, el espectador pudo oírlo de verdad, no solo leerlo e imaginarlo. Fue Fran Merrill el primero que gritó en los albores del sonoro. Era un grito cutre, entrecortado e interrumpido, tipo «Ya, ya,ya,ya yaaa...» y también era ciertamente, muy poco varonil. Lo lanzó en *Tarzan, the tiger* (1929), la segunda de las dos películas tarzanescas que interpretó. Gritó mal pero gritó y lo hizo golpeándose al tiempo el pecho.

Esto, lo de pegarse en la caja torácica en plan tambor como el gorila, ya no es tan frecuente. Curiosamente pocos tarzanes lo han hecho desde entonces: Miles

O Keeffe, el *Tarzán* (1981) de Bo Derek figura entre los más recientes y Christopher Lambert con su *Greystoke* (1984) es, sin dudarlo, el que lo niqueló.

El alarido genuino de Tarzán -o sea, el de Weissmuller- fue el mismo grito durante muchas décadas. Currado en los laboratorios de sonido del incipiente cine sonoro, recordaba a un cruce de canto tirolés mezclado con la protesta de un gorila. Pero, como ya adelantamos -y según que versiones consultes- se utilizaron desde la grabación de las voces distorsionadas de dos nativos de una tribu africana -que tenían algo parecido como cántico identitario- o la mezcla de varios sonidos de animales ensamblados con el propio grito de Weissmuller. La respuesta de como fue la elaboración del grito, tantas veces reutilizado, solo la tendría el ingeniero de la MGM, Douglas Shearer, que, para acabar con tantas versiones que circulaban por Hollywood, contó su "secreto" en una entrevista: «Mezclé los ladridos de un perro, el aullido de una hiena, el balido de un camello, el acorde de un arco de violín, el do sobreagudo de una soprano y la voz del propio Johnny... lo demás es leyenda». A nosotros esta explicación nos parece como muy de McGiver, sobre todo teniendo en cuenta las posibilidades de registro y mezcla de sonido de hace ¡ochenta años!

Fuera como fuese que se elaboró el grito prefabricado de la Metro -cantado en *off* por Johnny- fue tan valioso que pasó como herencia a Mike Henry, Miles O Keeffe o Wolf Larson. Algunos de los tarzanes de la Metro, o producidos por Sol Lesser, también lo utilizaron. Lex Barker no, él gritó para la RKO con un alarido nuevo, más corto y no del todo impresentable.

El primer grito que le escuchamos a Gordon Scott es en *Tarzán en la selva escondida* (1955), cuando ya ha transcurrido una hora de película. Es un grito algo bajo, descafeinado, sin la energía que tenían los alaridos de los filmes de Weissmuller, aunque se parece sospechosamente. Porque el grito de Weissmuller fue deturpado también, sin ninguna clase ni vergüenza -y durante años- en las películas europeas más cutres, como *Tarzán contra el Mau-Mau* (1952), donde el hombre mono suena a trompeta con sordina. Y es que los gritos de algunos tarzanes de tercera, por ejemplo el de Steve Hawkes -que, evidentemente, no pagaba *copy* a los herederos de Burroughs-, son horribles toques de corneta, que, más que emocionar, hacen reír. También fueron ridículos los breves grititos propuestos por Glenn Morris y Buster Crabbe, competidores contemporáneos de Weissmuller. Pero, seguramente, no resultaron tan feos como el de Herman Brix, un alarido corto y entrecortado, a medias entre el canto tirolés de Weissmuller y el rugido salido de un *coitus interruptus* -más bien de una eyaculación precoz- tristemente lanzado en *Tarzán de las fieras* (1933).

Aunque resulta difícil pronunciarse, quizá el grito más paupérrimo que Tarzán haya dado nunca -con permiso de otros ruídos nasales proferidos por los bufos Chicho Siqueiro y Frankie Mann- es el de *Totó, Tarzán* (1950), un chillido que parece salido de la larguísima nariz -y no de la boca- del célebre actor napolitano.

El cómo animales, nativos, Jane y Boy podían distinguir lo que les *telefoneaba* Tarzán con su berrido es todo un misterio, porque sonaba siempre igual -3 o 4 segundos, modelados en distintos tiempos- aunque, visto lo visto, no nos queda más remedio que admitir que tenía muchísimos significados.

Pero bueno, también Boy y Jane acaban aprendiendo, suponemos que por pura necesidad, ante la inexistencia de teléfonos en la jungla.

La primera vez que escuchamos un grito de Tarzán que no es de Tarzán, se lo oímos a Maureen O Sullivan en *Tarzán y su compañera* (1934), que, de esta manera, le anuncia al hombre mono su próxima llegada en liana. Y la primera que Boy gorgojea el sonsonete es solo unos metros más allá de ser un bebé en los amorosos brazos de Jane. Porque Johnny Sheffield ya grita precozmente en la primera media hora de *Tarzán y su hijo* (1939).

Tarzán despierta con el amanecer, se despereza estirando sus músculos, tensa los biceps y lanza su célebre alarido. En los filmes de Weissmuller el grito de Tarzán es el despertador de la jungla, un toque de corneta casi cuartelero. No en vano, Chita amanece algo somnolienta cuando su jefe la despierta cual gallo de corral en *La fuga de Tarzán* (1936). Es como un "estoy aquí, no me he ido" o "si yo estoy despierto, aquí no duerme ni dios".

El grito avisa que su aullador llega, para deshacer entuertos o para poner en fuga a leopardos y leones. Cuando Tarzán brama, los animales, solícitos, le contestan, como podemos ver -y oír- en *Tarzán, epic adventures* (1996) o en *Tarzán, el hombre mono* (1981).

Si gana un combate, por ejemplo en *Tarzán de las fieras* (1933), *La fuga de Tarzán* (1936) o *La venganza de Tarzán* (1938), el hombre mono canta orgulloso con un do de pecho. Porque ya dijimos que se trata del *grito de la victoria*, tal y como lo describió Burroughs.

El alarido siembra también el miedo entre los nativos supersticiosos y asustadizos, cuyo canguelo tanto le gusta al Hollywood más racista. Lo vemos -y lo oímos- en *Tarzán, el hombre mono* (1981). Y es especialmente así en las películas de Weissmuller, ya desde *Tarzán de los monos* (1932), donde el grito sirve además para llamar a los elefantes y marchar, como en un fin de fiesta, sobre la aldea caníbal. Ahí están *Tarzán de los monos* (1932), *Tarzán y su compañera* (1934) y tantas otras para comprobarlo. El grito basta para que los paquidermos rescaten a Tarzán de una jaula donde los malvados hombres blancos lo encerraron, tal y como podemos comprobar en varios filmes del ciclo Weissmuller, entre ellos *La fuga de Tarzán* (1936), Y también le vale a Lex Barker como tarjeta de visita sonora para que los leopardos lo reconozcan, y se guarden las uñas para otra ocasión, en *Tarzán y la fuente mágica* (1948).

Otras exóticas veces, como es el caso de la producción española *Tarzán en las minas del rey Salomón* (1973), Tarzán grita cuando es feliz. Eso hace el pipiolo David Carpenter al besar por primera vez a una Jane que interpreta Nadiuska. El Tarzán cutre y achicado interpretado por Chicho Siqueiro en *Tarzán en el cementerio civil de los elefantes* (1990), parece revivir cada vez que hace el amor con su querida Jane-Emma Louise. Y, de coito en coito, venga a gritar. ¡Así cualquiera!

Mientras Weissmuller sale a unos cinco o seis gritos por función en sus primeras películas y dos o tres en las últimas, en cambio Gordon Scott y Lex Barker, por ejemplo, los racionan más, bajando la media a uno, o a dos como mucho, por filme. Y en *La gran aventura de Tarzán* (1959), sólo escucharemos el berrido una vez, cuando el lacónico Scott ataca a Anthony Quayle al final de la película.

Por otro lado, gritan, y mucho- quizá bastante más de lo que deberían- Joe Lara, Miles O Keefe y hasta el turco Tamer Balci que lo hace hasta seis veces, con la voz de Weissmuller prestada, en *Tarzán contra el Mau-Mau* (1952).

El grito de Tarzán existe incluso en las películas donde no podemos oírlo. En *Tarzán of the apes* (1918), primer filme mudo que adaptó al personaje de Burroughs, vemos como, tanto el Tarzán niño -Gordon Griffith- como el Tarzán adulto -Elmo Lincoln- gritan una y otra vez para celebrar cada victoria, bien sea sobre el león de trapo gigante o después de quemar la aldea de los salvajes que raptaron a Jane.

Pero, es en verdad especial el alarido de triunfo con el que Lincoln celebra la muerte del salvaje que asesinó a su madre adoptiva Kala. Estos tarzanes mudos aún no se ponen las manos en la boca para aumentar el efecto de su grito, pero si que se golpean el pecho, imitando a los monos que los criaron. Aún hoy, casi cien años después de su registro, sigue siendo impresionante ese plano a contraluz de Elmo Lincoln, pegándose en la caja torácica y gritándole a la tempestad en *Tarzán of the apes* (1918).

Y, como dato curioso, podemos decir que Jock Mahoney no grita ni una sola vez en *Tarzán va a la India* (1963), ni siquiera para llamar a los elefantes. Quizá porque los paquidermos no son los suyos o porque el idioma animal varía de un continente a otro o, tal vez, porque, a lo mejor, en la India no se lleva. Esta no era la primera vez que un Tarzán sonoro se guardaba su alarido. En *Tarzán el justiciero* (1960), Gordon Scott, por empeño del productor Sy Weintraub -al que el grito le parecía "infantil y ridículo"- se quedó sin aullar.

23
QUE LA FUERZA DE TARZÁN TE ACOMPAÑE

Y durante toda la noche, el fuerte veló al débil y su gran amor y coraje la protegió», dice un intertítulo de *Tarzán of the apes* (1918), abundando en el papel protector de Tarzán, aplicado a Jane, pero extendido también a todos los seres vivos de la selva. ¿Cuántas veces escuchamos en las películas ese sortilegio evocador que glosa la fuerza de Tarzán y su poder de rey regulador de la ley de la jungla?

Aunque en *Tarzán en la selva escondida* (1955) un salvaje sekula afirma que «Hombre mono es fuerte como gorila» o en *Tarzán y el safari perdido* (1957) un negro de Opar eleva el nivel asegurando que «Tarzán es fuerte como elefante y rápido como leopardo», lo cierto es que el vigor de Tarzán varía mucho según cuál sea la película o el ciclo interpretado por los diferentes actores que encarnaron al personaje de Burroughs.

En algunos filmes el vigor del héroe bien podría compararse al de Hércules, Maciste o Ursus. De hecho -como hacía Mark Forest en *Maciste el invencible* (1961)- Casper Van Dien en *Tarzán y la ciudad perdida* (1998), mueve fácilmente rocas de cientos de kilos que le impiden la entrada al pasadizo por donde han huido los secuestradores de Jane. O incluso puede levantar las gigantescas puertas de piedra de la ciudad de Opar, cual Sansón en busca de su Dalila. Pero eso mismo ya lo hacía Frank Merrill en *Tarzán the tiger* (1929), donde el rey de la jungla movilizaba, con la facilidad de un levantador vasco, la piedra gigante que sellaba la puerta de Opar, la legendaria ciudad que fue la Atlántida. Desde su mismo debut como hombre mono en *Tarzán y la fuente mágica* (1948), Lex Barker lleva a cabo esas hazañas de pedrero sin aparente esfuerzo y, para despedirse de su papel con un fin de fiesta pletórico, en *Tarzán y la mujer diablo* (1953), como si tal cosa, Lex envía una roca de unos cientos de quilos contra la expedición de cazadores de elefantes.

En la serie televisiva interpretada por Joe Lara (1996), Tarzán es capaz de coger por el cuello a dos enemigos al tiempo y elevarlos en el aire, sin esfuerzo, gracias a la fuerza de sus brazos que los guionistas glosan de modo harto grosero. En *La fuga de Tarzán* (1936) -con la ayuda de una polea oculta fuera de cuadro, que los niños de entonces no veíamos, pero que hoy sonroja al adulto- Johnny Weissmuller levanta, muy por encima de sus hombros, a un enemigo para -guiado por la polea de marras- arrojarlo volando muy lejos. En *La venganza de Tarzán* (1938), Glenn Morris arrastra una docena de salvajes a lo largo de un puente y los empuja al río cual locomotora de western se llevaría por delante los tronquitos que pretendían descarrilarla.

En la primera película del mito, el armario Elmo Lincoln estrangula, con sus manos y sin esfuerzo alguno, al negro que dio muerte a su madre adoptiva, la simia Kala. En *La fuga de Tarzán* (1936), al descubrir con asombro y alborozo ese extraño rito civilizado del saludo, Tarzán-Weissmuller aprieta efusivamente la mano del primo de Jane, interpretado por William Henry, y casi se la parte. Ese es el poderío de las manazas de Tarzán. Con ellas, romper unas cadenas a veces es realmente sencillo para el hombre mono. El Tarzán Joe Lara se libera con facilidad de los hierros que le ponen sus captores en *El retorno de Tarzán* (1996). Como ya vimos, para algunos guionistas el vigor del rey de la jungla es tan incontestable que lo acerca al de un semidiós. Y, ya que cadenas y mitología casan bien, en *Tarzán va a la India* (1963) Jock Mahoney se libera de unos eslabones bien gordos golpeándolos -cual Vulcano en su forja- con una piedra. Y, en *Tarzán y sus compañeros* (1958), Gordon Scott, utilizando las tenazas de sus manos, también rompe las cadenas que atenazan a un pobre elefantito cautivo.

Tumbar árboles -cual Obélix libre de Ideafix- es fácil para Johnny Weissmuller, que los derriba en *Tarzán y las amazonas* (1945), para así poder utilizarlos como puente, salvando abismos insondables. Y es que Weissmuller es uno de los tarzanes más fuertes del celuloide, incluso estando fondón y en horas bajas. «Tu fuerza es enorme» le dice en *Tarzán y la mujer leopardo* (1945), un vencido contendiente gigantón y peludo -llamado, con mucho sentido, Tongo- interpretado por el legendario luchador profesional de origen sirio King Kong Kashey.

En *La fuga de Tarzán* (1936), Weissmuller sobrevive a una caída de docenas de metros, rodando dentro de una jaula. Y, en *Tarzán en Nueva York* (1942), perseguido por la policía, el héroe salta al agua del East River desde lo más alto del puente de Brooklyn, y, ojo, que eso son casi 70 metros. Pero no hay que asombrarse, ya que el Tarzán de Johnny también vuela desde los escarpados acantilados de la isla del dios terrible de *Tarzán y las sirenas* (1948). Ahi Tarzán también sobrevivió a la caída de 50 metros, pero sin embargo se mató su doble, Ángel García, especialista en las "clavadas" del Salto del Ángel, de los célebres acantilados de Acapulco.

En muchas ocasiones, tampoco los barrotes son freno para el rey de la jungla. Parecen hierros de mantequilla, que Glenn Morris revienta con la fuerza de sus manos, en *La venganza de Tarzán* (1938). Johnny Weissmuller también abre, a la brava, la cárcel de Chita en *La fuga de Tarzán* (1936). Y volverá a violentar jaulas, esta vez con la colaboración de los elefantes del circo, en *Tarzán en Nueva York* (1942).

Gordon Scott se sobrepone a una explosión de dinamita que el villano Sean Connery utiliza como artera arma en *La gran aventura de Tarzán* (1959). "¡Y todo sin penicilina!", pensábamos asombrados los niños de los años sesenta, ante tales hazañas.

En *Tarzán en las minas del rey Salomón* (1973), David Carpenter carga sobre sus hombros con un enorme baúl -repleto de fusiles, aunque él no lo sabe- y lo hace durante millas, sabana adelante. La secuencia es realmente delirante -pero hombre, Tarzán, llama a Timba, no hagas tú todo el trabajo- y así este hombre mono de puro tripi, involuntariamente, nos recuerda a Nosferatu, yendo y viniendo de un sitio para otro con su ataúd.

Otro Tarzán *español*, como el croata Steve Hawkes, es capaz de arrastrar a varios enemigos con cada brazo, tirando de las sogas con las que pretenden capturarlo, como vemos en *Tarzán en la gruta del oro* (1969). Y, continuando con las maromas, Jock Mahoney, el hombre mono cherokee, aguanta cual Jesucristo crucificado la tortura de dos búfalos que jalan cuerdas atadas a sus brazos. Es una hercúlea prueba de *Tarzán en peligro* (1963), un filme donde el héroe debe someterse a toda una gimkana de fortaleza física en la que Mahoney -sin dobles, como le corresponde a alguien que antes de cura fue monaguillo- hasta hace *puenting* mientras se pelea con el gigantón Woody Strode.

A veces, «Tarzán también tiene poderes», como diría un niño de los setenta, maravillado por el brillo paranormal de los superhéroes de la Marvel. «Siguió el rastro, con un sentido de percepción tan extraordinario y tan superior al del hombre vulgar que nosotros no podríamos concebirlo», escribe Burroughs y nos imaginamos a nuestro héroe oler el aire, olisquear el suelo, rozar los árboles. Y es que el rey de la jungla posee un sexto sentido que le lleva a saber que número va a salir en una ruleta parisina de *El retorno de Tarzán* (1996), o, incluso, a poder oler el veneno inoculado por una tarántula en el dulce cuerpo de Jane, como vemos en la serie *Tarzán* (1981) interpretada por Wolf Larson. Ese sentido olfativo de sabueso lo tiene también Johnny Weissmuller, que, película tras película, detecta la llegada de los blancos con la ayuda de su nariz y asimismo lo disfruta el Casper Van Dien de *Tarzán y la ciudad perdida* (1998), un filme donde Tarzán, además de oler a distancias de varias millas, puede comunicarse entre espacios oceánicos- desde Irlanda hasta el centro de África, nada menos- con la ayuda de la magia de su amigo, el brujo kikuyu Mugambi. También Ron Ely, el primer Tarzán de la televisión, es capaz de decirles cosas a los animales -a un caballo o a un león- solo con la simple fuerza de su mirada.

Eso sí, los viejos trucos del cine que permiten tales hazañas- como aquellos cables de los que ya hablamos- se hacen algo evidentes en demasiadas ocasiones. Y los niños de varias generaciones empezamos a sospechar cosas raras en las películas de Johnny Weissmuller, por ejemplo al comprender la falsedad de los acelerados que hacían tan rápido al simio blanco, para saltar, correr, nadar y también matar fieras poderosas a un ritmo de puro dibujo animado. La comprensión de los porqués, siempre es triste. Es, de alguna manera, la muerte del cine.

Sin embargo, al lado de tantas proezas hercúleas, en otros momentos- los menos- Tarzán está más cerca del hombre fuerte pero formal. Perdón, queremos decir normal. Y esas ocasiones- que a un adulto le pueden hacer gracia- son quizá demasiadas para los decepcionados niños de mi época. Así, Gordon Scott encuentra villanos blancos que le ponen las cosas difíciles en una pelea mano a mano. Es el caso del poderoso enemigo encarnado por Jock Mahoney -un actor que, no en vano, llegará a interpretar a Tarzán- en *Tarzán el justiciero* (1960). Y a Mike Henry -paradójicamente el más musculado de todos los tarzanes del cine- le cuesta dios y ayuda vencer al gigantón negro Rafer Johnson en la sin par pelea final de *Tarzán en el Amazonas* (1967).

24
EL RIFLE, EL CUCHILLO Y EL ARCO

Recordad como mata mi caña de fuego», dice el malvado Paul Naschy, hablando como un vulgar cowboy peleador de indios, en *Tarzán en las minas del rey Salomón* (1973). El cazador agita en el aire su arma y los negros ponen cara de asustarse mucho, mientras Naschy ríe para sus adentros como un malo Malasombra cualquiera.

En nuestras películas de aventuras africanas, el rifle es el diabólico símbolo de la civilización del hombre blanco. Y, ante ese significado, Tarzán -especialmente el de Weissmuller- tiene una afición que raya la patología y que le enfrentaría irremisiblemente con el difunto Charlton Heston y con todo su célebre club de las armas. Rifle que ve el hombre mono, rifle que rompe, golpeándolo contra un árbol, o directamente contra su rodilla. «Lo siento capitán Fry, pero Tarzán ha visto como matan las armas» le explica candorosamente la Jane-O Sullivan al villano John Buckler en *La fuga de Tarzán* (1936), justo después de que el rey de la jungla le haya arrebatado el arma al cazador, para hacer unas astillas con ella.

«Rifles no buenos», sermonea Weissmuller en *Tarzán en Nueva York* (1942), viendo que una cosa trae la otra, pues, cuando llegan un rifle y un hombre blanco a la jungla, siempre hay problemas. Así que la ecuación «Rifles... ¡gente blanca!», la sintetiza Johnny con mucha furia en *Tarzán y su hijo* (1939). El hombre mono pontifica sobre las maldades del arma de fuego antes de romper unas cuantas, asentando de esta manera su filosofía reduccionista. «Mi marido desconfía de las armas», insiste Jane en el último filme citado, como pidiéndole excusas por el estropicio a la expedición comandada por Ian Hunter y Henry Stephenson.

Esta singular manía del Tarzán weissmulleriano nos ofrece más de un episodio gracioso, como aquel de *Tarzán en Nueva York* (1942), filme en el que Jane debe detener la pulsión incontrolable de Tarzán cuando éste va a romper el rifle del soldado que guarda la embajada inglesa a donde llega la familia para solicitar ayuda en la búsqueda del raptado Boy. «Él puede llevarlo», le explica Jane, consiguiendo detener el ataque destructivo del Rey de la Selva.

Además de Weissmuller, a lo largo de las décadas, es rompiendo rifles como muchos otros tarzanes han rebajado las tensiones y los *estreses* propios de una jungla invadida por feroces y codiciosos blancos. Pues, al igual que pelearse con el cocodrilo o gritar como un energúmeno, hacer añicos las cañas de fuego es otro deber tarzanesco de obligado ejercicio.

Alegremente, película tras película, los más variados tarzanes, Steve Hawkes, David Carpenter, Casper Van Dien y hasta Chicho Siqueiro, rompen y rompen rifles a la salud de Charlton Heston. Y además, Frank Merrill, no contento con romperlos, los dobla con la fuerza de sus brazos en *Tarzan the tiger* (1929), justo después de que, por accidente, se le dispare la diabólica arma. En esa película, de transición entre el mudo y el sonoro, es la primera vez en la que Tarzán muestra su desprecio indio por las cañas de fuego.

Y no es tan extraña la manía tarzanesca, porque es que los hay que solo saben darle al gatillo, como hace, entre otros muchos insensatos, el gran George Meeker, disparando a todo lo que se mueve desde la borda del barco en *La venganza de Tarzán* (1938), con un rifle de mil estallos que le carga su graciosillo esbirro, interpretado por Corbet Morris.

Hay otra variante anti escopeta, más sosegada y menos ciega, que consiste en tirar las armas al río, a un pozo o al fondo de una sima. La moda la inaugura Weissmuller en *Tarzán y su hijo* (1939), solo porque los guionistas han ideado que luego Jane va a pedirle que las recupere, con el consiguiente enfado del hombre mono. Los rifles, de vuelta en las manos de Henry Wilcoxon, traerán muchos disgustos a la familia. Así que, con la ayuda de Boy, Weissmuller volverá a esconder las armas tras una cascada en otras películas, como *Tarzán y la cazadora* (1947).

Y también Lex Barker se apunta de manera muy natural, como si fuese su sello personal, a esta modalidad de esconder -y no romper- que implica menos violencia. Lo hace desde *Tarzán y la fuente mágica* (1948) hasta *Tarzán y la mujer diablo* (1953) pasando por *Tarzán en peligro* (1951), donde se deshace de las armas de seis en seis, tras utilizarlas como contundente porra contra los salvajes de Bulam. Esto de confiscar, en lugar de destrozar, arrojando los rifles al agua, le pega mucho a Barker, un tipo más fino y menos salvaje que Johnny Weissmuller. Lo es -civilizado- incluso en su moderado discurso: «los amigos de Tarzán no vienen con rifles», dice tranquilamente, de buen rollito, sin furia ciega, como quien anuncia que va a llover, en *Tarzán y la mujer diablo* (1953).

Y también Scott, que es un Tarzán perfectamente acostumbrado a las cosas de blancos -al white stuff o al white material- arroja armas de fuego a ríos y simas, como vemos en *Tarzán el justiciero* (1960).

En *Greystoke* (1984), encontramos una hermosa secuencia plena de sentido, donde los monos que invaden la casa de los padres de Tarzán encuentran una pistola. Kerchak juguetea con ella, como el simio de *2001* (1968) lo hacía con el hueso, y, claro, el arma se acaba disparando, dispersando con su estruendo a todos los primates. Es una más que inteligente escena en la que la condición de primates y de hombres -la semilla de la maldad de la civilización y la curiosidad de los monos, por otra parte tan humana- se mezclan con soltura.

El arma de fuego puede ser un elemento aún más odiado si deviene en ametralladora, como la que lleva hasta la jungla el malísimo Steve Waddington en *Tarzán y la ciudad perdida* (1998), con el resultado de muchas docenas de extras negros sudafricanos manchados de ketchup.

Hay un desagradable punto de inflexión dentro de la filmografía tarzanesca en el que el hombre mono utiliza un arma de fuego. Es en *Tarzán 66* (1966), donde Tarzán ¡dispara la abominable ametralladora! Por si fuera poco, además, Mike Henry lanza también ¡unas granadas! a un helicóptero. Desde ese momento, algo se nos rompió por dentro a los niños de mi generación. Era una imperdonable traición al espíritu tarzanesco. «A las armas ni tocarlas, las carga el diablo blanco», nos decíamos, muy puestos en la básica filosofía de Tarzán. Con ese infortunio se abrió la veda. En *Tarzán en el Amazonas* (1967), Mike Henry utiliza también dinamita contra sus enemigos, y eso... eso ya es pecado mortal de necesidad, aunque la haga explotar con las flechas incendiarias de su arco. Imitando al traidor Mike Henry, Ron Ely, el primer Tarzán televisivo, agarra un rifle y apunta a los malos con él -aunque no llegue a dispararlo- en *Mountains of the moon* (1967), el episodio número 42 de la serie.

Entre los tarzanes recientes, la cosa se hace aún más fecuente, Un *aggiornado* Joe Lara empuña un par de veces el revólver en la serie *Tarzán the epic adventures* (1996). Y, en *Tarzán y la ciudad perdida* (1998), Casper Van Dien también lo hace, aunque luego le pase el arma a Jane, para que se defienda de los muchos peligros que la acechan: «Ten el revólver a mano», le aconseja Dien a Jane March, con el pretexto de la defensa propia. Pero no hay de que asombrarse, porque también Boy llegó a disparar una pistola, con la excusa de salvar a su papá en *El triunfo de Tarzán* (1943).

En este capítulo de la relación de Tarzán con las armas, ya solo se nos ocurre otro momento más bochornoso -por cutre y poco noble- y es cuando Herman Brix, fusil en mano -el rifle utilizado para repartir mamporros, cual guardia civil-, se lía a garrotazo limpio con docenas de salvajes en *Las nuevas aventuras de Tarzán* (1935). Aquí, el rey de la jungla más parece un cruce del Ursus del Jabato, mezclado con algún rijoso personaje goyesco.

Y en ninguna otra frase se resume mejor la incompatibilidad del noble salvaje con el rifle, como en aquella que escuchamos en la animada *Tarzán* (1999). La oímos después de que el hombre mono arroje al agua la escopeta que le arrebató al villano. Ahí Tarzán, por un momento, piensa en utilizarla y llega incluso a encañonar a su enemigo. Pero luego la tira por la borda del barco. «No seré un hombre como tú», dice Tarzán para rechazar la condición humana que va ligada al uso del arma de fuego.

Por el contrario, frente al arma traicionera que mata a distancia sin el acto noble de la lucha cuerpo a cuerpo, está el acero caballeresco, o sea el cuchillo. Esa sí que es el arma propia de Tarzán. Y hay una escena perfecta, muy ilustrativa de la batalla rifle contra cuchillo, en *Tarzán en Nueva York* (1942), donde Weissmuller lanza su arma contra las manos de Charles Bickford, haciéndole soltar la escopeta. La limpieza del acero vence a la traidora caña de fuego.

«Llevando en la diestra el largo cuchillo de monte que fue de su padre y en el corazón la sed de sangre propia del carnívoro... », escribía un encendido Burroughs en una de sus novelas. Y es que el cuchillo, herencia paterna, como corbata freudiana, es para Tarzán casi una prolongación fálica. Si está enfundado y colgado de un perchero- como vemos en *Tarzan the tiger* (1929)- significa que el macho salvaje está en reposo y no necesita ir por ahí a cazar ni a apuñalar nada. Hasta que "la profecía del cuchillo", lo avisa. Dicha profecía consiste, básicamente, en que el acero, como poseído de vida propia, cae, clavándose en el suelo, como una Excalibur arturiana. Ante este aviso, Lord Greystoke debe quitarse su *smoking* -desnudar su salvajismo- y enfundarse en las pieles animales, enarbolando un puñal enhiesto.

Por encima de los chascarrillos de manual freudiano, en realidad, el cuchillo lo es todo en la jungla. «Dinero», dice el hombre mono en *La fuga de Tarzán* (1936), empuñando su arma, mientras señala en la mesa la comida que cazó con ella. Así solventa nuestro héroe una conversación -para él absurda- sobre la necesidad del dinero. Una polémica comenzada con torpeza por los primos de Jane, que divagaban sobre la necesidad del papel de curso legal para comprar comida y ropa.

En cualquier caso, resulta encantador el guiño *freudiano* de *Tarzán of the apes* (1918), con Elmo Lincoln ofreciéndole todo lo que tiene, es decir su cuchillo -literalmente, regalándole su falo- a Jane que, amable, comprensiva y poco castradora, se lo devuelve con cariño. Cuando, en la citada película, el tarzanito Gordon Griffith descubre el puñal en la cabaña que fue de sus padres, queda obnubilado. Es el arma que lo hará el rey de las bestias, según nos cuentan los intertítulos. Como veremos unos cuantos cientos de metros de película más allá, el cuchillo le servirá al joven para matar al despiadado azote de la tribu de los monos. Por cierto, el terrible gorila a batir aquí, hoy nos parece un disfraz de fiesta de carnaval, aunque le reconozcamos un toque encantador y *naif*. Pero, volvamos a lo que estamos, el caso es que, tras la muerte del animal de guardarropía, el cuchillo ensangrentado del niño Griffith brilla siniestramente, bañado con la sangre oscura, arrancada a una selva en blanco y negro.

Y es que, como en las novelas de Burroughs, el cuchillo es un legado que la civilización le deja al hombre mono en *Greystoke* (1984). En la cabaña abandonada, diez años después de ser adoptado por los monos, un Tarzán niño, curioseando las cosas de su padre biológico, encuentra el acero -¡aún afilado!- que, jugueteando, le corta la mano. Con el dolor y la sangre, el chico se da cuenta del poder de lo que acaba de encontrar. El arma que lo va a coronar como rey de los monos, que le permitirá matar al leopardo y vencer al violento macho dominante del grupo de simios.

Sin embargo, como curiosidad, debemos señalar que el cuchillo del *Tarzán* (1999) animado de Disney no se nos presenta como una herencia encontrada en la cabaña del padre del héroe, sino que es el propio Tarzán el que lo construye, imitando el modelo, más natural, del cuerno del rinoceronte.

Claro que- imitando una vez más- el cachorro humano recurrirá pronto a las armas de los salvajes de la jungla, adaptándose al arco y a las flechas, otras prolongaciones habituales de los tarzanes posteriores. Weissmuller, en sus últimas películas, James Pierce, Lex Barker, Mike Henry, Joe Lara y, muy especialmente, Gordon Scott, cargarán, casi perennemente, con su carcaj al hombro. Y Jock Mahoney, que viajó desde África hasta Asia del Sur sin maletas, construye un arco rudimentario de tamaño más que natural para enfrentarse a un elefante loco en *Tarzán va a la India* (1963). Wolf Larson utiliza el arco en varios capítulos de su serie de los primeros años noventa y hasta en una ocasión le da uso "constructivo" para rescatar a Chita de la mortal corriente del río. También Casper Van Dien, en *Tarzán y la ciudad perdida* (1998), demuestra su destreza con el arco, que, por lo visto en dicho filme, es incluso superior a la de Robin Hood.

Pero, volvamos al cuchillo, ese todo tarzanesco que tanto vale para cazar el ñu, defenderse de los recurrentes león y cocodrilo, o liberar a los hermanos animales, atrapados en las jaulas de los cazadores. Ya desde las primeras películas, el cuchillo le permite a nuestro héroe vencer incluso al único contendiente que le disputa a Tarzán el trono de la selva: el rey león. Lo hacen Elmo Lincoln en *Las aventuras de Tarzán* (1922), Buster Crabbe en *Tarzán de las fieras* (1933) o Herman Brix en *Las nuevas aventuras de Tarzán* (1935). También, arrojado por las expertas manos del extraño justiciero que es Lex Barker en *Tarzán y la fuente mágica* (1948), el cuchillo mata a la hermosa pantera negra que se va a merendar a un tierno cervatillo.

Como ya vimos, el valor inapreciable del cuchillo está expresado de forma diáfana en *La fuga de Tarzán* (1936), donde Weissmuller lo compara al dinero de la civilización, puesto que sirve para conseguir lo básico: ropa y comida.

Pero el cuchillo es también la insistente llamada de la jungla que ya comentamos: se cae desde el perchero donde descansa en *Tarzan the tiger* (1929), avisando a Frank Merrill -muy apoltronado en su sillón como John Clayton- de que ha llegado la hora de volver a la batalla. El cuchillo queda clavado en el suelo y Jane -puesta en plan oráculo- advierte a su marido que se acabó el descanso del guerrero: «Debes ir a Opar», le dice. Pues vaya.

Para dormir seguro, Weissmuller desenvaina el cuchillo y lo clava en la tierra- o en la madera del árbol- aferrándolo con fuerza en su mano. Esa seguridad le permite al hombre mono conciliar el sueño. Tal ritual lo ejecuta por primera vez en *Tarzán de los monos* (1932), a la puerta del cubículo del árbol donde ha puesto a dormir a la raptada Jane. Tarzán hinca el acero en el tronco del árbol y, mientras duerme, su brazo, asiendo el cuchillo, se nos antoja la viva imagen del cordón umbilical. O, también, de la mano en el falo. Esta costumbre tan medieval de hundir en el suelo el arma y dormir aferrado a ella, la recoge también Gordon Scott en *Tarzán el justiciero* (1960), porque no se fía de sus compañeros de viaje, ni -claro está- tampoco confía en su prisionero, el malvado y traicionero Jock Mahoney.

Y, cómo no, los tamaños y formas de los cuchillos, como todo en esta vida, varían mucho. Sin entrar en bromas fáciles, creemos que el de Johnny Weissmuller es el más canónico, en tamaño y forma. El canadiense Wolf Larson tiene el más largo. El del Tarzán turco Tamer Balci es casi una bayoneta, lo mismo que el medio sable de Mike Henry. El más ancho -y algo oxidado, en honor al realismo de nuestros tiempos- parece ser el que exhibe Joe Lara en la serie *Tarzán, the epic adventures*. Y ya el no va más, el más grande y gordo, es el de ese inconfeso Tarzán llamado *Cocodrilo Dundee*, El héroe australiano, orgulloso de su arma, se la enseña en Nueva York a un tipo que intenta atracarlo con una navaja automática: «¡Yo tengo uno más grande!», dice, entre risas.

Los más pequeños y modestos cuchillos son los de Buster Crabbe en *Tarzán de las fieras* (1933) y el de Gordon Scott en *Tarzán en la selva escondida* (1955), que es una prolongación de mango menos dorado -y con más madera- que la de Johnny Weissmuller. El de Denny Miller, irregular y con forma de puñal malayo, debe de ser lo único retorcido que posee ese Tarzán tan soseras. Y, para asombro de los estudiosos en simbolismo e iconografía, el del actor porno Rocco Siffreddi en *Tarzán X* (1994), es ¡sorprendentemente minúsculo! Y la Jane del filme porno de Joe D Amato, afeita al Tarzán de Siffreddi con este cuchillito para después peritar la otra arma -de tamaño sensiblemente mayor- del hombre de la jungla.

El rollo freudiano aún da para más interpretaciones de baratillo. Por ejemplo cuando Tarzán, cual pirata pata palo, se pone el cuchillo entre los dientes, justo antes de entrar a degüello. Lo hizo por primera vez Herman Brix en *Las nuevas aventuras de Tarzán* (1935) y pronto lo siguieron otros, incluso los ilustres: Weissmuller, Baker y Gordon Scott.

Por formas también hay cuchillos de todo tipo: además del retorcido de Denny Miller, el de Frank Merrill en *Tarzan the tiger* (1929) se asemeja a un acero medieval tipo Príncipe Valiente, con empuñadura terminada en disco redondo, cual sol todopoderoso. Y el de Herman Brix parece el más ergonómico, con un mango redondeado y sencillo, un sofisticado diseño que el Tarzán apadrinado por Burroughs se las arregla para no soltar, mientras lleva las dos manos a la boca y grita su famoso alarido.

Con todo esto podríamos hacer muchas más lecturas. Pero, generosamente, esa tarea se la dejamos a quien tenga un espíritu más científico.

¡Cuantas veces, siendo niños, quisimos poseer esa poderosa, larga y mortífera arma! Incluso, sin tener el más mínimo espíritu de *boy scout*, llegamos a comprar un modesto cuchillo de monte que aún conservamos perdido por alguna estantería o quizá escondido en el baúl del corazón.

25
BOY Y OTROS HIJOS DE LA JUNGLA

No lo olvidemos, Tarzán fue un bebé de la selva, criado por primates cuando su mamá y su papá Lord Greystoke mueren, perdidos en la jungla. Así que, antes que nada, es un huérfano, como el niño salvaje de Truffaut o como un Caspar Hauser herzogniano que, cuando tiene que volver a la civilización, debe aprender cosas que no les gustan y contra las que se rebela furiosamente.

Por lo tanto, y por lógica, Tarzán no podía tener un hijo que no fuese otra cosa que un niño caído del cielo. Una especie de Mowgli, que, no sabemos bien porque, siempre vemos con la cara de Sabú, el actor indio que acariciaba a la serpiente de plástico en la versión de *El libro de la selva* (1942) de Alexander Korda.

Sabú no se parecía mucho a la animación que Disney dibujó de Mowgli, ni a ningún otro de los actores que interpretaron al niño de la jungla inventado por Kipling, y además ya tenía diecisiete años cuando rodó el clásico del cine británico. Pero aún así, en nuestra memoria, su rostro estará perennemente ligado al hijo de Tarzán. Y es que Sabú es, para el que escribe, el actor que pudo haber sido el mejor tarzanito.

Hay que señalar que el Boy adoptado de las películas de Weissmuller no existe en las novelas de Burroughs, en donde Lord Greystoke y Jane Parker se casan y tienen un hijo natural: Jack Clayton, vizconde de Greystoke, conocido en el lenguaje de los monos como Korak, sonido que significa matador. Curiosamente, a este personaje del hijo biológico del hombre mono, en el celuloide sólo lo interpretaron dos actores y lo hicieron en una misma película: *The son of Tarzan* (1920). Gordon Griffith -que ya había encarnado al Tarzán niño de a primera película de 1918- da vida a un pequeño Korak con 10 años, mientras que Kamuela Searle, hace lo propio encarnando al joven hijo veinteañero del hombre mono.

Ya contamos que Searle murió trágicamente unos días después de sufrir un accidente durante el rodaje. Sucede en una escena en la que los árabes atan a Korak a una estaca, para quemarlo y asetearlo como a un San Sebastián. «¡You, son of an ape!», gritan los villanos en los rótulos del mudo. Y entonces llega el elefante Tantor, pone en fuga a los árabes y salva a Korak, llevándoselo en la trompa, aún atado a la estaca. En esa secuencia, rodada tal cual, a lo loco y sin dobles que valgan- ¡ah, la realidad del cine primitivo!- el elefante, al trote, golpeó al actor contra un árbol, primero, y contra el suelo, después. Y, aunque Korak se salvó, Searle murió, perdiendo la vida en esa extraña batalla que confronta la realidad con el cine. El actor hawaiano también habría sido seguramente un buen Tarzán, si la mala suerte no se hubiera cruzado en su camino.

Anteriormente dijimos que Boy, el niño escupido desde el cielo y que acompañará a Johnny y a Maureen en sus aventuras, es un invento cinematográfico diseñado por los libretistas de Hollywood para animar la cuarta película de Weissmuller. Por eso el título original de *Tarzán y su hijo* (1937) era ni más ni menos que *Tarzan finds a son*, o sea *Tarzán encuentra un hijo*. Efectivamente, no lo tuvo, se lo encontró. Más claro, agua de la paradisíaca jungla de Tarzán.

En España -y en otros lugares del mundo- se ironizó mucho con el tema. Las preguntas se disparaban. ¿Para tener un niño tienen que encontrarlo? Y, si Tarzán no copulaba con Jane, ¿qué hacían el tiempo que pasaban en su nido de amor?, subidos en la copa del árbol, o retozando al lado del río. ¿Quizá tanto vigor salvaje escondía el secreto de que la pareja no podía tener hijos? ¿Puede ser que, censura mediante, algún hombre de negro decidió que no debían tenerlos fuera del matrimonio?

Fuera por algún extraño mecanismo de guión o por el código Hays de auto censura que se apoderó de Hollywood a mediados de los años treinta -en realidad, no hay ni que decir que se debió a esto último- el caso es que Boy cayó, con el avión que lo transportaba, sobre la selva de su padre adoptivo. Era el año 1937. Y Tarzán-Weissmuller no dudó en tomar a la criatura bajo su custodia.

Al principio, el Tarzán de Johnny, como buen niño-hombre que es, se muestra poco paternal y claramente celoso del interés depositado por su compañera en el bebé. Pero pronto acepta al niño y, supervisado por Jane, construye para él una cuna de madera. «Debemos buscarle un nombre», dice mamá. Y papá decide, sin dudarlo, que quiere llamarle Timba -Elefante- por lo fuerte que le parece. Pero Jane opina que su nariz es demasiado pequeña para ponerle el nombre de un paquidermo. Así que triunfa, simplemente, el nombre de Boy. «¡Cuidado animales y caníbales de la selva, el Rey tiene un hijo!», sentencia Maureen-Jane para que la jungla esté avisada. En realidad, como veremos un poco más adelante, el que tendría que preocuparse es el propio Tarzán, porque el niño le va a salir bastante revoltoso.

El crecimiento vertiginoso de Boy -de bebé a niño en solos unos metros de película- convertido en Johnny Sheffield, es satirizado por Manolo Summers en la farsa española *Tarzán en el cementerio civil de los elefantes* (1990). En esta parodia, mientras los malvados juegan a las cartas, aburridos, Tarzán y Jane ocupan su tiempo en otras cosas y tienen un bebé que el hombre mono, sin pensárselo mucho, tira al agua para que aprenda rápido las cosas de la jungla: «¡Boy nadar!», le dice a la criaturita, en clara parodia del *modus operandi weissmullerinao*. Y este pequeño Boy, que crece con celeridad y se hace un niño cachas en la primera esquina del guión -interpretado por Raúl Ramírez- parece sacado del circo de Ángel Cristo. Este anónimo Ramírez tiene una magnífica línea amarga, a lo Rafael Azcona, que recita tristemente cuando Tarzán y Jane se pelean, utilizando los dos el célebre grito de la jungla para embroncarse. Entonces, Boy se queja deprimido: «Matrimonio ser malo, ¡hasta en la jungla!».

Como avisamos, además de contestatario, Boy -que de aspecto es un querubín con los rasgos bonachones, pero pícaros, del pequeño actor Johnny Sheffield- disfrutando de la inestimable ayuda de su compinche Chita, no hace más que meterse en líos gordos. Y ni Zipi ni Zape, podrían ensombrecer su carrera de delincuente infantil. Alguna alma comprensiva puede decir algo así como «¿qué otra cosa haría un chiquillo en la jungla?». Cierto sí, ¡pero es que este niño ha perseguido a todo cuanto bicho hay en la selva! Y si hay una ciudad escondida, de esas que son sagradas, ¡por supuesto que él quiere visitarla!, como sucede en *Tarzán y las amazonas* (1945). Y además el querubín tiene una querencia por la civilización que no es normal para un niño sano e incivilizado. Ahí sí que se nota que no comparte genes con su padre.

En *Tarzán y su hijo* (1939), con ocho añitos, Boy ya no le hacía ascos a la idea de darse el piro, junto a Jane, para conocer Londres. En *El tesoro de Tarzán* (1941), el angelito se larga con Chita para ver la civilización y quiere pagarse el pasaje enseñándoles la montaña del oro a los interesados Tom Conway y Philip Dorn, unos atónitos villanos que alucinan por colores al ver el tamaño de las pepitas doradas que el niño utilizaba para cazar con su honda. Y, claro, tanto lo intenta, que el insensato infante lo acaba consiguiendo, pues, en *Tarzán en Nueva York* (1942), el empresario neocapitalista Charles Bickford se lo lleva a un circo en Long Island, a currar como un negro domando bichos. Y sin una miserable paga. Porque, hay que entenderlo, pobre criaturita, Boy es forzado hijo único, que a veces tiene sus soledades. Tristezas y aburrimientos sin fin que no apagan ni Chita ni Bully, el pequeño elefantito adoptado por Timba. Por eso, cuando Boy encuentra a Tumbo, el niño negro interpretado por Cordell Hickman en *El tesoro de Tarzán* (1941), el hijo del hombre mono, para no estar tan solo, intenta que su nuevo amiguito se quede en la casa del árbol. Claro, son cosas de hijo único. Huérfano como Boy, Tumbo casi entra a formar parte de la sagrada familia tarzanesca, en un final abierto que -por supuesto- no tendrá continuación en la siguiente película, *Tarzán en Nueva York* (1942), donde ya no queda rastro de él.

Pero, pensando en los niños que llenaban los cines, el avispado productor Sol Lesser insistirá con el tema del jovencito huérfano, posible hermanito adoptivo para Boy, en *Tarzán y la mujer leopardo* (1945), poniendo en el argumento al quinceañero Tommy Cook, encarnando a Kimba, un chico que le va a salir rana traidora -o más bien felino peligroso- a la sagrada familia de la selva.

Así que Tumbo y Kimba son un nuevo paso en el camino de los niños tarzanescos. Porque, salvo excepciones satíricas, para evitar las mofas arriba señaladas, el Tarzán post-Weissmuller substituye a Boy por otros niños huérfanos que pasaban por allí. Y que- no lo olvidemos- ayudan a conectar con la parroquia infantil, que, por lo que se ve, necesitaba motivaciones extra para identificarse más fácilmente con las aventuras del hombre mono.

Tras la etapa Weissmuller, y la desaparición de Boy durante varias películas, Lex Barker recupera al niño de marras en *Tarzán, furia salvaje* (1952), el cuarto de los cinco filmes que interpretó. Ahí, el hombre mono adopta al valiente huérfano blanco que los salvajes wazuri utilizan como cebo para cazar cocodrilos. Pero el pequeño debutante de once años, Tommy Carlton, que encarnó a este Boy efímero, nunca más volvió a actuar en ninguna otra película.

Como no podía ser menos que Barker, también Gordon Scott tuvo su Boy en dos películas, *Tarzán lucha por su vida* (1958) y *Tarzán y sus compañeros* (1958). A éste lo interpretaba Rickie Sorensen, estrella infantil televisiva de la compañía Disney, un rubiales muy sin sal de doce años, retozante vago que no quiere aprender a leer, ¡ni con la ayuda de *La isla del tesoro*!

En la serie de televisión de Ron Ely, el niño Manuel Padilla Jr. -otra estrella infantil de la tele de los sesenta- es Jai, un huérfano adoptado por Tarzán. Padilla también fue niño en apuros en *Tarzán 66* (1966), rescatado por Mike Henry. Y, además, interpretó a Pepe, un nuevo y pequeño huérfano que se cruza en el camino de Henry en el filme *Tarzán en el Amazonas* (1967), donde lo cuidaba el sin par barquero Jan Murray. Por cierto, en este filme, Murray ironiza sobre lo inútil de la educación civilizada, asegurando que el niño come tres veces al día y que no necesita nada más.

Con su aspecto étnico, el pequeño chicano también le dio algo de alegría y mucho trabajo -de rescate- a Ron Ely. Más tarde, ya adulto, Padilla actuó en *American Graffiti* y falleció prematuramente en el año 2008.

Mike Henry tampoco se resiste y porfía con los asuntos de la orfandad, como sugiere el título *Tarzán y el niño de la jungla* (1968), donde busca a un infante extraviado. Un niño que, como él, se perdió en la selva, toda una adolescente fotocopia tarzanesca- con chimpancé incluido- que encarna sin convicción Steve Bond.

Como podemos comprobar, ser huérfano es una característica que resulta prácticamente imprescindible para obtener el interés de Tarzán. Da igual la raza o la procedencia. Incluso puedes ser un pequeño domador indio de elefantes, con turbante a lo Sabú, como vemos en *Tarzán va a la India* (1963), donde la joven estrella Jai -siguiendo la tradición de Rudyard Kipling y de Robert Flaherty- encuentra un padre temporal en Jock Mahoney. El Tarzán de origen cherokee volverá a "adoptar" a otra criaturita en *Tarzán en peligro* (1963) y esta vez lo hace, ni más ni menos, que con un niño buda interpretado por Ricky Der.

Pero crecer en la selva es más complicado de lo que parece. Al niño de pelo rizado interpretado por el sin par Johnny Sheffield lo vimos cumplir años en las películas de Tarzán-Weissmuller. Fue como si de un reality show se tratara. El pequeño Sheffield -que nació en 1931- la verdad es que tuvo mucha suerte en su periplo hollywoodense de explotada estrella infantil, puesto que Weissmuller se encargó personalmente de enseñarle a nadar y a comportarse debidamente -con naturalidad- frente a la cámara. Desde su incorporación a la saga, el pequeño Johnny acompañó a Johnny el grande en todas las películas que le restaban por hacer a Weissmuller, a excepción de la última. Con catorce y -especialmente- con dieciséis años, su estirón en *Tarzán y la mujer leopardo* (1945) y *Tarzán y la cazadora* (1947), obligó a los guionistas a hacer que el antaño querubín se interesara por las chicas de la ciudad de Zambeze: «¡Sí que son bonitas!», dice, muy animado, el quinceañero, ¡tirándole los tejos a tres jovencitas al tiempo!

Lo malo es que Sheffield parecía tener tendencia a convertirse en un efebo propio de álbum gay. Y, por si esto era poco, según cuenta Kenneth Anger en su célebre libro "Hollywood Babilonia", Lupe Vélez, con su mente calenturienta, llegó a contar escabrosas historias, supuestamente acontecidas entre Weissmuller y su hijo del cine.

Por todo eso, el productor Sol Lesser decidió que un Boy de casi dieciocho primaveras ya no saldría en *Tarzán y las sirenas* (1948), la última película del ciclo Weissmuller, enviando al personaje a estudiar a Londres.

Fue el fin de una amistad inquebrantable, cultivada al cobijo y el roce de los platós, entre Weissmuller y Sheffield. Una relación muy propicia para ser carne de habladurías de las cotillas de Hollywood. Como dijimos, el nadador olímpico, año tras año, entrenó personalmente a su hijo de la ficción. Y, a pesar de los malos pensamientos de los cuervos y las gacetillas de prensa, parece que la amistad paterno-filial de los dos Johnnys era verdadera. Algo real que vivía en el mundo de mentiras de la Babilonia californiana.

Lejos de Weissmuller, ya en libertad, Sheffield pudo soltarse un poco cuando su Boy dio lugar a una especie de *spin off* en episodios titulado *Bomba, el hijo de la selva* (1949-1955). Era como si Boy se independizara del imperio del Rey de la Jungla y le dio al efebo una oportunidad de lucimiento de serie B, muy pero que muy a lo loco. Su pelo rizado de angelito, la exigua piel de leopardo del taparrabos y sus alegres aventuras de héroe de la selva- curado de mil arañazos por jovencitas como Peggy Ann Garner- lo hicieron icono gay de su generación. Cuando Bomba estaba ya más que crecidito, el veinteañero Sheffield probó con otro personaje parecido y algo menos juvenil. *Bantu, the zebra boy* (1955) fue un piloto para la televisión que no funcionó. Sheffield y su pelo patológicamente rizado, su aspecto de qerubín grandote -de angelote renacentista pero algo rococó- montando a la pobre cebra atada con cuerdas, trotando a lo loco por la jungla, vestido con su taparrabos de piel -de piel de cebra esta vez, claro- empezaba a quedar muy, pero que muy *demodé*.

A lo mejor Boy, como Peter Pan, nunca debió crecer. ¡Qué triste es cumplir años y hacerte atolondrado adolescente! En la serie televisiva *Tarzán* (1991), Sean Roberge encarna a un doncel modernito y con melena cuidada, que goza del mecenazgo del Tarzán Wolf Larson. Ésta es seguramente la más insoportable de las encarnaciones de todos los boys tarzanescos que en el cine han sido. Claro que, hablando de jovencitos plastas, no podemos olvidarnos del pequeño salvaje de *Tarzán y el arco iris* (1971), que con su viaje de iniciación nos da la barrila durante una excesiva -eterna- parte del metraje, quitando protagonismo a su protector. Y ya es como para enviar a un correccional a esa niña cojita y filósofa que aparece en un episodio de *Tarzán, the epic adventures* (1996), leyéndole la cartilla, en plan marisabidilla, a un Joe Lara que, definitivamente, ha perdido el norte: «Para descubrir a donde va el río debes averiguar donde nace», se permite decir, en plan zen -o en plan gato de Cheshire- la insoportable jovencita. ¡*Horreur*, qué juventud!

26
LA CASA DEL ÁRBOL

Ya lo dijimos, Tarzán es hombre pero también es un mono, así que, por lógica, debe vivir en los árboles. Así lo vemos, reducido a su forma más sencilla, en *La venganza de Tarzán* (1938), donde Glenn Morris duerme colgado de una rama, frente a Chita.

La cabaña construida en un árbol por Lod Greystoke -para protegerse y mantener a su mujer a salvo de los peligros de la jungla- es algo que ya está en las novelas de Burroughs y que Hugh Hudson retoma, de una manera muy realista, en *Greystoke* (1984). Allí, en ese tosco hogar familiar, es donde Tarzán encontrará cosas que le darán pistas de su condición humana: un cuchillo, un espejo, un medallón con el retrato de sus padres, un libro con ilustraciones de monos y hombres...

En las primeras películas de Weissmuller, la casa del árbol es un pequeño cubículo confortable, hecho con cuatro ramas, ideal para dormir al abrigo de la noche, junto al calor de Jane. «Tarzán tarda poco en construir una casa. Tenemos una mansión en cada árbol», dice una divertida Maureen O Sullivan en *Tarzán y su compañera* (1934), película que presenta a una Jane ya muy adaptada a la vida de la selva africana, donde lleva un año residiendo. Más adelante, el espacio de soltero, pasa a ser un "nido de amor" que la pareja "de hecho" aún conserva para sus escapadas, al tiempo que Tarzán mata las horas tropicales construyendo la casa grande. «Quiero una bonita casa con vistas al río», bromea Jane en *Tarzán y su compañera* (1934). Y el hombre mono, obediente, se pone a trabajar.

Las dos viviendas -el apartamento y la mansión «con todas las comodidades», como insiste Jane en *Tarzán y su hijo* (1939)- coexisten durante varias películas. Lo vemos en *La fuga de Tarzán* (1936), un filme muy explicativo del ecosistema tarzanesco, donde el hombre mono juguetea con su chica en el "apartamento" que ya aparecía en *Tarzán de los monos* (1932) y en *Tarzán y su compañera* (1934), mientras que recibe a las visitas y da de comer a la expedición inglesa en su sofisticada casa sobre el árbol.

La mansión incluye ascensor a tracción paquidérmica, ventiladores -que mueve una explotada Chita- agua corriente -fría y caliente- traída hasta la cima del árbol con la ayuda de una ingeniosa rueda de molino y -*last but not least*- cocina y terraza anexas en el árbol contiguo. Todo un equipamiento de tebeo, propio del profesor Franz de Copenhague, sólidamente basado en ese gran invento de las poleas. «La casa la construyó Tarzán y yo misma diseñé la cocina», informa a su asombrada prima una orgullosa Jane-O Sullivan en *La fuga de Tarzán* (1936). Y el propio Boy, acostumbrado a los privilegios de un principito silvestre, se enfada con Tarzán porque no le ha arreglado el depósito de la ducha -que es ¡una concha gigantesca!- en *Tarzán y la mujer leopardo* (1945).

Estas cosas tan domésticas tenían su gracia, aunque, en el fondo, acercaban peligrosamente la figura del héroe hasta la altura de nuestro tío el chapuzas. Y eso, intuíamos de niños, no era nada bueno.

Pero en fin, todos los niños de nuestra época soñábamos con un refugio escondido por ahí -en el desván o en la huerta de la aldea familiar- una especie de ducado que nos mantuviera alejados de los mayores.

Así que queremos quedarnos con la parte más romántica y chistosa del hogar tarzanesco. En la casa del árbol, Timba el elefante tira de una liana para que baje o suba el ascensor, mientras que al nido de amor solo se accede vía liana o se desciende como lo hace Jane, saltando directamente a los brazos protectores de Tarzán que, como una red humana, la espera, firme y rampante, erguido en el suelo.

El humo, saliendo de la extraña chimenea de la casa del árbol, en *La fuga de Tarzán* (1936) parece anunciarle al héroe la buena noticia: su amor ha decidido no volver a la civilización para quedarse junto a él en la selva. El beso y el abrazo de la pareja en la cima -mostrado con un poderoso *travelling* de aproximación- es un hermoso final para la película citada. Es más, nos parece quizá uno de los dos o tres finales, con mayúsculas -y eso que hay donde elegir- de entre todas las historias del Tarzán encarnado por Weissmuller.

La vivienda que vio la felicidad de Johnny y Maureen, amplía dependencias y coloca escaleras en las películas de Lex Barker y es ya una mansión más seria y menos entrañable desde *Tarzán y la fuente mágica* (1948). Hasta que los malvados la queman, con Jane dentro, en *Tarzán y la mujer diablo* (1953), último filme del ciclo Lex Barker. Hacerlo -quemarla- fue un disparate. Algo así como deshacerse del patrimonio artístico del cine. El productor Sol Lesser lo decidió así, quiso cargarse el único referente weissmulleriano que quedaba en pie durante el reinado de Barker. Y le prendió fuego de verdad a aquella pieza de museo, allí, en el sitio donde llevaba descansando desde hacía más de veinte años. Fue como destruir un monumento nacional. Esas cenizas descansarán, gloriosamente, añoradas por muchos -digo yo- en aquel bonito arboreto próximo a Los Ángeles.

Sin Jane, ni Boy, la casa del árbol, ubicada sobre el río, habitada sólo por Tarzán -y su fiel Chita- parece bastante más inútil y triste en los filmes de Gordon Scott, como *La gran aventura de Tarzán* (1955). El soltero arisco y recalcitrante la utiliza unicamente para dormir y como trampolín para saltar al agua en el baño matutino. Y algo parecido pasa con el cutre columbario donde vive el sospechoso héroe de *Tarzán contra los hombres leopardo* (1964), habitante de un nidito de soltero al que sólo sube su amigo Harold Bradley, que parece extrañamente animado en la tonta misión de despertar al perezoso hombre mono. Raro. Muy raro.

En cualquier caso, más allá de las anécdotas, la casa del árbol es sin duda un *trending topic* tarzanesco que tiene su tierna semilla en *Tarzán of the apes* (1918). En la primera película del personaje, en la cima de un árbol, el Tarzán mudo construye una cama de ramas y hojas para que Jane descanse, sin temor a los peligros de la selva. Y en la también muda *Tarzán y el león de oro* (1927), la casa es un palacete situado a muy poca altura del suelo y repleto de las comodidades y cosas propias de un Lord en el exilio, incluidos sillones de orejas, chimenea y libros en estanterías.

En las últimas décadas, las casas del árbol adquieren un tamaño casi palaciego, como de nuevo rico. Lo vemos en *Tarzán y la ciudad perdida* (1998), donde Caspar Van Diem le enseña a su Jane -March- una casa en verdad enorme. Eso sí, algo abandonada y sucia, pero muy elevada sobre troncos asentados en el río. «Nos mantendrá secos», dice humildemente Tarzán, ante el asombro de su compañera que frunce su pequeña nariz al ver tal abandono. «Necesita un toque femenino», continúa este hombre mono muy civilizado, que guarda los libros de su padre en una estantería *ad hoc*. «Te quiero, en una mansión o en un árbol», declara apasionada Jane March, para quitarle importancia al desorden, mientras Casper Van Dien pone en su gramófono un vals que la pareja baila muy apretadita. Los dos acaban de regresar precipitadamente de su frustrada noche de bodas, interrumpida en la cómoda Inglaterra de 1913, calentada con chimenea y cortinas rojo pasión. Y hay que aprovechar el tiempo perdido...

Lógicamente -pues la historia está ambientada en la época actual- en la serie televisiva interpretada por Wolf Larson, la casa del árbol es una especie de cabaña civilizada, un bungalow casi prefabricado, bien asentado sobre el río, en donde la Jane de Lydie Denier estudia y escribe.

Los gamberros Szulzinger y Picha, hacen un comentario cruel de las comodidades de la selva en su animación *La vergüenza de la jungla* (1974), todo un dislate donde el interior de la casa del árbol -cubículo de apariencia normal en el exterior- nos revela un apartamento urbano de puro diseño.

Y -cómo no- también en la comedia bufa *Tarzán en el cementerio civil de los elefantes* (1990), Manolo Summers hace leña con la madera de nuestra sempiterna cabaña del árbol: está un poco baja, porque el Tarzán esmirriado y cobardica, interpretado por Chicho Siqueiro, tiene un vértigo que ni Jimmy Stewart.

27

HERMANO MONO: A LA CHITA CALLANDO

«Viendo a los monos te acordarás de tu pasado», bromea un avieso y rudimentario científico en los breves diálogos -escritos sobre los cartones de los intertítulos- de la primera película tarzanesca -y muda- interpretada por Elmo Lincoln. Y, desde el silencio de esos rótulos, alguien le contesta preocupado: «¡Hablas como si fueras a probar la teoría de Darwin!».

¡Por dios, qué peligro!... ¡Ni más ni menos que la teoría de la Evolución, en una película de Tarzán! Habrá que persignarse ante tales anatemas. En fin, chascarrillos aparte, esto es algo en lo que, setenta años más tarde, sigue insistiendo el papá de Jane en la animación de Disney *Tarzán* (1999): «Se mueve como un simio, pero parece un hombre. Tal vez sea el eslabón perdido".

Algo parecido -pero más despreciativo- decía otro padre, irritado, despechado y muy freudiano, el interpretado por el Richard Harris de *Tarzán, el hombre mono* (1981): «Vive como un mono, mata como un mono, come como un mono, así que ¡es un mono!». Se diría que el cabreado Harris ha salido de *Skullduggery* (1970), una maravillosa fantasía donde una despistada y colérica Susan Clark busca el eslabón perdido en Nueva Guinea.

Ya desde los albores de la historia cinematográfica de nuestro héroe, encontramos en las películas tarzanescas una conciencia clara de la hermandad de humanos y simios, un norte que estará siempre presente en el mundo Tarzán, como lo estaba, de manera persistente, en las novelas de Burroughs. En los libros, Tarzán y su compañero el mono Sheeta -o el primate Nkima- son uno. Son familia. *Greystoke* (1984), versión muy fiel al espíritu Burroughs, tal y como indica su subtítulo -*La leyenda de Tarzán, rey de los monos*- en realidad le dedica la parte más importante del argumento a esta cuestión. Todo el libreto, escrito por Robert Towne, pivota sobre la dicotomía mono-hombre, con Tarzán asemejándose a un héroe clásico, escindido de dos naturalezas. Así se lo dice el capitán D Arnot -interpretado por Ian Holm- al Tarzán de Christopher Lambert: «Eres un hombre y nunca tendrás un hogar, ni aquí ni en la jungla, hasta que lo aceptes».

Pero Tarzán ha visto como los humanos, sin ningún reparo, disecaron a sus hermanos y mataron a Kerchak, su padre mono, para exhibirlo en un museo. Y, ante tanta maldad, gruñendo encolerizado, nuestro héroe le contesta a su protector: «Ahora ya sé quién no soy. La mitad de mi es el conde de Greystoke. La otra mitad es salvaje, y esa es la parte que quiero ser. Vuelvo a casa».

En algún sitio leímos hace poco un estudio que insiste en que los chimpancés son los únicos simios que tienen conciencia de si mismos y que se reconocen frente a un espejo, compartiendo con los seres humanos más del 96% del genoma. Así que, monos y hombres somos más que hermanos.

John Derek insiste en ello en *Tarzán, el hombre mono* (1981), con un *gag* visual, ya esbozado -o directamente expuesto- en otros filmes de Weissmuller. En la escena, Tarzán pasea pensativo, seguido de Chita, muy concentrada como él, moviéndose en actitud humanamente reflexiva. Es una torpe -pero al tiempo muy ilustrativa- imagen de la, tantas veces recreada, estampa de la evolución.

«¿Cómo te llamas?», pregunta Jane en *Tarzán en el cementerio civil de los elefantes* (1990) y, al contestar el hombre mono por su nombre, la compañera vuelve a inquirir: «Vale, sí, ya sé... Tarzán... pero ¿cuál es el apellido?». Ante su insistencia, la caricatura de nuestro héroe contesta con presteza: «... de los monos».

Exacto, entre broma y broma, Manuel Summers vuelve a ofrecernos la clave de la esencia tarzanesca. Como vimos, al Tarzán niño lo cría la mona Kala. «Yo soy Tarzán, hijo de Kala», declama, cual mantra, el hombre mono Joe Lara en *El retorno de Tarzán* (1996). La gran simia perdió a su bebé el mismo día que encontró al cachorro humano en la cabaña donde mueren Lord Greystoke y su esposa. De hecho, en *Tarzán of the apes* (1918), los exploradores que vienen en busca de la familia perdida, localizan el pequeño cráneo del monito hijo de Kala y piensan que es el de un bebé humano. Nos parecemos hasta en los restos.

En *Greystoke* (1984), la convivencia del Tarzán Christopher Lambert con los muy humanos monos fabricados por Rick Baker es de gran delicadeza. Ya desde los primeros minutos, cuando la mamá Kala besa al bebé, le pone un dedo en la boca, y de esta manera el niño deja de llorar. Y, más tarde, la peluda madre lamerá las heridas de su cachorro humano, lastimado, en sucesivos enfrentamientos tribales, con sus congéneres simios más fuertes.

Y aquí, no podemos dejar de pensar en una llamativa noticia que leímos, no hace mucho, en los periódicos. Nos contaba una historia de esas que hace más creíble la supervivencia de Tarzán, niño débil criado por una simia protectora. En 1996, en el zoológico de Brookfield -ubicado en Chicago- una gorila de ocho años salvó a un niño de tres que cayó a su foso desde una altura de cinco metros. La simia, que llevaba sobre los hombros a su propia cría, acogió en sus amorosos y poderosos brazos al pequeño humano inconsciente y malherido, lo protegió de los ataques defensivos de sus otros seis compañeros de cautiverio y, posteriormente, lo entregó a los cuidadores del zoo.

También, hace algunos años menos, los periódicos nos regalaron otra noticia similar, o quizás paralela: un gorila de tres semanas, muerto en un zoo de Sydney, permaneció varios días en brazos de su amante madre. El director del zoo lo explicaba con naturalidad a los atónitos periodistas: «Se trata de un ritual, es su muestra de dolor».

Además de mamá Kala, también los hermanos simios del Tarzán de Elmo Lincoln, Ara -una mona gigante- o Bull Ape -otro tipo disfrazado de mono, cruce cutre de gorila y chimpancé- tienen un papel significativo, como comparsas del protagonista, en *Las aventuras de Tarzán* (1922). Y de guardarropía es asimismo el mono que Johnny Weissmuller llora -caído por los disparos del rifle empuñado por Neil Hamilton- en *Tarzán de los monos* (1932).

El controvertido tema de los actores metidos en pieles de mono es un puro descaro que arranca ya en los tiempos del cine mudo, acompañando a los tarzanes de Elmo Lincoln o Frank Merrill. Los primeros trajes de gorila eran unos mamotretos pesados y toscos y solo los espectadores de los años 20 podían aceptarlos con naturalidad. Las cabezas de los simios no eran más que máscaras con las que ni siquiera se podía mover la boca. Pero la llegada a Holywood del especialista Charlie Gamorra, pronto los hizo más creíbles. Gamorra colocaba bolsas de agua por debajo de las pieles para que la barriga pareciera más auténtica. También el trabajo de especialistas, que depuraron sus movimientos dentro de los trajes, mejoró pronto, como sucedió con el legendario Bob Burns, que contribuyó a darles más credibilidad a los disfraces. Pero, en cualquier caso, lo alucinante es que los hombres metidos en pieles de mono sigan cantando tanto en plenos años ochenta, cuando ya se ha pasado por el avance considerable que significó el maquillaje y las prótesis de *El planeta de los simios* (1968). Porque, esto del disfraz anticuado, aún lo vemos, por ejemplo, en la lisérgica serie televisiva interpretada por Joe Lara durante los años noventa. Y, también está presente, aunque de manera menos evidente gracias a la habilidad del maquillador Rick Baker, en la voluntariamente realista *Greystoke* (1984).

Totó parodió con crueldad este disfraz bastardo de revista, a lo atrezzo de Marlene Dietrich -o de Marlene Morreau- en su *Totó, Tarzán* (1950), llevándose a un fulano toscamente vestido con piel de gorila hasta la Roma neorrealista. El simio gigantón aparece y desaparece, acudiendo desde los tejados del hotel donde tienen enjaulado a Totó, para ayudar a su amo con fidelidad canina, cuando las cosas se le ponen feas al impresentable Tarzán italiano.

Porque, como vimos, en el mundo Tarzán los monos son casi tan humanos como los propios humanos y, a veces, más. En *Tarzán y el león de oro* (1927), los chimpancés de guardarropía amigos de Tarzán -que aún no se llaman Chita- entierran a sus congéneres masacrados por el malo de turno. «Padre, madre, familia» son las primeras palabras que aprende el Tarzán de Christopher Lambert en *Greystoke* (1984).

Como dijimos, esto de la humanidad simiesca en las películas de Tarzán- y de muchas otras que no lo son y de las que hablaremos un poco más adelante- aparece por clara influencia de las novelas de Burroughs. El creador de Tarzán, título a título, se muestra cada vez más empecinado en la defensa de los monos y en sus comportamientos "humanos". En el cine, esta reivindicación aparece ya desde la primera adaptación cinematográfica de 1918. En esa película, Kala es en realidad un señor disfrazado con su abrigo de pieles, pero también nos parece una mamá tierna a la que abraza y acaricia, con amor desmesurado y teatral, el desesperado gigantón Lincoln. Especialmente cuando un irresponsable cazador la hiere de muerte.

Monos de guardarropía y monos de verdad se mezclaban alegremente en las primeras películas tarzanescas del cine mudo. El Tarzán niño de *Tarzán of the apes* (1918), interpretado por el expresivo Gordon Griffith, juega con un pequeño chimpancé que bien podría ser Chita, aunque de momento no lo es. Pero, al tiempo, en este maravilloso filme primitivo, el niño de la jungla se enfrenta también al gorila de pega que aterroriza a su familia primate. Lo hace con el cuchillo que ha encontrado en la cabaña de su padre. Es muy poética la secuencia, cargada con la sencillez y la belleza del lenguaje primitivo del cine, en la que Tarzán niño se ve reflejado en el río junto a su amigo el pequeño chimpancé y de esta manera toma conciencia de su diferencia. Esta será una imagen repetida en muchos filmes, desde los de Lex Barker hasta el de Christopher Lambert y la veremos también dibujada en los cómics de Burne Hogarth.

Ese camino de la diferente percepción del mono y del hombre, como algo distinto y, a la vez, procedente de una naturaleza similar, lo recorremos en *Tarzán de las fieras* (1933), donde Jacqueline Wells enseña a leer a Buster Crabbe utilizando la imagen de un libro en el que, precisamente, aparece dibujado un chimpancé. Tarzán se muestra entusiasmado al reconocer a sus parientes: «Cheetah!», grita. Y Jane le corrige: «Puedes llamarle como quieras, pero sigue siendo un chimpancé».

Y, como siguiendo esta consigna tan excluyente de Jane, Glenn Morris no le llama de ninguna manera a su mono en *La venganza de Tarzán* (1938), mientras que Herman Brix utiliza el original nombre burroughsiano de Nkima en *Las nuevas aventuras de Tarzán* (1935), la película producida por papá Burroughs.

Pero es igual, el nombre de Chita -o Cheetah en inglés- siempre será, desde los tiempos de las películas de Johnny Weissmuller, sinónimo de chimpancé. Y desde entonces nadie va a discutir ese nombre.

En la primera entrega weissmulleriana, *Tarzán de los monos* (1932), Johnny y Maureen llaman Chita al entonces joven Jiggs, el chimpancé entrenado por el domador Tony Gentry que trabajó incluso con otros tarzanes. En *Copito de nieve* (2011), fabulación animada española hecha alrededor de la vida del famoso gorila albino del zoo de Barcelona, el chimpancé amigo del mono protagonista se llama Chita, rindiéndole así un homenaje al primate más famoso de todos los tiempos, seguramente el mejor amigo del hombre de la cultura popular, con permiso de Rin Tin Tin. «Copito es más famoso que Kerchak, que el Urko de *El planeta de los simios* (1968), que Mytek, Maguila Gorila o incluso que Moby Dick», decía en una entrevista Jordi Sabater Pi, el cuidador del simio albino traído de Guinea.

Hagamos un pequeño inciso: no todo el monte es orégano y no todos los primates son monos, si se nos permite el juego de palabras. Como ya contamos, el gorila -o algo parecido- casi siempre es el enemigo a batir por el joven hombre mono, que debe sobrevivir en la selva a fuerza de demostrar su superioridad. Lo es -otra vez más- desde el primer Tarzán mudo de 1918. Ahí el niño Gordon Griffith debe pelear fieramente con el especialista disfrazado. Y también, siguiendo fielmente el referente literario de Burroughs, terrible es el mono jefe-macho con el que se enfrenta Christopher Lambert en *Greystoke* (1984). Steve Hawkes, el Tarzán croata de películas españolas, batalla contra un gorila en *Tarzán en la gruta del oro* (1969), en una pelea singular donde el especialista dentro de las pieles se mueve con la torpeza de don Pimpón. E impresionante es el duelo de Johnny Weissmuller con ese King Kong de tres metros, cíclope de guardarropía y máquina mata negros, que se quería merendar a una apetitosa y entregada Maureen O Sullivan, cuando *Tarzán de los monos* (1932) enfilaba su recta final.

Sin necesidad de ser Jane Goodall, cualquier especialista de medio pelo te diría que todo esto de lo que hablamos es un disparate digno de novela de terror o de Los crímenes de la calle Morgue de Poe, pues el gorila es un animal muy social, de agresividad evidente, pero controlada. Es territorial, pero también necesita contacto, ya sea con otros gorilas o con humanos.

La falsa e interesada campaña de prensa montada alrededor de Gargantúa, aquel célebre gorila con la cara destrozada por un marinero borracho, que fue portada de Newsweek en 1938 y que se convirtió en morbosa estrella del circo Ringling, contribuyó a reforzar en Europa y América la injusta fama de que los gorilas eran bichos feroces que descuartizaban a los nativos y secuestraban mujeres para aparearse con ellas. Y, continuando con esta línea de desinformación flagrante, ese mito -fomentado por la prensa más ignorante- de que Copito despreciaba a la gente, sentado siempre de espaldas al público, procedía en realidad de un motivo bien distinto: siendo albino, el pobre gorila tenía fotofobia y, en consecuencia, le molestaba el exceso de luz que entraba en su jaula -muy bien iluminada y acristalada- del zoo de Barcelona.

Siguiendo con los tópicos, aunque al despistado más contumaz, la Chita de las películas le pueda parecer siempre una, lo cierto es que, como dicta la razón, fueron muchos -entre catorce y dieciocho, dependiendo de las fuentes consultadas- los chimpancés que interpretaron a la fiel y peluda compañera de Tarzán en los filmes oficiales que facturó Hollywood. Porque no hay que ser un experto naturalista para llegar a la conclusión de que el ejemplar de los primeros títulos de Weissmuller y el pequeño chimpancé que juguetea en las películas de Gordon Scott no son el mismo animal.

Casi un bebé es el espabilado Archie que interpreta a Chita en la serie *Tarzán* (1991) de Wolf Larson y, por el contrario, de tamaño más allá de lo normal nos parece el simio Dinky, que acompaña a Mike Henry hasta el otro lado del Océano en *Tarzán en el Amazonas* (1967). Tenía diez años ese pobre bicho que, como ya contamos, se puso nervioso y mordió al actor en la barbilla, obligando a paralizar el rodaje durante días, pues -por la mordida "amorosa" de Dinky- el hombre de hierro cayó víctima de las fiebres que le produjo la fea infección de la herida.

La ductilidad, gracia y hasta tamaño de cada chimpancé, se reflejarán en la importancia argumental de Chita en los filmes de la saga, al igual que repercute el cambio de un actor por otro para encarnar el mismo personaje en una serie o película. Y si la Chita de turno es espabilada y está bien entrenada, los productores, directores y guionistas cargarán más monerías en el argumento final.

El monito Zippy, que acompaña intermitentemente a Gordon Scott desde *Tarzán en la selva escondida* (1955), fue un animalito con talento y seguramente sería la mejor de todas las monas de Tarzán si no existiera la estrella animal más importante de la historia del cine. Porque Zippy, inevitablemente, pierde la batalla frente a la más espabilada Chita de la historia del celuloide: Jiggs.

Y es que, si no se tiene el chimpancé bien entrenado, Chita incluso puede resultar un estorbo. Especialmente, cuando el humor desaparece del argumento. Así fue, por ejemplo, en los filmes de Scott más audaces y violentos. Cuando toca cumplir una misión a lo Bond, en la que no caben los *gags* y las monerías -como sucede en *Tarzán el justiciero* (1960)- el hombre mono deja a la mascota al cuidado de su viejo amigo Earl Cameron, uno de esos actores de color de la transición del apartheid yanqui. Bien, en realidad, esto fue así porque los dos chimpancés entrenados que los productores se llevaron a la jungla no se adaptaron, en absoluto, a África. Ironías del cine.

En el terreno del comentario cruel del mundo civilizado -el de los *gags* que ridiculizaban al humano- caricaturizado en sus estúpidos usos y costumbres por Chita, entre todos los monos, el chimpancé Jiggs fue el campeón. No solo porque le tocara lidiar con el único Tarzán realmente reconocible -Johnny Weissmuller- sino también por su fenomenal educación, que le permitía hacer prácticamente de todo.

Claro que Jiggs no era uno, sino que eran varios monos que tenían el mismo nombre. Todos entrenados por el mago de los chimpancés, Tony Gentry, una leyenda de Hollywood. Los cuatro Jiggs que tuvo Gentry eran machos. Tres aparecieron con constancia en las películas de Weissmuller. El primero de todos, al que llamaremos Jiggs 1, que trabajó en los primeros filmes de Wesssmuller y al que Johnny adoraba, murió de una neumonía en 1938, con 9 años de edad. También había acompañado a Buster Crabbe y a Herman Brix en *Tarzán de las fieras* (1933) y *Las nuevas aventuras de Tarzán* (1935).

Jiggs 2, nacido en 1932, ya sale, al tiempo que Jiggs 1, y sin que nos enteremos mucho de que estamos viendo a dos monos, en *Tarzán y su compañera* (1934). Y este será el chimpancé que sustituirá, a su muerte, al pobre Jiggs 1. Con este mono, Weissmuller también tuvo una relación muy estrecha e incluso llegó a vivir con él, brevemente, cosa que, por lo que parece, también sucedió con el primero. Weissmuller era así, capaz de cogerle un gran afecto a los animales con los que trabajaba, si exceptuamos quizá a algunos directores.

Es Jiggs 2 el chimpancé que, con el tiempo, llegará a ostentar -certificado de una manera algo chapucera por el Guinness- el récord del chimpancé más longevo conocido.

Jiggs- así en general, para no liarnos mucho con los distintos monos que se llamaron con el mismo nombre -era capaz de fumar, tomar café y whisky, hablar por teléfono, vestirse con mil prendas y emitir unos discursos articulados de auténtico *speaker*, imitando con sus fraseos a los humanos.

En *Tarzán en Nueva York* (1942) y en *El triunfo de Tarzán* (1943), Jiggs tiene dos sorprendentes secuencias, parloteando por teléfono. En la primera de las películas citadas lo hace vacilando a un pobre negro que limpia un cabaret y la segunda brilla para las antologías firmando una imitación genial, ni más ni menos que de Hitler y consiguiendo que los generales nazis se le cuadren al otro lado del hilo. Eran los tiempos en que el cine de Hollywood no se cortaba a la hora de entrar en guerra. Y Chita también contribuyó a tal misión patriótica, faltaría más.

Por su ductilidad, Jiggs- 1 y 2- fue (ron) una (s) estrella (s), con muchas horas de protagonismo en los filmes de Weissmuller. En estas películas, la presencia de los simios es capital, siempre protagonistas de media docena de *gags* cómicos por película. Los principales números se montaban en torno al espíritu juguetón del mono, con la curiosidad propia de un niño. Una *curiosity* que, como vemos en *La fuga de Tarzán* (1936), puede "matar al gato". En dicha película, Chita cae víctima de su espíritu fisgón, inmolada en la trampa que le tiende el malo de turno, un villano ladino que utilizará a la peluda prisionera para atraer a Tarzán. En el mismo filme, el pequeño chimpancé también debe ser rescatado por su jefe, mientras juguetea con un cachorro de león que, aunque la monita Chita no lo percibiera, estaba bien vigilado por una mamá que no admitía bromas con su hijito.

Chita es la criada de la familia Tarzán, Chita abusa de cualquier cachorrito de la jungla, Chita es la pequeña urraca ladrona, Chita es la paloma mensajera de Tarzán. En fin, Chita vale para todo y es más humana que los propios humanos, que se desnudan ridículos y torpes en sus andanzas selváticas. Y por eso se ríe de ellos. Como lo hace del borrachín Barry Fitzgerald -que tiene *delirium tremens*- en *El tesoro de Tarzán* (1941), o del pequeño Herbert Mundin de *La fuga de Tarzán* (1936), colgado ridículamente de una liana, mientras el lejano pariente se parte de risa con su torpeza.

Por eso, esta jovencita fisgona que se mofa tanto de los hombres blancos, es estrella protagonista de los últimos planos de muchos -casi todos - filmes del Tarzán de Weissmuller.

Así que, si Chita se pasaba el día -del celuloide- haciendo monerías, bromas y *gags*, lo lógico es que le dieran algún premio como humorista. Y desde el festival de Peñíscola se lo enviaron a Palm Springs en 2006. Un mono premiado por un festival de cine cómico. De puro humor. Sobre todo, porque, recientemente, una periodista destripa-leyendas puso en duda que la Chita que recibió el trofeo fuera la auténtica, la "Chita histórica" o el Jiggs número 2. Parece que los embajadores del festival español le dieron el trofeo a el Jiggs número 4, el último de los chimpancés de Gentry, que para mayor recochineo nunca hizo cine. Y si es así, es como para partirse de risa. Ahí la tienen, sí, ahí está Chita, riéndose de todos nosotros.

El segundo Jiggs, el que se supone que sí es el chimpancé más longevo conocido, también era macho y, como ya contamos, lo trajo desde África, en 1932, Tony Gentry, el célebre entrenador que surtía de animales -irracionales- a Hollywood. Apenas tenía dos años cuando debutó en *Tarzán y su compañera* (1934), segundo filme de Johnny Weissmuller, y paseó su estrella junto al nadador olímpico en títulos como *La fuga de Tarzán* (1936), *Tarzán y su hijo* (1939) o *Tarzán en Nueva York* (1942), interviniendo en un total de dieciocho películas de Tarzán y otras 30 más de diferentes géneros.

Haciendo las monerías habituales del célebre *Tarzan s style* -bebiendo el whisky de los blancos, revolviendo en sus mochilas- Jiggs 2 siguió traicionando a Weissmuller, actuando como compañero de la bellísima Dorothy Lamour en *Jungle princess* (1936) y en *Her jungle love* (1938), donde le tiraba a la actriz de su legendario y larguísimo pelo rizado que le llegaba más abajo de la cintura de un sarong floreado. La última aparición en el cine de nuestro querido chimpancé fue en *El extravagante doctor Doolittle* (1967).

Cuando la esperanza de vida de los chimpancés anda por los treinta y aunque, en cautividad pueda llegar con cierta frecuencia hasta los cincuenta, Jiggs 2 vivió la friolera de ochenta años. La estrella "trabajó" en once películas junto a Weissmuller, con la ayuda de Jeeter y Susie, otras simias y simios menos espabilados que eran los cover de Jiggs. Siempre hay clases, segundas espadas, terceras filas del coro, dobles de luces... en fin, es la vida. Incluso entre los monos.

Jiggs 2 era tan "humana" que parece que también era artista plástica. Ya retirada del cine, pintaba óleos con los dedos e incluso expuso en Londres. Y, más allá de lo que le exigían sus actuaciones cinematográficas, en la vida real bebía Coca-Cola, cerveza y whisky, fumaba puros y comía hamburguesas y spaghettis con tomate. Sí señor, como se ve, era desgraciadamente humana. Por eso también sufrió males muy humanos, a los que no fue ajeno su explotador de las últimas décadas, un tal Dan Westfal que, según algunas fuentes, se la habría comprado a Gentry.

Parece ser que, ya senil, Jiggs arrojaba sus heces contra los turistas que lo visitaban en el zoo-residencia de Palm Harbor, Florida, la que fue su casa durante los casi cuarenta años que Jiggs 2 pasó alejado de las cámaras. Allí, cerca de donde vive Kirk Douglas, imaginándolo en tal tesitura, no podemos evitar pensar en esos viejecitos americanos retirados, que se van con sus huesos a morir al calor de Florida, tumbados al sol como lagartos.

Según algunas fuentes, Jiggs 2, había llegado al Suncoast Primate Sanctuary a finales de la década de los sesenta, cuando Gentry la vendió al mejor postor, tras intentar colocársela a Weissmuller que no la quiso. Si es así, ¡qué profunda traición! ¡Siempre decimos que es mejor no saber nada de la vida real de las estrellas de cine!

Pero bueno, como adelantamos, el chimpancé más famoso del mundo fue también, de largo y según el libro Guinness de los records, el simio más longevo del que se tiene constancia. Murió octogenario, afectado por un fallo renal, en la Nochebuena de 2011.

Ya lo contamos, el humor de los chimpancés puede agriarse mucho. Parece ser que los entrenadores trabajan con ellos seis o siete años y, después de ese período, los dejan tranquilos, porque luego son más irascibles. Y su fuerza puede llegar a permitirles romper huesos humanos sin mucho esfuerzo. Por eso, hay muchos actores que temen trabajar con chimpancés y orangutanes.

Por facilidades del guión, Jock Mahoney, fue de los pocos tarzanes que no tuvo que lidiar con *chimps* en *Tarzán va a la India* (1962) y *Tarzán en peligro* (1963) y respiró tranquilo, celebrándolo con unas desagradables palabras que recogió un gacetillero de Los Angeles Times: «Me alegro de que en estas películas no haya chimpancés, son los más sucios y mezquinos de todos los animales con los que puedas trabajar». Mahoney, especialista en muchas películas, tuvo muchos percances con nuestros primos hermanos y quizá sabía lo que decía, pero la verdad es que ¡declaraciones así no son propias de ningún Tarzán!

Ahora bien, los hechos son innegables y ya vimos como un chimpancé mordió la mandíbula de Mike Henry con los desastrosos resultados que contamos. «Hay que saber tratarlos», insistía el experimentado Mahoney en la entrevista antes citada. Y, sabido es que Weissmuller, al que le gustaban mucho los animales, desde el principio, estaba sobre aviso. El primer día que iba a rodar con Jiggs 1, Johnny vio como el chimpancé le enseñaba los dientes. Y, al aproximarse, Jiggs quiso morderle. Tranquilamente, el hombre mono hizo honor a su nombre, golpeó en la cabeza con el mango de su cuchillo de Tarzán al pobre simio y luego le enseñó el arma. Fue suficiente. El chimpancé le dio la mano en señal de paz y, desde entonces, Jiggs 1 no se separó de Weissmuller y jamás le hizo daño. Fue el comienzo de algo más que una buena amistad. Fue el principio de un amor de verdad que se extendería a Jiggs 2.

Amor y amistad, sí. ¡Pero cuidado!, como lo humanos, los chimpancés son muy celosos también. Y ¡qué bonito! -y al tiempo miserable-, las dos chitas, Jiggs 1 y 2, tuvieron celos negros de las secuencias amorosas interpretadas entre Maureen O Sullivan y Johnny Weissmuller. De tal manera que ambos chimpancés llegaron a atacar a la actriz durante el rodaje. «Jiggs sentía celos de mí y cuando me ponía al lado de Johnny me pegaba. Fijaos en esas fotos de publicidad en las que aparecemos Johnny y yo. En ellas, Chita siempre está al lado de él, no de mi», decía O Sullivan en una larga entrevista concedida unos años antes de su muerte.

Es innegable que los chimpancés profesaban un exagerado celo por el Tarzán olímpico. De hecho hay muchísimas secuencias en las películas de Weissmuller donde Chita besa amorosamente al hombre mono, especialmente al ser rescatada por su amo en *La fuga de Tarzán* (1936). En varios filmes, Chita consuela, acaricia y besa a un Tarzán abatido, como haría una fiel compañera humana. Y no pocos chistes se han hecho también con el tema.

Y, como decía O Sullivan, en muchas películas es habitual encontrar la imagen de Chita, cual perro con correa, agarrada -*atada*- a la mano de Tarzán, y es verdad que un buen número de los posters promocionales de los filmes explotaron esa imagen de fidelidad.

Al filo de los celos y los roles amorosos, tampoco es casual que decenas de los *gags* protagonizados por Chita tengan como materia la ropa femenina. Chita se prueba ligas, medias, enaguas y sombreros de cuanta mujer blanca se aventura en la selva. Y también se empolva la nariz -y, de paso, el trasero- con los polvos de Jane, tal y como podemos ver en *Tarzán y su compañera* (1934), *La fuga de Tarzán* (1936) o en *Tarzán en Nueva York* (1942).

Es curioso, pensando en todo ello, ahora se nos ocurre que un nuevo chimpancé- cuyo nombre no sabemos- le roba el vestido a Jane en *Tarzán y la ciudad perdida* (1998), quizá como un homenaje a los veteranos Jiggs. Es como una reencarnación, un ritual, un gesto que sesenta años antes hizo la monita amiga de Glenn Morris en *La venganza de Tarzán* (1938), dejando a Eleanor Holm desnuda junto al río.

Cual joven coqueta, Jiggs también se pintó los labios en algunas películas. Lo hace ya en *Las nuevas aventuras de Tarzán* (1935), con la ayuda del neceser de Dale Walsh, asombrando a los niños guatemaltecos y también en *Tarzán en Nueva York* (1942), la enorme jungla de asfalto hasta donde Jane se ha llevado sus pinturas de guerra.

Absolutamente mimetizada con sus compañeros humanos, a la Chita de Weissmuller la pierde además la comida, especialmente si es de los hombres civilizados -la roba en *La fuga de Tarzán* (1936)- y también la bebida, protagonizando espectaculares borracheras de buen whisky irlandés en *El tesoro de Tarzán* (1941) y *Tarzán en Nueva York* (1942).

Hacer globos con el chicle en *Tarzán y la fuente mágica* (1948), tocar la guitarra en *Tarzán y las sirenas* (1948), tirarse en paracaídas en *Tarzán y la cazadora* (1947), pescar con la ayuda de dinamita en *Tarzán y las amazonas* (1945) o disparar una ametralladora en *El triunfo de Tarzán* (1943), son algunas de las otras muchas cosas de humanos -las mejores y las peores- que podemos añadir a las habilidades de Jiggs. Todas son pequeñas proezas sobre las que se cimentaron los talentos de nuestra estrella peluda.

Ya lo contamos antes, Chita, como tal y con ese nombre, no aparece en las novelas de Edgar Rice Burroughs, aunque sí lo hace un primate llamado Nkima. En *Tarzán y el león de oro* (1927), un pequeño monito, más próximo al descrito por Burroughs en el referente literario, se posa varias veces en el hombro de Jim Pierce. Este inciso viene a cuento del nombre. Resulta curioso constatar que nuestra Chita en castellano viene del Cheetah inglés, voz africana aplicada al guepardo y que al equipo de guionistas de los primeros filmes de la MGM les pareció muy sonora.

En fin, todas estas boberías que hemos explicado serían contestadas por la simia gamberra con algún truco o broma. Riéndose como una loca. Pues una larga lista de filmes de Tarzán acaban con la risa de Chita, como si su carcajada fuera un resumen de la locura humana. En *Tarzán contra el Mau-Mau* (1952), el último plano de la película es el de Chita riéndose, sentada sobre un salvavidas del barco que lleva al Tarzán turco hasta la civilización. ¡Qué sabia la monita! Porque el pobre Tarzán no sabía lo que le esperaba en Estambul.

Además de Weissmuller, Lex Barker, Gordon Scott, Denny Miller, Mike Henry, Ron Ely, Wolf Larson, Joe Lara y Casper Van Dien fueron otros Tarzanes que pusieron una Chita en sus vidas. Lo hicieron con más o menos insistencia, con más o menos intimidad. Pero desde luego nunca tanta como la que pretende Chicho Siqueiro, el hombre mono cómico y en sandalias de Manolo Summers, que quiere beneficiarse a su pobre compañero Chito en *Tarzán y el cementerio civil de los elefantes* (1990). «Y a la Chita, callando», dice Guillermo Summers, porque el guionista Federico Volpini no puede reprimir el chiste fácil.

Y también es cierto que, además de los dos protagonizados por Jock Mahoney, hay algunos filmes de Tarzán donde Chita no aparece, como *Tarzán y el león de oro* (1927), *Tarzán en la gruta del oro* (1969) o *Tarzán y el arco iris* (1971), estas dos últimas protagonizadas por Steve Hawkes. Pero sin ella, parece como si Tarzán estuviera más solo.

«El chimpancé es como de la familia», se excusa Jane ante el atónito recepcionista del hotel de *Tarzán en Nueva York* (1942). Ya se lo decía Groucho Marx a Margaret Dumont, sentados y abrazados los dos en el típico banco romántico de un parque en *Un día en las carreras* (1937): «Vivimos la eterna historia de amor... Romeo y Julieta... Tarzán y los monos».

No podemos ignorar tal aseveración de uno de nuestros pensadores de cabecera. Obedeciendo al Marx más mediático, y siguiendo el fuerte rastro que la relación de humanos y primates nos ha dejado como herencia el mundo Tarzán, un capítulo aparte lo merecerían las películas que desde el comienzo de los tiempos del cine han utilizado a los monos, especialmente chimpancés y gorilas, como reclamo comercial o incluso como claros protagonistas. El problema es que un estudio pormenorizado de lo que en la práctica es casi un subgénero, llevaría a este libro hasta unos límites y extensión que se situarían bastante más lejos de adonde puede llegar. Pero, al menos, mencionaremos unos cuantos ejemplos de esta ramificación tarzanesca tan frecuentada en el pasado, y que tuvo su etapa dorada a la sombra del cine del hombre mono.

Ingagi (1930) -palabra que en swahili significa gorila- fue una película de extraño éxito en España, cuando se estrenó en enero de 1932, quizá porque aprovechaba la "moda africana" para mostrar nativas desnudas, secuestradas por gigantescos gorilas. El filme se publicitaba con una foto de un actor metido en su disfraz -enorme, salvaje y peludo- sosteniendo a una mujer semi desnuda. Y la película se vendía con esta singular frase: «como demostración irrefutable de la alta temperatura en que tuvo que filmarse esta película -50 grados-, el público observará que la emulsión quedó reblandecida por el calor». ¡Toma ya! Eso si que es temperatura *hot*. ¡Seguro que en la historia del chollo comercial no hay muchos modos más exóticos de publicitar algo!

En cualquier caso, los ingredientes del "cine de simios" ya estaban claros en *Ingagi*: bella y bestia juntos. Englobando esa parte del inconsciente, el terror y el sexo, la deformación y la belleza, la animalidad y la civilización, el monstruo y el ángel, todo en un revoltijo de pulsiones. Luego vino *King Kong* (1933), obra maestra absoluta, hermosa metáfora del deseo, que fue como poner al día el mito de Europa raptada por el Toro, el amor de Lea y el cisne, el de Titania y Bottom, el de Quasimodo y Esmeralda, el del Lobo y Caperucita...

Porque la belleza refinada e hipnótica, apasionada, que lleva a la destrucción al animal, por supuesto que significa mucho. ¡Qué bonitas son las palabras que a su amado amo le dedica la actriz Fay Wray en la autobiografía titulada con mucha propiedad *On the other hand*! : «Te llevaste el pétalo de mi falda a la nariz y lo husmeaste... Desde entonces, durante más de cincuenta años has dominado mi vida y también desde entonces hablar de mi es pensar en ti». Y Wray cuenta, más adelante, que su pequeño hijo, tras ver la película, le dijo: «Kong no quería hacerte daño mamá, es que le gustabas».

Como cualquier cinéfilo sabe, el simio gigante conoció varias versiones más. La interpretada por Jessica Lange en 1976 o la revisión con Naomi Watts de 2005, fueron notables. Sin olvidar otras variantes de "gorila gigante versus rubia" como la tosca y encantadora *El gran gorila* (1949) y su remake más sofisticado *Mi gran amigo Joe* (1998), donde el espabilado simio jugueteaba con la bellísima Charlize Theron. Y hasta hay una graciosa y gamberra réplica femenina del mito, *Queen Kong* (1977), con la gigantesca gorila del título trepando al Big Ben con su amado Ray Fay -indudable homenaje a Fay Wray- en la mano.

La inevitable identificación del espectador masculino con el simio desatado -y, frecuentemente poseído por el enorme deseo de gorila y de otras emociones muy humanas- ha propiciado no pocas obras sobresalientes como *La isla de las almas perdidas* (1932), *Los crímenes de la calle Morgue* (1932) o *Morgan un caso clínico* (1966). Esa identificación simio-hombre también abonó el terreno en el que florecieron docenas de pequeñas películas, dotadas de una refinada poesía, que hoy es más fácilmente apreciable que entonces. Fueron muchas en verdad. De entre todas, citaremos sólo unas cuantas como *La mujer y el bruto* (1925), *Nabonga* (1944), *Jungle woman* (1944), *Bride of the gorilla* (1951), *Gorilla at large* (1954) o *Bride and the beast* (1958). Algunas giraban alrededor de niñas criadas y cuidadas por gorilas y monos.

También hay chimpancés asesinos muy inquietantes en la magistralmente delirante *Phenomena* (1984) de Darío Argento. Y orangutanes peligrosos, inteligentes o simplemente tozudos, en *Link* (1986). Como ya vimos al hablar del *Greystoke* (1984) de Christopher Lambert, el cineasta Marco Ferreri fue un notable experto en trazar una inteligente línea entre simio y hombre moderno, dos extremos de la evolución más próximos de lo que parece. Especialmente con los filmes *Se acabó el negocio* (1963), *Adiós al macho* (1978) y *I love you* (1986). Fueron tres crónicas contundentes, melancólicas y angustiosas, que giraban alrededor del papel del hombre moderno y de su imposibilidad de construir una sincera relación de pareja con la mujer. Las tres obras reproducían ecos de otros filmes del mismo autor, como *Dillinger ha muerto* (1969) o *La última mujer* (1976).

La imagen del gran gorila, un King Kong desmembrado de enormes ojos abiertos cual peluche, precipitado desde algún rascacielos, muerto en la playa de una Nueva York espectral, en *Adiós al macho* (1978), con los desorientados gorilas humanos Marcello Mastroianni y Gerard Depardieu solidarizándose con el drama de macho derrotado, es uno de esos aciertos visuales de un cine que hoy añoramos. Un cine que en nuestros días brilla por su ausencia. El cine de hoy parece haber perdido toda esa capacidad de sugerencia.

El fantasma de un Tarzán urbano, desposeído de su alegría y libertad, surca *Adiós al macho*, con ese bebé de gorila -en realidad un chimpancé- adoptado por Depardieu y Mastroianni. Los actores representan al hombre viejo y al joven, que crían a la pequeña chimpancé Cornelius "interpretada" por la maravillosa estrella Bella, un simio sorprendentemente humano. Los machos humanos confundidos la cuidan como al hijo que no van a tener. Es el nuevo hombre, el nuevo ser que nace del macho derrotado. Y también es la llamada de la selva, que resuena en los corazones urbanitas. El dolor y la confusión del mundo moderno.

Siguiendo la influencia de Ferreri -y el rastro de Buñuel- Nagisa Oshima hizo una empanada mental, una fábula insostenible, situada entre la zoofilia y la angustia existencialista, titulada *Max, mi amor* (1986), con una Charlotte Rampling enamorada de un chimpancé, ante la incomprensión de su marido diplomático. Viendo como la Rampling acaricia al chimpancé, Anthony Higgins se queja amargamente: «A mí nunca me has mimado así».

Y el director catalán Carles Jover, adaptando *La magnitud de la tragedia* de Quim Monzó, rodó *Primats* (1997), otra película sobre la condición masculina apoyada en la estrecha línea que nos separa de nuestros primos hermanos, en este caso un gorila -en perpetua erección- conviviendo con un matrimonio que tiene problemas de comunicación sexual.

En muchos filmes, el primate es un hermano mono al que hay que estudiar y ayudar, como tributo fraternal y casi cosmogónico de nuestra naturaleza pasada. La moda realmente la inaugura *Gorilas en la niebla* (1988), biografía de la estudiosa Dian Fossey, interpretada por Sigourney Weaver, que llevó su lucha por los gorilas de montaña más allá del sacerdocio.

Y en el capítulo de amores maternales, o fraternales, también debemos apuntar la historia de *Buddy* (1997), un pequeño gorila -diseñado por los artistas herederos de Jim Henson- al que salva y cuida René Russo. Al crecer y hacerse una bestia parda el pobre Buddy no es capaz de adaptarse a la vida civilizada de los años treinta, a pesar de que su madre adoptiva lo trata como a un pequeño humano. «Sabía que Buddy podía pensar y amar, pero lo que no sabía era cuanto podía sufrir», dice el personaje de Russo, basado en la figura real de la excéntrica millonaria Trudy Lintz.

El carácter irascible del gorila, que es sociable pero que no se anda con bromas con los humanos manipuladores, es también la base argumental de *Congo* (1995), donde, a pesar de los pesares, una gorilita simpática salva a Dylan Walsh de sus congéneres albinos, que son unos gorilas blancos, feos, arrugados y con muy malas pulgas, que protegen sus diamantes de la habitual codicia de los hombres.

También es una hembra gentil la gorila de *Nacida salvaje* (1995), peliculita familiar con adolescente urbanita -Wil Horneff- que rescata al sufriente primate de la jaula de un circo regentado por el gran Peter Boyle y lo devuelve a la naturaleza. Por el contrario, en *Ed, el chimpancé* (1996), el simio del título -una actriz, Denise Chaser, dentro de un perfecto disfraz- se convierte en una estrella del béisbol. Así que aún hay monos felices viviendo en la locura humana. Por cierto, la película que acabamos de citar se filmó sin una sola imagen real de un chimpancé de verdad.

Barefoot executive (1995), una aparentemente inofensiva cosita para la televisión, juega con una pequeña maldad, una ingenua broma cruel que orbita sobre la hipotética capacidad de un chimpancé para predecir qué productos de televisión funcionarán mejor, antes de que se emitan. «¿Quieres decir que un puto mono sabe lo que va a funcionar? Eso no dice nada bueno de nuestra audiencia», le brama un inútil ejecutivo al ambicioso joven interpretado por Jason London.

En *La disparatada parada de los monstruos* (1996), parodia de *Freaks* (1932), el clásico de Tod Browning, un doctor loco interpretado por Randy Quaid-caracterizado como Buffalo Bill -pasea de feria en feria una serie de maravillas de la naturaleza manipuladas genéticamente. En la función, entre el hombre lobo, una especie de teleñeco con cabeza de calcetín y una mujer barbuda interpretada por el Mr. T de *El equipo A*, sobresale un gorila funky al que el público abuchea. Un bicho atormentado, que maldice amargamente su suerte, odiando a los humanos: «Me gustaría ser Tarzán, para daros vuestro merecido», dice.

En la poderosa y salvaje alegoría *Underground* (1995), Emir Kusturica bromea con esa identidad inseparable que existe entre monos y hombres, decantándose claramente a favor de la naturaleza simia. Cuando, hacia el final de la película, el protagonista se encuentra a Soni, la chimpancé que había estado buscando durante todo el filme, humano y animal se besan y salen de las alcantarillas en pleno tiroteo en Belgrado. Parece el único acto racional y de amor que es posible en la ex Yugoslavia, arrasada por las atrocidades de los humanos. Mono y hombre encuentran un mundo bárbaro y el chimpancé se queja, más humano que nadie, inconsolable ante el suicidio de su amigo.

Resulta difícil ver con serenidad *Proyecto Nim* (2011), poderosísimo documental de James Marsh sobre el maltrato animal, que narra las desventuras de el célebre chimpancé, criado como si fuera un ser humano, sometido a todas las absurdas leyes irracionales de nuestra educación. Nim, atormentado por mil dependencias artificiales -incluso afectivas- nunca conoció la libertad. «Aprovechamos su naturaleza humana, obviando la animal», dice el narrador.

Pero creemos que no hay plano más escalofriante que el que contiene *Echoes from a sombre empire* (1990), documental de Werner Herzog sobre el sangriento dictador congoleño Bokassa. El filme se cierra sobre un primer plano de un chimpancé encarcelado, que, fumando melancólicamente entre rejas, mira a la cámara. Hay miradas que son más que humanas.

28
UMGAWA TIMBA!

El triunfo de Tarzán (1943) -la primera de las películas de Johnny Weissmuller sin Maureen O Sullivan- se abre con un bonito plano ideado por William Thiele, que fue uno de los muchos directores de la floración vienesa emigrados a Hollywood, huyendo del nazismo.

La primera imagen del filme dirigido por Thiele, es la sombra bamboleante de una rama cargada de hojas y proyectada sobre el lomo del pequeño elefante Bully, huérfano adoptado por Timba a instancias del hombre mono. Bully es toda una mascota de peso con la que juegan habitualmente Chita y Boy. Y este plano es casi una declaración de principios, porque el elefante es uno de esos elementos imprescindibles del mundo Tarzán.

Durante décadas, los elefantes de las películas de Tarzán fueron en realidad paquidermos asiáticos de circo, tuneados con unas orejas postizas, y, también-a veces- con unos largos colmillos de pega. Eran, pues, bichos fraudulentos que remedaban a los africanos, más grandes y quizá imposibles de domar.

De niños sospechábamos algo raro de aquellas orejas arrugadas, extrañamente bamboleantes. Tan acartonadas como lo estaban las de burro con las que nos coronaban los sádicos profesores de las aulas franquistas.

Realmente, esos apéndices postizos siguen cantando hoy. Y resulta francamente triste, que en filmes o series de los años ochenta y noventa, tarzanes como Miles O Keeffe, Wolf Larson o Casper Van Dien, aún cabalguen a lomos de elefantes indios, estén tuneados o no, que algunos aún lo están. Quizá, en el futuro, la mentira de la imagen virtual nos haga comernos estas palabras. Los dioses del cine no lo quieran.

Pero no siempre se procuró el engaño, al menos en los primeros filmes mudos de Elmo Lincoln los elefantes no tenían adminículos para disimular su origen indio. Cierto que nadie lo notaba, aunque se pasearan por la jungla africana de California. Entonces, muy pocos espectadores sabrían distinguir un paquidermo de la India de uno del África Central.

Tanto va el cántaro a la fuente... Se da el caso curioso que, por exigencias de producción, Tarzán tuvo que viajar a Asia a salvar elefantes en *Tarzán va a la India* (1963). Y esta vez, por lógica, no hubo problema en que fueran indios. La mitad del argumento de dicha película gira sobre los paquidermos que Tarzán debe poner fuera del alcance de una presa amenazante que va a inundar toda la región. El hombre mono tiene además que enfrentarse a un ejemplar, líder loco de la manada, que mete miedo. Lo hará con la ayuda de Gajendra, la mascota que cuida el niño Jai.

Si bien, siguiendo con fidelidad las novelas de Burroughs, en el film mudo seminal de 1918 y en su secuela *Las aventuras de Tarzán* (1922), Elmo Lincoln llama Tantor a su amigo paquidermo -como lo hace también Frank Merrill en *Tarzan, the tiger* (1929)- lo cierto es que, además del Timba de las películas de Weissmuller, el elefante ha tenido muchos otros nombres en el cine tarzanesco. Por ejemplo, en *Tarzán de las fieras* (1933), Buster Crabbe lo apoda Cango. Y si en *Tarzán y el arco iris* (1971) el hombre mono se llama Zan y Jane responde a la extraña llamada de Irula, parece lógico que el elefante de este delirio acuda cuando su dueño y señor le llama por el, hasta ahora inédito, nombre de Aga. Y Jock Mahoney se entiende de maravilla llamándole Hambriento al pequeño Hungry de *Tarzán en peligro* (1963).

Pero, como señalábamos antes, a pesar de todo, la verdad es que en nuestra memoria triunfó para siempre la manera en que Tarzán-Weissmuller nombra a sus colegas paquidermos: Timba o Kimba, dependiendo de algunos doblajes.

Timba es el nombre de una reserva en el Sur de África y lo cierto es que el significado africano de la palabra Kimba- además de confianza- puede ser también cachorro. Así que es "lógico" que papá Tarzán la empleara para llamar así a Boy, siguiendo el lenguaje de puro *tripi* creado por Burroughs en sus novelas. Una mezcla de swahili y chapuza barata, que aún derivó después por caminos más caprichosos en los filmes posteriores.

La palabra Timba va asociada a otra con sonoridad muy familiar, *umgawa* o *engawa* -en las versiones originales de las películas pronunciada como engábuaque también, para variar, puede encerrar múltiples significados, tan divergentes como arriba, abajo, andando, atrás, para, basta, vamos o ven. En los filmes de Weissmuller también escucharemos *ongawa* -léase angábua- que viene a ser marchar, ir o actuar. Puf, ¡qué lío! ¡Ya lo estudiaremos mañana!

¿Quién no recuerda, desde lo más profundo de sus evocaciones infantiles, aquella orden mágica que parecía un sortilegio: «¡Timba, umgawa. Umgawa Timba!». Como el grito de Tarzán, tal frase valía para cualquier cosa y el elefante, al escuchar la orden, se paraba, caminaba, iba, venía, empujaba o tiraba. Nunca una palabra tuvo tantos significados.

Umgawa fue también ungowa, oongowa y hasta egow, pero casi siempre -en inglés o en castellano- nos sonaba igual: andagua o angawa, decíamos los niños tirándole de las orejas a cualquier compañero. Cosas del doblaje.

Tal es el desconcierto babélico que Tarzán Weismuller también utiliza la sonora orden para movilizar a Chita, como oímos, por ejemplo -entre otras muchas películas- en *La fuga de Tarzán* (1936), filme en el que la propia Jane no puede contenerse y elabora un chascarrillo umgawa cuando el cómico explorador Herbert Mundin intenta que el elefante tire de la liana que eleva el ascensor de la casa del árbol. Por supuesto que el paquidermo no obedece las órdenes del pequeño cómico inglés y Jane bromea con Mundin: «Quizá no está diciendo la palabra adecuada». Esa palabra es, por supuesto, ¡umgawa!

Umgawa, por servir, hasta sirve para humanos, ya que en *La fuga de Tarzán* (1936), Weissmuller le pregunta a Jane-O Sullivan si quiere dejar la selva, y lo hace de este expresivo modo: «¿Jane ir... ir con gente... umgawa?». ¡Hay que sencillo -o que lío-, si todos los idiomas fueran tan deliciosamente limitados!

Pero, volviendo a los elefantes, debemos señalar que son el perfecto vehículo terrestre para transporte rápido, especialmente cuando no hay tiempo de recurrir a las lianas. Muchas de las películas de Weissmuller terminan con Timba llevando a la sagrada familia subida a su lomo, de vuelta a casa, más allá del escarpado Mutia.

Y es que todo Tarzán que se precie monta un elefante. Lo hicieron desde el turco Tamer Balci hasta Jock Mahoney, pasando por Gene Pollar, Buster Crabbe, Johnny Weissmuller, Lex Barker o Herman Brix. Aunque es bien cierto que, en las películas a colores de los sesenta y setenta- y en la serie televisiva interpretada por Ron Ely- el elefante va cediendo paso a otras monturas, como la cebra que Tarzán monta cual jinete en derby de Ascott.

«Con un grito extraño, Tarzán había llamado en su rescate a Tantor el elefante», escribe Burroughs en su novela *El tesoro de Tarzán*. Y, efectivamente, Tantor acude y carga contra los sacerdotes de Opar y contra la reina La, una sacerdotisa muy celosa y artera que, en plan bruja de Zagarramurdi, iba a quemar al héroe en la hoguera.

Porque, con propiedad pasmosa, el elefante es también el ejército pesado del rey de la jungla. A la llamada del hombre mono, todos marchan cual tanques para arrasar algún poblado pigmeo o caníbal. Ahí van los paquidermos, venga a escacharrar casitas de paja y vallas de madera, a pisar negritos, en *Tarzán de los monos* (1932), *La fuga de Tarzán* (1936) o, más recientemente, en *Tarzán, el hombre mono* (1981). Aunque en *El tesoro de Tarzán* (1941), en lugar de atacar la aldea de los salvajes, hacen su fin de fiesta en el río, hundiendo las canoas de la tribu.

Los elefantes a la carga también son una fuerza disuasoria para hacer correr al malvado hombre blanco, un insensato que los quiere capturar para el circo. O, directamente, acuden a la llamada del hombre mono para cargar sobre el coche del malo Charles Bickford, en la recta final de *Tarzán en Nueva York* (1942).

Los elefantes suelen tomarse venganza en los facinerosos que quieren quitarles sus colmillos. Lo vemos en *Tarzán y la mujer diablo* (1953), *Tarzán y sus compañeros* (1958) o en *Tarzán y la ciudad perdida* (1998), donde Casper Van Dien y Jane March liberan de una afilada trampa a un elefantito, al que tratan de la misma manera que Elsa Martinelli mimaba al pequeño paquidermo en *Hatari!* (1962). Esta hermosa secuencia es una afortunada recreación de otra que protagoniza Johnny Weissmuller en *Tarzán de los monos* (1932), donde el héroe rescata a un elefante atrapado en una trampa, y lo hace con la ayuda de un grupo de congéneres del bicho en peligro.

Y es que la ONG andante que es Tarzán ha curado unos cuantos elefantes heridos, como vemos, entre otras, en *Tarzán en la selva escondida* (1955) donde Gordon Scott ayuda con un emplasto milagroso a un pequeño paquidermo herido por los malvados Richard Reeves y Charles Fredericks.

Y, aún a pesar de tantas muestras de hermandad, el elefante, por lógica, a veces se comporta como si estuviera en una cacharrería. En las novelas de Burroughs, el elefante Tantor no aparece tan obediente como en las películas de Weissmuller. Ni mucho menos. Incluso, en algunos libros, Tarzán debe huir o enfrentarse a él, sobre todo cuando el paquidermo está en celo. Y no se puede jugar con un elefante desatado o cabreado. Ya se lo dice Jock Mahoney al desconsolado niño domador de elefantes, que ve como su mascota pierde los papeles y se carga en un pis pas al malo de turno en *Tarzán va a la india* (1963). «Es su naturaleza», asegura, conciliador y realista, el hombre mono.

Pero, como vimos, todo es posible aplicando la paciencia y los dones de la jungla. En *Tarzán, el hombre mono* (1981), el buscador de marfil que interpreta Richard Harris apacigua a un peligroso elefante herido, ¡cantándole una nana irlandesa! Y Boy llega a entrenar como a perrillos a los tres elefantitos huérfanos de *Tarzán en Nueva York* (1942).

Efectivamente, en las manos adecuadas, los elefantes son, en el fondo, como perrillos o mansos bueyes. La fuerza de Kimba la utiliza Tarzán para salir de la jaula de acero en la que está encerrado en *La fuga de Tarzán* (1936). El elefante Tantor coge con su trompa a Tamer Balci y lo lleva hasta el agua para reanimarlo del disparo del malo en *Tarzán contra el Mau Mau* (1952). Esa situación de la película turca está descaradamente copiada del primer Tarzán de Weissmuller y es algo que también veremos en otros muchos tarzanes heridos, rescatados y transportados en la trompa del elefante, camino de una orilla de río. ¡Se ve que el agua en África tiene propiedades milagrosas!

Kimba es algo así como el aliado todo terreno. Vale para todo. Incluso, en *Tarzán en el cementerio civil de los elefantes* (1990), ¡vale de improvisada cama donde el hombre mono y su mujer hacen el amor! ¡El elefante realmente es un animal totémico e imprescindible para Tarzán!

Al menos, dos películas de Johnny Weissmuller, *Tarzán de los monos* (1932) y *Tarzán y su compañera* (1934), se abren con el ¡mismo! plano: un grupo de porteadores negros llevando la pesada carga de grandes colmillos de elefante. Y es que muchos espabilados llegan a la selva a buscar elefantes para quitarles sus piezas dentales. Sean buenos o malos, científicos o villanos, el caso es que el marfil es el oro blanco que todos codician. Lo anhela tanto el noble C. Aubrey Smith, padre de Maureen O Sullivan en *Tarzán de los monos* (1932), como el malvado Paul Cavanagh de *Tarzán y su compañera* (1934). Y también los cazadores Raymond Burr, Monique Van Vooren y Michael Grainger de *Tarzán y la mujer diablo* (1953). Y los colmillos son igualmente codiciados por los «americanos ricos» y frívolos de *La venganza de Tarzán* (1938).

«El sudeste de África está lleno de oro blanco. Una fortuna al alcance de la mano esperando que la recojamos», dice el malo Raymond Burr en la mencionada *Tarzán y la mujer diablo* (1953) y los ojos le brillan como si fuera a cargarse a la muy dorada Grace Kelly de *La ventana indiscreta* (1954). Todo por el oro.

Así pues, el marfil es uno de los motivos de que la selva de Tarzán se llene de villanos oportunistas, ingenuos soñadores y cazadores sin escrúpulos, que quieren llevarse unos cuantos colmillos y que buscan el legendario cementerio de los elefantes a donde van a morir los paquidermos heridos o enfermos. «Un elefante siempre sabe cuando va a morir y, cuando siente la llamada, se va a un misterioso lugar tabú situado al otro lado del monte Mutia», acaba de ilustrarnos Jane-O Sullivan en *Tarzán de los monos* (1932). Nuestra maestra favorita recalca también la naturaleza yuyu que los paquidermos tienen para sus salvajes guardianes, especialmente para la tribu de los waziri: «El elefante es sagrado, y muerto mucho más».

En *Tarzán en el cementerio civil de los elefantes* (1990), Manolo Summers juguetea con ese lugar tabú, del que, según el C. Aubrey Smith de *Tarzán de los monos* (1932), «nadie que lo ve, sale vivo». Esa es la obsesión de los malos de pacotilla interpretados por Guillermo Summers e Ignacio Salas, dos tozudos desastres andantes que acaban encontrando el mítico lugar, pero lo hallan, lógicamente, cerrado por defunción.

«Solemne y maravilloso», dice Jane al llegar, propiamente, a lomos de elefante, hasta tal escenario mítico, separado del mundo por la cortina de agua de una catarata. Tras ese telón está un a modo de El Dorado con miles de colmillos y huesos. Allí, como viejo paquidermo que es, muere C. Aubrey Smith, el padre aventurero de Maureen. «Encontró lo que buscaba», dice Jane, como epitafio.

El primer bramido de un elefante que escuchamos en el cine fue el de Tantor en *Tarzan the tiger* (1929). Tantor contestaba al muy cutre alarido de Frank Merrill, y, a continuación, entraba la música, distorsionada y atronadora. Música y efectos sonoros era lo único que se podía escuchar en esa incipiente primera versión sonora de Tarzán.

Luego, ya perfeccionado el sonido, los bramidos de las manadas de elefantes, cargando contra malos o salvajes, fueron no pocas veces el fin de fiesta sonoro, algo molesto pero inevitable, triunfante en los últimos minutos de muchas de las películas de Johnny Weissmuller.

Hace unos años, leímos en un periódico norteamericano -no recordamos cuál- que fueron hasta cien elefantes distintos los que poblaron las selvas cinematográficas de Tarzán. ¡Menudo dato! Por mucho que busques resulta imposible contrastarlo. Pero es cierto que algunas de estas estrellas de peso, como el mono Jiggs, Mary, la rinoceronte que cabalgó Weissmuller en *Tarzán y su compañera* (1934) -y que trajo de Alemania el especialista George Emerson comprándola por 10.000 dólares- o Major el león de Mike Henry, dejaron constancia de su nombre.

No nos resistimos a hacerles un homenaje a estos inolvidables paquidermos del cine. Charlie llevó sobre su lomo a Gene Pollar en 1920. Tantor, que soportó a Elmo Lincoln, fue el pobre bicho desafortunado que, asustado, mató en un accidente al joven actor Kamuela Searle, durante el rodaje de *The son of Tarzan* (1920). Emma era la elefanta Timba de la mayoría de las pelis de Weissmuller. Hungry, el elefantito, llevó a un viajero Jock Mahoney en *Tarzán en peligro* (1963). Gajendra y Ranga, dos venerables ancianos de más de cien años, transportaron a Mahoney en *Tarzán va a a la India* (1962). Y, por último, Modak, un apacible macho de treinta años y cinco toneladas, permitió que lo cabalgara Ron Ely en la serie de televisión de los años sesenta. Pero el pobre, por más manso que pareciera, aplastó a su cuidador, asustado por unos perros. Y lo mataron a tiros.

29
LA SONRISA HORIZONTAL DE LOS COCODRILOS

En la brumosa y fantasmagórica historia de narraciones terroríficas contadas sobre cocodrilos depredadores de niños, está el caso real de uno llamado Gustave que vivió cien años y que medía más de siete metros. El bicho habitó el norte del lago Tanganika, uno de los más grandes del mundo, situado entre el Congo y Tanzania -escenario de muchos tarzanes cinematográficos- causando más de doscientas muertes de personas. A día de hoy no se sabe si Gustave sigue vivo, aunque la BBC y otros naturalistas lo filmaron por última vez, cerca de Burundi, en el año 2011.

El tamaño antediluviano del cocodrilo -o del caimán americano- como algo que, de plano en plano, crece más que el Tiburón de Spielberg, ha sido explotado en no pocas películas, donde los bichos además de gigantescos, son astutos como demonios. Podríamos mencionar muchos ejemplos como *El territorio de la bestia* (2007), *Lake placid* (1997) o *La bestia bajo el asfalto* (1980), pero extendernos sobre este tema seguramente significaría, una vez más, salirnos de los márgenes de este libro.

Los cocodrilos, que son franca representación del mal y de la oscuridad para las culturas africanas, constituyen otro auténtico clásico de todas las películas de Weissmuller. Pero especialmente activos están en *El tesoro de Tarzán* (1941) dando cuenta de nativos y cazadores con gran delectación y alborozo.

Aunque mucha gente -y algún estudioso- piensa que es así, lo cierto es que Weissmuller no fue el primero en bailar su célebre danza de la peonza con un saurio. Al Frank Merrill de *Tarzan the mighty* (1928) es al que hay que anotarle en su haber tal hazaña. Aunque este es un dato en verdad poco conocido.

El saurio es animal totémico para los wazuri -llamados waziri en otras ocasiones de la filmografía tarzanesca- una tribu que pelea contra nuestro héroe en varias películas, entre ellas *Tarzán, furia salvaje* (1952), donde la Jane de Dorothy Hart es torturada por los guerreros y amarrada a un enorme potro con forma de cocodrilo, armado de dientes gigantescos. En esta película los salvajes lo son y mucho, ya que utilizan a los pobres niños de la tribu -y a Boy también- como anzuelo vivo para cazar a los cocodrilos. Los infantes, atados con una cuerda, cual gusanitos ensartados en el extremo del sedal, atraen a los bichos hambrientos hasta que están a tiro de lanza de los cazadores. Y aquí Lex Barker deberá hacer muchos trompos con el enorme cocodrilo de caucho para salvar al pequeño Tommy Carlton.

Tarzán lucha con saurios en muchos otros filmes, como en *La gran aventura de Tarzán* (1959), donde Gordon Scott pelea con uno para salvar a la atolondrada Sara Shane. El de este filme es un combate mucho más realista -si es que podemos utilizar esta palabra en un cuerpo a cuerpo entre hombre y cocodrilo- que los de las viejas películas en blanco y negro. Empezando por la sangre roja del Eastmancolor de Pathé que fluye a borbotones hacia la superficie. Tarzán-Scott vence al cocodrilo con su cuchillo, al viejo estilo Weissmuller, haciendo docenas de giros en el agua, como quien retoza en un aquapark con un cocodrilo de plástico.

La cosa tiene su fundamento. Según leemos por ahí, los cocodrilos, cuando atrapan una presa medianamente grande -de un tamaño que no les permite engullirla de golpe- giran para ahogarla y también para ejercer mayor presión con sus fauces. De ahí el tantas veces traído y llevado cachondeo de los trompos coreográficos en el agua, danza sin par que bailan Tarzán-Weissmuller y su pareja el saurio de plástico.

Con tanto ajetreo, el enorme cocodrilo artificial de 10 metros con el que metían a Johnny en la piscina para las filmaciones acuáticas, se rompió dos veces y hubo de ser reconstruido. Como la Moby Dick de John Huston o el Tiburón de Spielberg.

En el reino del caucho, látex, plexiglás y demás materiales hinchables, más que muerto parece el cocodrilo disecado con el que pelea Steve Hawkes en *Tarzán y el arco iris* (1971). Y, por el contrario, muy espabilado y motivado se muestra el que acecha a la desnuda Jacqueline Wells, una insensata que juguetea en el río a la espera de que Buster Crabbe la salve en *Tarzán de las fieras* (1933).

Pero, sobre todo, es en las películas de Tarzán-Weissmuller, donde el cocodrilo se convierte en un celebrado lugar común de resonancias hasta nostálgicas. Y todo niño amante de las aventuras tarzánidas sabe que el bicho está ahí, acechando en algún meandro del metraje. Sus apariciones eran clamorosamente aplaudidas por la parroquia en los cines de barrio de mi infancia.

Lo que la gente ya no sabe es que esa secuencia de Johnny versus cocodrilo. era siempre la misma, repetida en cinco películas de Weissmuller -y hasta en la de Denny Miller, previamente coloreada- con pequeñas variaciones de montaje, añadiendo en cada filme algún descarte que no se había utilizado en las otras ocasiones. Si nos fijamos bien, y si podemos tomarnos tiempo para comparar, lo vemos muy claro si miramos juntas *Tarzán de los monos* (1932) y *Tarzán y su compañera* (1934). Se nota menos en *La fuga de Tarzán* (1936), donde, para salvar a un tierno cervatillo, Weissmuller hace sus habituales remolinos, esta vez prolongados hasta la extenuación, agarrándose al pobre cocodrilo de goma con más entusiasmo que nunca. Los dos, Tarzán y el lagarto gigante, giran cual peonzas en un número acuático digno de Esther Williams y sus chicas del coro. Tras la masacre, y después de limpiar el cuchillo, el hombre mono devuelve el bambi rescatado a su mamá.

¡Curiosa manera de hacer cumplir la ley de la jungla! Tarzán mata al cocodrilo para salvar a la gacelita de turno, pero permite impasible que una familia de grandes lagartos se coman a los negros que caen al río en *La fuga de Tarzán* (1936). Cosas de la selección (anti) natural.

El cocodrilo es, ¿cómo decirlo?, muy vistoso. Sugiere peligro y exotismo a partes iguales. Por eso está también en la cabecera de la serie rodada en los años sesenta para televisión, interpretada por Ron Ely y producida por Sy Weintraub. Aunque la pelea con el saurio es otro *must* inevitable, un peaje que casi parece obligatorio, lo cierto es que, a veces, la batalla hombre-bestia está tan pobremente filmada, como vemos, por ejemplo, en *Tarzán en las minas del rey Salomón* (1973) que sería mejor suprimirla. Y es que en muchas ocasiones la cosa roza el ridículo más lamentable y es pasto fácil de la sátira. Véase sino la parodia que perpetra Manolo Summers en *Tarzán en el cementerio civil de los elefantes* (1990), donde el Tarzán Chicho Sequeiro salva a Jane de un cocodrilo decididamente *peterpaniano*, saliendo triunfante del agua con un bolso y unos zapatos hechos con la piel del animal vencido.

Curiosamente, casi todos los filmes *modernos* han dejado fuera este ingrediente imprescindible, como sucede en *Tarzán y la ciudad perdida* (1998). Quizá fue así por la dificultad de darle un tono mínimamente creíble a las peleas. Y la verdad, pensamos que en estos últimos años los *animatronics* y las imágenes de síntesis permitirían cualquier cosa que en los años setenta, ochenta y noventa eran impensables. Esto se vislumbra ya en *Ace Ventura, operación África* (1995), donde el repelente émulo de Tarzán interpretado por Jim Carrey se las entiende de maravilla con un aligator mecánico basado en un sistema parecido al de los toros mecánicos de las ferias.

En el cine de los setenta hubo excepciones a esta regla de huir de la clásica pelea con el cocodrilo. Y, curiosamente, fue en las cinematografías más subdesarrolladas, como la nuestra. Siempre se atreve el que menos tiene, como hicieron, con ingenio, los responsables -es un decir- de *Tarzán y el tesoro kawana* (1974), despendole donde Tarzán y los salvajes de la tribu del título devuelven los codiciados diamantes del tesoro al río para que los cocodrilos los cuiden de los desaprensivos. En el filme se habla de cocodrilos si, pero no se ven. Todo después de un amago de pelea Tarzán-saurio que, ante los problemas de producción, realmente no fue tal.

Y no todo saurio es pavoroso. De cómic resulta aquel de *El tesoro de Tarzán* (1941) que se quiere merendar al buen Barry Fitzgerald, un irlandés con innegables recursos que, hábilmente, le coloca un palo en la boca al bicho, impidiéndole cerrar las fauces.

Los gigantescos cocodrilos del *Tarzán* (1999) animado de Disney, sobre los que el héroe salta -de cabeza en cabeza, como hacía el James Bond de Roger Moore en *Vive y deja morir* (1973)- se nos antojan -por lógica, ya que son hijos naturales de él- como aquel saurio de *Peter Pan* (1953), insistente y cenizo. El pobre era un Moby Dick tristón, que se tragó un reloj, como el que se merienda la Chita de *Tarzán en peligro* (1951). Y es que el cine es un *ritornello*, un *continuum*, incesante de imágenes. De Peter Pan a Tarzán, y de ahí a James Bond...

30

MÁS BESTIARIO: FIERAS Y BICHOS VARIADOS

Sobre el papel, el bestiario de las novelas de Burroughs ya era fantástico de verdad. Y parecía un arca de Noé, en la que todos los animales tenían nombre africano: Sheeta, el mono, Tantor el elefante, la leona Numa y el león Sabor, Dango la hiena o Buto el rinoceronte...

Y es que, todavía a mucha distancia de los documentales televisivos de sobremesa, las fieras de África eran un mundo desconocido y atractivo para los lectores y espectadores civilizados de las primeras décadas del Siglo XX. Por eso funcionaron muy bien los documentales de naturaleza en los años 20 y 30. Y una buena parte de los descartes del *footage* de esos filmes, propiedad de las grandes productoras, conformaron el metraje de las películas de Tarzán y de otras muchas aventuras selváticas a lo *Trader Horn* (1931).

Con el paso de las décadas, el material de archivo seguirá presente en las películas tarzanescas de mediano presupuesto y rodadas lejos de África. Se da el caso desopilante de que en *Tarzán en el Amazonas* (1967), ambientada en Sudamérica, aparecen leones, avestruces y otra fauna africana. Son bichos más que improbables de hallar en otro continente, pero era el archivo del que disponía la productora. Esto ya pasaba en *Las nuevas aventuras de Tarzán* (1935), donde Herman Brix se las veía con leones, leopardos y cocodrilos, perdidos- lejos de su hogar- en la selva de Guatemala.

Esto no sucedería con unas pocas clases de zoología básica. En las primeras películas de Tarzán-Weissmuller eran muy habituales las breves y explícitas lecciones de fauna africana. En *La fuga de Tarzán* (1936), Benita Hume y Herbert Mundin, funcionando casi como pareja de clowns, nos obsequian con su ignorancia plena, atiborrada de diálogos que hoy parecen de pura antología del disparate: «Son pequeñas mascotas ideales para tener en casa» o «¿Qué son esos... no parecen muy grandes», dice alegremente la pareja cómica, mientras los productores exhiben un inefable *chroma* de imágenes de archivo, con ñús, jirafas y avestruces. Años más tarde, asistiremos a una lección igual de cutre pero con la cualificada ayuda de Stewart Granger en la, por otra parte, inolvidable *Las minas del Rey Salomón* (1950).

Y es que las películas de Tarzán se vendieron durante varias décadas como un escaparate de animales. "Thousands upon thousands of wild animals!", decía la fraudulenta publicidad de *Tarzán y su compañera* (1934). Hombre, ¡miles y miles de animales salvajes, es decir mucho!

No parecía muy fiero el viejo león que supuestamente mató Elmo Lincoln en el rodaje de *Tarzán, el hombre-mono* (1918), que además, los publicistas tuvieron el cuajo de exhibir como cadáver exquisito y pulgoso en el hall del teatro de Broadway donde se estrenó el filme. Claro que el bondadoso felino Major, un león de seis años plácidamente entrenado y que hacía muy buenas migas con Mike Henry, se escapó durante el rodaje de *Tarzán en el Amazonas* (1965), dándole un buen susto a los viandantes brasileños que se lo encontraron paseando. Luego, ya recuperado para la acción, Major le mordió en un pie a un figurante nativo. Sin duda, fue una toma muy realista. Porque, cosas del cine, a los leones de las películas, no se les quitaban ni limaban las garras y los dientes, como sí se hacía en el circo.

¡Silencio, se rueda! El señor león -o la señora leona- llegan, gruñen y amenazan a Jane, Boy, Chita o a cualquier otro despistado, para que Tarzán entre raudo y veloz al rescate. Lo vemos en docenas de películas como, por ejemplo, *La venganza de Tarzán* (1938). Pelearse con el león es de lo más normal en los filmes que nos ocupan, pues está en juego el título de "el rey de la selva".

Pero, a veces, los felinos también son mascota del protagonista, ya incluso desde los filmes mudos *Las aventuras de Tarzán* (1922) y *Tarzán y el león de oro* (1927), cuyo explícito título -sacado de la novena entrega de las novelas de Burroughs- incluía no uno, sino dos, leones como co-protagonistas. Uno de los felinos de marras es la *mascota* Jab, «entrenado a fuerza de paciencia por Tarzán, para que fuera tan dócil como un caniche», según cuentan los intertítulos. El caso es que Jim Pierce debe llamar al orden en un par de ocasiones al caniche de marras, porque el entrañable bichito se quiere comer a los recién llegados. El hombre mono obliga al león a pedir perdón a su presa y Jab lo hace con toda la pompa y la circunstancia. ¡Son modales lógicos para un león muy *british*

-muy de monumento de Trafalgar- que además descansa junto al fuego de la chimenea como un perrillo!

El otro felino de *Tarzán y el león de oro* (1927) es Numa, bicho sagrado al que adoran los tangani, entronado en un templo *ad hoc* que Tarzán va a desmantelar para salvar a Jane. Numa y Jab se pelearán en un desenlace muy circense.

Y es que, a veces, Numa es un bicho rencoroso, muy humano, al que Tarzán debe poner en su sitio, como vemos en *Tarzan the tiger* (1929), donde los intertítulos nos aseguran: "Movido por un odio amargo, Numa ataca para destruir a su único rival por la supremacía de la jungla".

En otras ocasiones, Numa el león es poco más que un gatito con el que juguetea Tarzán, adelantando la relación de perrillo-amo que mantiene Gordon Scott con el felino de *Tarzán y el safari perdido* (1957) o anunciando la fraternal convivencia de la mascota -desplazada, de continente a continente, por el viajero Mike Henry- en *Tarzán en el amazonas* (1967). Denny Miller, Herman Brix, Glenn Morris o Ron Ely son otros de los tarzanes que han disfrutado de un buen revolcón con el otro rey de la selva.

Continuando con el capítulo de felinos, es evidente que un clásico de las apariciones especiales son los cachorros de león, que atraen la atención de Boy, de Chita o de algún blanco torpe que pasaba por allí -como la inevitable Benita Hume en *La fuga de Tarzán* (1936) o la Eleanor Holm de *La venganza de Tarzán* (1938)-, con el consiguiente enfado de mamá leona y la llegada al rescate de papá Tarzán.

La primera vez que vimos una pantera negra, si exceptuamos los cromos de nuestra añorada colección "Vida y color", fue en un filme de Tarzán y en una sesión de cuatro de la tarde de la desaparecida sala Cinema de Ferrol. Siempre recordaremos nuestro asombro infantil. ¡Que hermoso bicho! Después del lobo, la pantera negra pasó a ser nuestra fiera preferida. Buscamos en una enciclopedia del colegio y averiguamos que era una mutación -con problemas de piel- del leopardo. Fascinante. Así que fue una delicia que, en las películas en blanco y negro, especialmente las de Weissmuller, las panteras negras se convirtieran en invitadas especiales de nuestra jungla cinematográfica. El malvado capitán Fry de *La fuga de Tarzán* (1936), después de enjaular y empaquetar un maravilloso ejemplar -con destino a cualquier circo o zoo de la civilización- dice, cual nazi *mengueliano*: «el color de su piel la delata y también limita sus habilidades».

Y es que encontramos perlas salidas de las boquitas de los guiris, dedicadas a los animales salvajes, en todas las películas de Weissmuller. «¡Qué criaturas tan horribles!», exclama la sin par Benita Hume en *La fuga de Tarzán* (1936), al ver a los hipopótamos. «No nos molestarán si no las molestamos», asegura el capitán Fry al cruzarse la expedición de blanquitos con una excursión de hienas en la misma película. En *Tarzán y su compañera* (1934), al grito de «¡monstruoso!», los protagonistas se enfrentan al ataque de un rinoceronte, que en realidad son las imágenes de un documental proyectado en una pantalla colocada detrás de los actores.

El de la *back projection*, luego llamado croma, es el recurso más habitual para los ataques de cualquier bicho en las películas de los treinta y cuarenta. Weissmuller y Gordon Scott, sin embargo, montaron de verdad dos rinocerontes crecidos en safari.

Las tarántulas caminan sobre el cuerpo de Gordon Scott en *La gran aventura de Tarzán* (1959), pero el hombre mono se las quita de encima de un manotazo. Su mordedura es también la excusa argumental de algún capítulo de las series televisivas de Ron Ely o Wolf Larson.

Las serpientes son otras de las estrellas invitadas en el casting tarzanesco. En *Tarzán lucha por su vida* (1958), Gordon Scott pelea con una pitón de verdad -que los especialistas tuvieron que quitarle de encima al actor antes de que muriera asfixiado- en el accidentado rodaje de la película. Jock Mahoney se enfrenta con una cobra y debe ponerse a salvo en la cima de un árbol- algo poco heroico, ciertamente- mientras una mangosta hace su trabajo en el material semi documental de *Tarzán va a la India* (1963). En *Tarzán, el hombre mono* (1981), al ralentí, Miles O Keeffe debe salvar a la Jane de Bo Derek, amenazada por una pitón con muchas ganas de apretar -como una buena e incomprensible parte de la parroquia masculina del patio de butacas- el deseado cuerpo de la mujer 10. Y una *animatronic* con forma de cobra muerde a Tarzán -que con su intervención intentaba proteger a Jane- en *Tarzán y la ciudad perdida* (1998), filme donde Casper Van Dien es protegido por la madre naturaleza, camuflado de sus enemigos bajo una nube de avispas embrujadas.

Y es que por los filmes de Tarzán pulula un rico bestiario fantástico de seres improbables, especialmente abundantes en el ciclo Weissmuller, como esa especie de Dodó que se encuentra de bruces el gracioso y miedoso nato Herbert Mundin en *La fuga de Tarzán* (1936), un bicho extinguido que se volverá a cruzar, ya en pleno delirium tremens, el borrachín Barry Fitgerald en *El tesoro de Tarzán* (1941).

Y también abundan los bichos desmesurados: los murciélagos talla XXL que alguien mueve con cuerdas en *Las nuevas aventuras de Tarzán* (1935), o los cocodrilos y varanos del tamaño de dinosaurios que habitan el desierto misterioso de *Tarzán el temerario* (1943), o ese delicioso pulpo gigante al que se enfrenta Weissmuller en su última aventura de *Tarzán y las sirenas* (1948). Igualmente, de tallas extras son la serpiente con la cabeza del tamaño de un humano de *Tarzán en peligro* (1951) -que parece la mamá de la de *Tarzán, aventuras épicas* (1996)- o la cobra enorme en cuya piel se esconde el brujo Winston Nshona de *Tarzán y la ciudad perdida* (1998).

Hasta con arañas gigantes -del tamaño de centollas- ha tenido que lidiar nuestro matador de la jungla en *Tarzán y su hijo* (1939). Y también en un encantador filme del declive *weissmulleriano, Tarzán el temerario* (1943), donde papá debe rescatar a Boy, atrapado en una gigantesca tela de araña.

31
EL LÍO DE LAS LIANAS

En las películas, siempre -o casi siempre-, yéndose por las ramas a placer, Tarzán salta de árbol en árbol con la ayuda de las imprescindibles lianas. Pero de ellas no hay rastro aparente en las novelas.

No obstante y sin el uso circense bien depurado que tendrán desde los primeros filmes de Johnny Weissmuller, las lianas, como recurso para moverse en la jungla, aparecen ya en la primera película muda, *Tarzán of the apes* (1918). Ahí, Elmo Lincolm se cuelga de ellas para ir de árbol en árbol, sin demasiadas prisas. Aunque en la persecución más importante del filme, el hombre mono utiliza un sistema en verdad tradicional para dar caza al asesino de su madre adoptiva. Lo hace, simplemente, saltando de rama en rama.

Limando el tosco estilo de Lincoln, Jim Pierce -otro Tarzán mudo- viaja ya con bastante limpieza, de copa en copa, en *Tarzán y el león de oro* (1927). Frank Merrill, en *Tarzan the tiger* (1929), lleva siempre con él una cuerda que maneja con la habilidad de un cowboy, para desplazarse ágilmente de árbol en árbol. Y Buster Crabbe ya vuela con la elegancia que le permite su doble -el legendario trapecista Alfredo Codona- en *Tarzán de las fieras* (1933), donde Jacqueline Wells es la primera mujer que utiliza las lianas para descolgarse de los grandes árboles africanos.

Las mujeres que lo prueban, repiten. La cara de diversión de la atlética Eleanor Holm en *La venganza de Tarzán* (1938), es inequívoca. Y, viendo el rostro de placer de Jane O Sullivan, deslizándose entre los árboles, deducimos que viajar en lianas debe ser una experiencia religiosa teresiana para las hembras que lo prueban. En *La fuga de Tarzán* (1936), O Sullivan pasea en liana a su prima Benita Hume y ella balbucea como en un orgasmo contenido.

Los animadores de la Disney bromearon con malicia sobre este placer y lo hicieron sin rubor, dibujando la cara de gozo en pleno trance de Jane que grita: «¡Dios mío, estoy volando!».

Los trapecistas y especialistas que doblaron a Weissmuller son de lo mejor que veremos en el cine de Tarzán. Incluso, décadas después, bien avanzada la filmografía tarzanesca, y a pesar de que que la imagen virtual permite cosas más depuradas, pero -finalmente- mucho menos creíbles. Ese espíritu de trapecista tarzanesco se comenta en *Tarzán en Nueva York* (1942) donde Johnny Weissmuller y Johnny Sheffield, expertos en los saltos con liana, trasladan sus habilidades a la carpa de un circo para huir de sus perseguidores. Alfredo Codona, trapecista renombrado de los Flying Codonas, diseñó y construyó personalmente los trapecios disimulados entre los árboles para doblar con sorprendente efectividad a Johnny.

Lex Barker y Gordon Scott utilizan las lianas algo menos de lo que lo hace Weissmuller. En *La gran aventura de Tarzán* (1959), Scott demuestra que éste es un sistema fiable para pasar el río infestado de cocodrilos. Y es, además, bastante estimulante si llevas colgado de tu cuello a Sara Shane, chica traviesa y *hot*.

En *Tarzán y sus compañeros* (1958), Scott da clases de liana al pequeño Boy -interpretado por Rickie Sorensen- un pobre aprendiz que, una y otra vez, acaba con sus huesos en el suelo. «Gran liana amiga de las manos», dice Tarzán intentando enseñar las claves del asunto a su heredero.

Pero, tras el abandono de Weissmuller, la verdad es que la liana ya nunca será el adorable recurso saltimbamqui que fue, ni la fuente inagotable de alegría para la parroquia infantil que encendía el patio de butacas de las sesiones continuas.

Sin encanto alguno, Mike Henry usa y abusa de las lianas en Sudamérica, viajando incluso más rápido que el barco de su colega Jan Murray, una lanchita que surca el río de *Tarzán en el Amazonas* (1967). Y lo mismo hace Herman Brix en la improbable jungla guatemalteca de *Las nuevas aventuras de Tarzán* (1935).

En lianas también viajaron Joe Lara, Wolf Larson, Steve Hawkes y hasta el español David Carpenter. Éste último se empeñó en no utilizar dobles, haciendo de sus viajes una cosa más casera, probable y también bastante menos épica. Y, desde luego, para nada épico es el uso realista y esforzado que hace Christopher *Lambert* en Greystoke (1984). Todo lo contrario que los disparatados saltos animados del *Tarzán* (1999) de la Disney, que vuela sobre la selva esmeralda como un surfero de las ramas.

Pero, podemos decir que, tras Weissmuller, el Tarzán más majestuoso colgado de las lianas es, sin duda, Casper Van Dien. Los planos en donde lo vemos saltar de una a otra liana son lo mejor de todas las muchas buenas escenas de acción de *Tarzán y la ciudad perdida* (1998). Precisamente, en esta película, la última imagen es un congelado de Jane March y Dien, dos sonrientes Tarzán y Jane, colgados de su liana.

Y no hay escena de lianas más sonrojante que la ideada por los malvados Boris Szulzinger y Picha, dos gamberros sin complejos que en *La vergüenza de la jungla* (1974), hacen que Chita utilice la flexible cola colgante de Tarzán para viajar por las alturas, malvadamente agarrada a las miserias de su amo. Toda una extensión, nunca mejor dicho.

Por obligación -es decir, por ausencia de materia prima- en *Tarzán va a a la India* (1963), Jock Mahoney se desplaza grandes distancias sin ayuda de las inexistentes lianas, volviendo así a poner los pies en la tierra y corriendo con la elegancia propia de quien fue extra de Hollywood.

Una de las pocas escenas salvables de la infame *Tarzán y el niño de la jungla* (1968) se apoya precisamente en las lianas. Con Mike Henry y el joven Steve Bond jugueteando de árbol en árbol, libres como pájaros. Aquí la liana es casi un recurso de entretenimiento propio de guardería.

Para terminar este corto viaje de altos vuelos -y de árbol en árbol- hay que señalar que la liana puede ser incluso un arma contra el malo de turno. Lo es en manos de Gordon Scott, que la aplica sin miramientos contra Anthony Quayle en *La gran aventura de Tarzán* (1959).

32
LOS VILLANOS SON CODICIOSOS

El malvado avaricioso que llega a la selva para llevárselo todo y más, es el símbolo de la odiada civilización y, por lo tanto, enemigo y anatema tarzanesco por excelencia.

Y es que la codicia resulta algo incomprensible para Tarzán al que, como vimos, le gusta vivir al día con lo que la naturaleza le ofrece. Al hombre mono bien le podría valer como canción de cabecera aquella pegadiza melodía pasota que le cantaba Baloo a Mowgli en *El libro de la selva* (1966) de Disney: «Busca lo más vital, no más. Lo que es necesidad, no más. La mamá naturaleza te lo da». A los niños de nuestra generación nos gustaba mucho esta moral que de alguna manera autorizaba nuestra natural pereza.

Pero, claro está, los villanos no entienden este código bananero y zumbón que es la base del razonamiento del hombre mono.

Y, como la selva de Tarzán está llena de tesoros, allí encontraremos malos de todas las nacionalidades que vienen a buscarlos, atraídos como moscas al pastel... o a la mierda.

Destacarán los malvados árabes, mezquinos mercaderes de esclavos, y lo harán desde las primeras películas del mito, en *Tarzán of the apes* (1918), *Las aventuras de Tarzán* (1922), *Tarzan the tiger* (1929) o *La venganza de Tarzán* (1938). Aunque son villanos muy del uso de los años veinte, los mercaderes arábigos, sobreviven en el tiempo, incluso hasta la serie *Tarzán epic adventures* (1996). Y es que el pérfido árabe enemigo de nuestro héroe, casi siempre es el malvado Achmet Zek, personaje muchas veces recuperado de las novelas de Burroughs.

Pero, en general, lo normal es que el malo sea un *wasp*. Un blanco, anglosajón y protestante, poseído hasta la locura por la codicia del marfil o por el brillo hipnótico de las joyas de Opar.

¡Y a poder ser que luzca bigotillo! Como el que exhibía Colin Kenny, el primer enemigo de Tarzán del cine. Con ese bigote, que, por cierto, era postizo, el petimetre quiere besar a Jane, un espectáculo éste que parece disgustar mucho al buen salvaje. Ante tal imagen, Tarzán reacciona con violencia, cual personaje de Buñuel, como si sufriera una desagradable pulsión surrealista. La pilosidad bajo la nariz del villano ejerce una extraña repulsión en nuestro héroe barbilampiño, como la que parecía sentir Simone Mareuil, la protagonista de *Un perro andaluz* (1928), cuando las ensoñaciones del insistente Pierre Batcheff le añadían -una y otra vez- vello púbico bajo las axilas.

En *Las aventuras de Tarzán* (1922), la segunda entrega interpretada por Lincoln y distribuida como serial, el malvado bolchevique Rokoff -interpretado por Al Ferguson, que también fue el malo de *Tarzan the mighty* (1928)- llega incluso a afeitarse su barba de revolucionario para revelar que, bajo ella ¡se escondía el inevitable bigote de puntas afiladas! O sea, una especie de rapa que contrasta con el aspecto de su compañero Gernot, caracterizado como un auténtico Rasputín.

También lucía mostacho un vehemente John Buckler en *La fuga de Tarzán* (1936), villano que quería llevar al hombre mono -cautivo en una jaula- hasta la civilización, para exhibirlo como a un King Kong cualquiera, cual atracción de feria.

De bigotillo sobresaliente y algo facha, es el gran malvado -de gatillo fácil para matar porteadores que huyen o para abatir pobres elefantes cojuelos- interpretado por Paul Cavanagh en *Tarzán y su compañera* (1934). De aspecto muy mefistofélico, luce también el bigote de Asthon Dearholt -camuflado en su alias de Don Castello- en *Las nuevas aventuras de Tarzán* (1935). Afilado, y muy puntiagudo, sobresale el mostacho de Mario Castellani, paródico malo con monóculo, en *Totó, Tarzán* (1950). Un fino detalle capilar, a lo Clark Gable, descansa bajo la nariz del villano Leo Gordon, despiadado capataz constructor de presas en *Tarzán va a la India* (1963). Bigote más a lo Íñigo, tiene Paul Naschy en *Tarzán en las minas del rey Salomón* (1973), un malo muy puesto en lo suyo, que además, para apoyar su caracterización *guiri*, se llama Stanley -¿dónde está Livingstone?- y no abandona nunca su sombrero y su pipa de explorador.

¿Qué hace el bueno de Jesús Puente haciendo de malo-malísimo en *Tarzán en la gruta del oro* (1969)? Suponemos que es una operación bistec, como les llamaba a estos trabajos alimenticios el gran Fernando Rey. El caso es que también lleva un bigote de villano fumador de puros, aderezado con barba sudorosa y crecida, para así matar sin piedad -y como autorizado por su mostacho- al buscador de oro Antonio Casas. Casas, otro grande del cine español -también en horas bajas- es el papá de Krista Nell, que ha llegado a la selva a buscar a su progenitor, una víctima de la fiebre del oro y de los bajos precios del licor de garrafón. Y, al lado de Puente, como policía corrupto de cuatro monedas, está otro bigote célebre del cine patrio, una pilosidad que oscila entre facha franquista y el bozo mexicano de Pancho Villa. Hablamos, como no, del celebre *moustache* de Fernando Sancho, aquí un gran villano en un papel pequeño.

Y con bigotito tipo ciempiés se nos aparece uno de los mejores -y últimos- malos tarzanescos: Steve Waddington, excelente actor y Duque de Buckinghan en la celebrada serie *Los Tudor* (2007). En *Tarzán y la ciudad perdida* (1998), Waddington luce proteico como archivillano de Tarzán, lascivo con Jane March, despiadado matador de negros y jefe del más nutrido grupo de mercenarios que haya invadido nunca la selva tarzanesca.

Y, por si hay alguna duda más sobre el elemento caracterizador de los malos tarzánidos, citaremos muchos más bigotes bajo narices malvadas: George Meeker en *La venganza de Tarzán* (1938), Philip Dorn y Tom Conway en *El tesoro de Tarzán* (1941), Albert Dekker en *Tarzán y la fuente mágica* (1948), Patrick Knowles en *Tarzán, furia salvaje* (1952), Michael Grainger en *Tarzán y la mujer diablo* (1953), William Keene en *Tarzán y sus compañeros* (1958), Julián Ugarte en *Tarzán y el misterio de la selva* (1973), Nigel Davenport en *Greystoke* (1984). ¡Si hasta el villano gigantón animado de Disney luce afilado bigote en *Tarzán* (1999)!

¡Toda una pesadilla de moda realmente! A la que, por lógica iconográfica, tarde o temprano, tenían que apuntarse los nazis, reyes del bigote hitleriano, que aterrizan en la selva en *El triunfo de Tarzán* (1943) y en *Tarzán el temerario* (1943), conocida en su reposición española como *Tarzán en el desierto misterioso*.

Sig Ruman -que venía de *To be or not to be* (1942)- Stanley Ridges, Otto Kruger o Philip Van Zandt, llegan a la selva buscando caucho, estaño, petróleo y otros recursos que puedan salirles gratis. Y, de paso, quieren dominar también zonas estratégicas para el Reich. Pero a Tarzán no le gustan nada de nada los secos movimientos de autómatas, ni la tendencia a mentir, ni los acentos fuertes de los recién llegados: «Hombre decir palabras raras», se queja de tanto ladrido germano.

Y, su permeabilidad con los visitantes aún es menor después de recibir una carta de Londres enviada por Jane y arrojada a la jungla desde un avión en un pequeño paracaídas. Tarzán recuerda las palabras de su adorada, leídas por Boy: «Los alemanes, llamados ahora nazis, están luchando en la guerra de una manera más cruel que la fiera más salvaje de la selva».

Los nazis, que han llegado con su discurso de la raza aria y del poder del superhombre -«Has osado desafiar la divinidad del Reich»- tienen que tragarse su propia medicina. «En selva, vencer el más fuerte», escupe Tarzán cuando les ha dado su merecido a los invasores.

Esto de odiar a los blancos que invaden su selva, en realidad tiene su origen en la irrefrenable tendencia de Tarzán -especialmente el de Weissmuller- a ser un misántropo, un anacoreta, un ermitaño que solo tolera con comodidad a Jane y a Boy. «Jane y Boy únicas personas para Tarzán, los demás traer problemas», resume Weissmuller en *El triunfo de Tarzán* (1943). El resto de la humanidad es «¡gente!», como dice el gran Johnny, con desprecio torero, en *La fuga de Tarzán* (1936).

Para los visitantes civilizados que llegan a la selva, Tarzán es un salvaje sin educación y un ganapán. Pero lo cierto es que el hombre mono tiene un ojo clínico infalible para reconocer a los villanos de un sólo vistazo. Es cosa de piel. Jim Pierce le echa una ojeada vitriólica e inequívoca a Frederick Peters, que interpreta a un malo hispano llamado Esteban Miranda en *Tarzán y el léon de oro* (1927). Si las miradas mataran, Peters, insensato ladrón que quiere robar en la mismísima casa del hombre mono, caería fulminado al instante.

En *La fuga de Tarzán* (1936), John Buckler se presenta de forma harto pomposa ante el hombre mono, pero Johnny Weissmuller, mosqueado con tanta chulería, no le da la mano amiga con la que Jane quiere que su pareja reciba al recién llegado. Y, por el contrario, se la ofrece al inofensivo y gracioso -algo racista, pero de buen corazón- Herbert Mundin.

Porque, la verdad, es que hasta la jungla se acercan tipos realmente impresentables, ciegos de codicia, en busca de marfil, pieles, animales para zoos, diamantes, esclavos o amuletos que abren la puerta a innombrables tesoros tal y como vemos en *Tarzán en la gruta del oro* (1969), *El regreso de Tarzán* (1996) o en *Tarzán y la ciudad perdida* (1998). ¡Qué pandilla!

Unas líneas aparte merece el Nigel Davenport de *Greystoke* (1984), sanguinario que dispara a todo lo que se menea, matador de monos y de salvajes, perfecto asesino colonial de salacot, que airea su lema despiadado, gritándolo a la jungla: «¡Deporte y sangre, así es la vida!».

E inolvidable es el ramillete de malos -con un mal rollo de cuidado entre ellos- de *La gran aventura de Tarzán* (1959): un xenófobo obseso sexual con gafas de culo de vaso, un edipo adicto a la mecánica, un salido independentista irlandés y un malévolo calculador que odia a todos sus semejantes. Hay que reconocer que las encarnaciones de Nial MacGinnis, Al Mulock, Sean Connery y Anthony Quayle son absolutamente inolvidables. La de Connery, que piensa que «la única causa justa es la rebelión irlandesa», está llena de matices, desbordantes para un carácter de película tarzanesca. Y tampoco tiene desperdicio Anthony Quayle, con la perilla incipiente y la cicatriz que le cruza la mejilla derecha. Frío, calculador, astuto -capaz hasta de saber lo que dicen los inescrutables tambores de los nativos- el malo de Quayle es uno de los grandes hallazgos de las entregas tarzanescas.

Igualmente inolvidables son la familia de asesinos y ladrones de diamantes que comanda papá John Carradine en *Tarzán el justiciero* (1960), filme donde Gordon Scott vuelve a enfrentarse a una piña de sudorosos bandidos que intentan rescatar al prisionero Jock Mahoney, caracterizado como malo-malísimo, con su barba de varios días sin afeitar y su camisa de leñador a cuadros. Entre los miembros de esta familia de coyotes destaca de nuevo el gran Al Mulock, el edípico malvado de *La gran aventura de Tarzán* (1959), ahora puesto en plan cainita, perpetuamente celoso y enfadado con Carradine, por el trato de favor que papá John le otorga al hijo pródigo interpretado por Mahoney. «Solo te has preocupado en convertirnos en asesinos», le grita el celoso Al a su saturnal padre, que lo ha insultado, humillado y abofeteado en multitud de ocasiones. Mulock, el bandido feo que ocupaba el primer plano de la estación de tren de *Hasta que llegó su hora* (1968), es otro de esos malvados imborrables de la filmografía tarzánida.

Y es que los enemigos de Tarzán son tipos cargados con la iconografía del mal. Además del apéndice piloso al que le hemos dedicado tanta atención, en las películas tarzanescas, hay muchas otras expresivas maneras de caracterizar la maldad: un tic nervioso que define al bruto noble, pero malo, que interpreta Joe Sawyer en *La venganza de Tarzán* (1938), la pipa que se mueve como un arma apuntando desde la boca del Charles Bickford de *Tarzán en Nueva York* (1942), la cabeza rasurada del sumo sacerdote George Zucco en *Tarzán y las sirenas* (1948) o la también bola de billar de Don Megowan en *Tarzán 66* (1966). Los lisiados, los que tienen defectos físicos, también son todo un clásico: con la cara cortada de Tony Caruso en *Tarzán y la esclava* (1950), o la cojera de George MacReady en *Tarzán en peligro* (1951). Y los antipáticos y arios monóculos abundan, véase sino el de Stanley Ridgers en *El triunfo de Tarzán* (1943) y los de los inefables Nicholas Worth y Andrew Divoff de*Tarzán epic adventures* (1996).

En el fértil catálogo de los actores de carácter americanos, los rasgos físicos -los reales- de algunos ya los hacen perfectos para el *cast* tarzanesco; ese es el caso del genial bizco Jack Elam, que ríe como un diablo baboso en *Tarzán en la selva escondida* (1955).

Con frecuencia, los malos llevan látigo, para castigar sin piedad a los porteadores, como vemos en *La fuga de Tarzán* (1936). Aunque el rey del chicote tarzanesco por excelencia es Raymond Burr, que, con su tralla, llega a marcar el pecho de Lex Barker en *Tarzán y la mujer diablo* (1953).

Como otra ley caracterizadora de su maldad, los villanos de Tarzán siempre disparan de una manera ventajista y traidora, sobre los salvajes y también hasta sobre los compañeros que les resultan incómodos. Lo vemos en concreto en *La fuga de Tarzán* (1936), pero de forma general esta artera peculiaridad está en la mayoría de las películas.

Los malos siempre andan a la búsqueda del inagotable tesoro de Opar, como lo hacen los soviets de *Las aventuras de Tarzán* (1922), o como el buen malvado de cara cuadrada Steve Waddington en *Tarzán y la ciudad perdida* (1998), todo un visionario que quiere «forzar la puerta de la civilización más antigua del mundo». Forzar, ¡qué buena palabra para los codiciosos villanos tarzanescos! Esa es una de las grandes excusas de los saqueadores: encontrar cosas valiosísimas de otras culturas, con la excusa de darlas a conocer a la civilización, para luego venderlas al mejor postor. Claro que, al final, los villanos solo reciben la recompensa de unos fúnebres «huesos y polvo», tal y como se quejan los decepcionados malos de *Tarzán y sus compañeros* (1958).

Aunque, a veces, como excepción que confirma la regla, hay malvados que se salen de este esquema de la codicia como motor. En *Tarzán y la mujer leopardo* (1945), Edgar Barrier -como no podía ser menos, tratándose de un actor que perteneció al Mercury Theatre de Orson Welles- compone un malo al que no le interesa el dinero. Movido solo por su afán anticolonialista, con la intención de echar a los ingleses de África. «Estoy harto de la avaricia de la civilización», explica.

Cosa rara, sí. Porque, normalmente, a los malos que integran las expediciones selváticas sólo les preocupa que no se les pierdan las mercancías, ignorando a los negros que se despeñan, perdiéndose en el abismo, tal y como vemos, entre muchas otras, en *Tarzán y su compañera* (1934) o *La fuga de Tarzán*

(1936). O haciendo trabajar, a golpe de látigo, sin descanso, ni comida ni agua, a los constructores de la presa de *Tarzán va a la India* (1963).

Pero, siempre, los malos reciben su merecido con muertes ejemplares, o directamente horribles. Y pocas veces son indultados por la ley de la jungla. Lo normal es ser devorado por leones, que, en un final en verdad cruento, se pegan un festín de campeonato a costa de Paul Cavanagh, Neil Hamilton y muchos salvajes malos en *Tarzán y su compañera* (1934). El coronel nazi interpretado por Stanley Ridges en *El triunfo de Tarzán* (1943) es otro que acaba como comida de felinos. Y esa es asimismo la muerte de Tony Caruso en *Tarzán y la esclava* (1950), o de Richard Reeves en *Tarzán en la selva escondida* (1955). También son devorados por una leona hambrienta, Woody Strode en *Tarzán lucha por su vida* (1958), y Betta St. John -en la jungla no hay diferencia de sexos- en *Tarzán el justiciero* (1960).

Y el agradecido estómago de los cocodrilos es el destino final de Tom Conway y Phlip Dorn en *El tesoro de Tarzán* (1941).

Para continuar alimentando a variadas especies engullidoras y justicieras, tenemos que en *La fuga de Tarzán* (1936) el capitán Fry es devorado por iguanas gigantes, en una terrorífica e inolvidable cueva sin pájaros, ni vida. Y Otto Kruger, perece destrozado por una araña gigante en *Tarzán el temerario* (1943).

Como no podía ser menos, Al Mulock, el grandioso y dipsómano actor de carácter que se suicidó, saltando desde el balcón de un hotel en Guadix, mientras rodaba *Hasta que llegó su hora* (1968) -era un adicto y no encontraba drogas en Granada- muere dos veces, y de una forma horrible, en sendas películas del Tarzán de Gordon Scott. En *Tarzán el justiciero* (1960), lo mata su propio padre. En *La gran aventura de Tarzán* (1959), herido por un leopardo, perece ahogado en arenas movedizas. Ésta es una de las grandes muertes de todas las películas de Tarzán. Resulta inolvidable la imagen de la mano agarrotada de Al Mulock, saliendo del pantano, como reclamando algo. Una mano -una garra- petitoria, a la que un impresionado Sean Connery devuelve el medallón de mamá que -siempre por broma y a lo largo de todo el filme- le estuvo quitando a su infortunado compañero.

Y es que las arenas movedizas son otro clásico tarzanesco que se engullen a los malos con mucha asiduidad y fruición, tal y como le sucede a los nazis de *El triunfo de Tarzán* (1943), a los interesados arqueólogos de *Tarzán y las amazonas* (1945) o a los villanos de cuatro pesetas de *Tarzán en la gruta del oro* (1969).

Casi tan digna de antologías como la de Al Mulock es la muerte de Steve Waddington en *Tarzán y la ciudad perdida* (1998). Muere como una Dánae, regado por la lluvia del oro que ansiaba tanto, quemado vivo por un rayo, chamuscado en una especie de silla eléctrica natural del salón real de la mítica ciudad de Opar.

Así que las muertes de los enemigos de Tarzán son tan variadas como ejemplares, diseñadas con esmero por los guionistas, para cada personaje, jugando al juego de la causa-efecto. Al siempre genial y olvidado actor de carácter Leo Gordon lo despeña el elefante que quería matar en *Tarzán va a la India* (1963). Eso mismo le sucede a Raymond Burr, siniestro cazador de paquidermos que acaba pisoteado por una manada en *Tarzán y la mujer diablo* (1953). O a Jack Elam, que con sus ojos bizcos muy abiertos ve como lo pisotean los elefantes que pretendía cazar en *Tarzán en la selva escondida* (1955). Y también así sufren su castigo los malos de pega de *Tarzán en el cementerio civil de los elefantes* (1990) -grandiosa astracanada de Manolo Summers- que acaban empalados por los colmillos robados, algo que, por cierto, parece copiado de la terrible muerte del padre de Jane interpretado por Richard Harris, ensartado por el marfil a manos de la sádica inventiva del caníbal Steve Strong, auténtico *serial killer* de *Tarzán, el hombre mono* (1981).

Las balas perdidas -salidas de esos rifles que tanto odia Tarzán y disparadas en forcejeos del héroe con los malos- acaban con media familia de bandidos en *Tarzán el justiciero* (1960). Así muere en dicha película el joven Gary Cockwell, con un disparo en la cara. Y también el papá John Carradine, que recibe el rebote de un proyectil disparado por su hijo predilecto Jock Mahoney.

La guapa sacerdotisa Acquanetta de *Tarzán y la mujer leopardo* (1945), encuentra una irónica muerte, sepultada precisamente por las rocas de su cueva que servían para aislarla del mundo. Y George Zucco y Fernando Wagner, los muy caraduras timadores de indígenas de *Tarzán y las sirenas* (1948), se despeñan, acosados por sus indignados súbditos y empujados desde los acantilados que utilizaban para sus sacrificios humanos. Albert Dekker y Charles Drake -sin par pareja de buscadores de la eterna juventud- mueren ensartados por las lanzas y flechas ardientes de los salvajes de *Tarzán y la fuente mágica* (1948). Atravesado también por docenas de saetas, cual San Sebastián colonial, muere Nigel Davenport, cruel racista y depredador animal de *Greystoke* (1984).

Ya lo vemos, la lista de muertes -con justicia poética dentro- es larga. Podemos incluso decir que interminable, En el cine tarzanesco hay muchos malos de guardarropía que encuentran su fin como les corresponde. En la muy cutre *Tarzán y el arco iris* (1971), el antaño cowboy de *spaghettis*, Peter Lee Lawrence, disfruta de dos muertes dignas de un gran codicioso. En la primera, muere aplastado por las esmeraldas que quería robar. La segunda -pues, ¡sorpresa!, en realidad no murió en la primera muerte aparente- Lawrence arde como una tea, al estrellarse el helicóptero en el que huía. Ahí, esta vez si que muere bien muerto. Y lo hace tras habernos regalado -por gentileza del guionista Santiago Moncada- algunas de las réplicas más atómicas y chiripitifláuticas de la jungla: ¡comparando las guerras tribales de la selva con los líos entre Demócratas y Republicanos en EE.UU!

Y si es necesario, si no lo ayuda la ley de la jungla, Tarzán da cuenta de sus enemigos con el arco -así muere Sean Connery en *La gran aventura de Tarzán* 1959)-, con el cuchillo -*lo vemos en Tarzán y la ciudad perdida* (1998)- o con sus propias manos, tal y como se aplica -con dedicación de matarife- el Mike Henry de *Tarzán y el niño de la jungla* (1968).

Alguna vez -pocas- un Tarzán generoso -o incluso bromista- indulta a los malos. Sucede con algunos nazis de *El triunfo de Tarzán* (1943), después de que el hombre mono los humille y maniate con lianas. También asistimos al perdón tarzanesco en el serial *Las aventuras de Tarzán* (1922), donde un dadivoso Elmo Lincoln se conforma con atar por el cuello a sus enemigos y pasearlos como a perritos, como escarmiento ejemplar.

33
BLANCOS TAMBIÉN SER BUENOS

En el mundo reduccionista de Tarzán, no todos los blancos exhiben cuernos y rabo. Tarzán no sólo tiene enemigos entre las filas de los caras pálidas.

No olvidemos que en la literatura y en varias películas el teniente D Arnot ha sido como un padre y educador para el hombre mono. El militar y explorador belga viene a ser como un Jean Itard -un Francois Truffaut- del pequeño salvaje burroughsiano. Y, por eso, el rey de la jungla no duda en viajar incluso hasta Guatemala, para ayudar a su tutor, como vemos en *Las nuevas aventuras de Tarzán* (1935).

En el cine, al buen D Arnot lo encarnaron actores muy dispares, pero ninguno tan convincente como el gran Ian Holm de *Greystoke* (1984). Su aparición, enfrentado al depredador e incivilizado Nigel Davenport, es la de un narrador casi franciscano que observa con horror los desmanes occidentales cometidos por sus camaradas en el África Ecuatorial: «Mis compañeros se consideran dioses, seres privilegiados situados por encima de todo, y demuestran su desprecio sobre las criaturas africanas».

El D Arnot de Holm será el maestro del Tarzán de Christopher Lambert, con la ternura y el tesón propios de una hermosa figura paterna. El actor está sobrado, con su caracterización tan real y humana, vagando indefenso por la selva, herido por las flechas de los salvajes. Holm enseña el lenguaje occidental -las palabras del Imperio- a su pupilo con enorme ternura. Y se despide de él en el castillo de la familia Greystoke, con la emoción de un padre que abandona a su hijo en un medio hostil.

Hasta las monjitas han ayudado a Tarzán a evangelizar la peligrosa África, como aquella que interpreta Diana Ross junto a Ron Ely en un episodio de *Las aventuras de Tarzán* (1968). También William Taylor y Malick Bowens colaboran con Wolf Larson a ordenar la jungla en la serie televisiva de 1991, Y Dennis Christopher es amigo y confidente de Joe Lara en *Tarzán, aventuras épicas* (1996). Y, sobre todos, Herbert Mundin brilla como explorador gracioso y entrañable en *La fuga de Tarzán* (1937).

Pero mejor aún que Mundin, como personaje bueno, entrañable y borrachín, sobresale el sensacional irlandés melancólico Dennis O Doul, un personaje realmente brillante que encarna el actor Barry Fitzgerald, célebre actor fordiano, inolvidable en *¡Que verde era mi valle!* (1941) o *El hombre tranquilo* (1952). El frágil y pequeño fotógrafo Fitzgerald, llega desde Dublín hasta la jungla de *El tesoro de Tarzán* (1941), con su cámara de cine y con un proyector. Para explicar la civilización, ante un asombrado Boy. Fitzgerald arranca un motor de gasolina y pone una película en la noche de la selva. Es un regalo extravagante que, en el fondo, al hombre mono le parece absurdo. Además, implacable, Tarzán le rompe la botella de whisky al pobre borrachín y este, desolado, le espeta: «Tarzán, me temo que no tienes nada de irlandés».

Pero aún así, Fitzgerald es, probablemente, el único blanco del que Tarzán-Weissmuller ha dicho esto: «Hombre pequeño bueno». Y para que quede claro, a pesar de su incondicional amor por el whisky, Fitzgerald es el único que se salva de la habitual expedición diezmada por fieras y salvajes. Y, al final del film, el rey de la jungla le obsequia con algunas de sus pepitas de oro.

En *Tarzán y el arco iris* (1971), el español Ángel del Pozo, dudando entre el bando de los villanos o el de los buenos, elige en el epílogo el llamado lado correcto y se marcha con su señora selva arriba. Su bondad también será recompensada con tres esmeraldas, "olvidadas" por Tarzán en el bolsillo de la chaqueta del aventurero.

También en la otra película del Tarzán croata Steve Hawkes -*Tarzán en la gruta del oro* (1969)- otro español bondadoso, Antonio Casas, ayudará y será ayudado por el hombre mono, que lo entierra respetuosamente con sus propias manos, una vez que el malo Jesús Puente ha dado cuenta de él. Antes, Casas había hecho un esfuerzo que merecía tales honores. «Para limpiar tu herida he despilfarrado todo el whisky que me quedaba», le dice al hombre mono herido y éste le contesta muy convencido: «Soy tu amigo desde ahora».

La figura del barquero, como un Caronte africano, viene siendo algo imprescindible en el país de los grandes ríos y lagos. Como sucede en *Tarzán y la ciudad perdida* (1998) o -trasladado de continente- en *Tarzán en el Amazonas* (1998). Los barqueros suelen ser buenos, aunque también borrachos, jugadores de cartas o gordos sudorosos. Pero, en general, todos tienen buen corazón. En la última película citada, el poco ejemplar pero bondadoso Jan Murray -que interpreta al capitán Bishop- es el paradigma del amigo noble de Tarzán. Algo influenciado por el Bogart de *La reina de África* (1951), Murray bebe, juega a las cartas con el niño huérfano al que cuida y transporta medicamentos en su renqueante chalupa, graciosamente bautizada como La Joya de los Andes.

No obstante, lo de los nombres pomposos de los barcos tiene su *highlight* en el Luckbar River, especie de *duty free* flotante que pilotaba Bill Elliott en *La venganza de Tarzán* (1938).

En la lista de amigos de Tarzán también están los doctores. Y ese conglomerado de sabios, estudiosos, o arqueólogos, que son, en general, gente de buen corazón y -casi- completamente desinteresada. Los primeros buscan que los salvajes se dejen pinchar vacunas y penicilinas varias, con un espíritu *practicante* digno de altar. Los segundos persiguen tesoros, medallones, estatuillas y otras bagatelas, que son piezas vitales para entender las culturas que han venido a estudiar. Y si lo que ambicionan son colmillos de elefantes, será siempre con buen rollo y pocas malas artes.

Los médicos como Arthur Shields en *Tarzán y la esclava* (1950) o el Peter Van Eyck de *Tarzán en la selva escondida* (1955), arriesgan su vida para luchar contra epidemias devastadoras. Los arqueólogos acostumbran a ser vejetes entrañables y padres de guapas hijas, como vemos en una larga lista de filmes, desde *Tarzán de los monos* (1932) o *Tarzán de las fieras* (1933) hasta *Tarzán* (1999), la película animada de los estudios Disney.

En este apartado de papás aventureros, en *Tarzán el hombre mono* (1980) ocupa un lugar de categoría -pero muy equívoco- el padre incestuoso interpretado por Richard Harris. No del todo malo, no completamente bueno, loco y mujeriego, celoso enemigo de Tarzán y cuidadoso albacea de los deseos carnales de su concupiscente hija Bo Derek.

Entrañable viejo dinosaurio es Charles Aubrey Smith, gigante bigotudo, papá de Maureen O Sullivan en *Tarzán de los monos* (1932) y profesor aventurero icónico que inspiró los dibujos del padre animado en el *Tarzán* (1999) de la Disney. Sir Charles es protagonista de una de esas anécdotas propias del misterio de la *script* en *Tarzán de los monos* (1932), donde su pantalón aparece con manchas húmedas en la entrepierna, no sabemos si por la voluntad de realismo documentalista del director W.S. Van Dyke o por los problemas de próstata del setentón actor inglés.

El olvidado actor Steve Geray -el camarero displicente de *Gilda* (1946)- caracterizado cual Harold Lloyd, con sus gafas de petimetre algo melifluo, interpreta un divertido y noble arqueólogo en *Tarzán y las amazonas* (1945), obsesionado con encontrar Palmeria -y no Palmira, atención- antigua ciudad que tiene una «arquitectura extraña para África», según perita entusiasmado, mientras que su compañero de expedición -el muy malo Barton MacLane- percibe sólo lo que le interesa: «¡Esas cúpulas son de oro!», exclama entusiasmado.

En *Tarzán y las sirenas* (1948), John Laurenz es una especie de cigarra con sombrero de paja, navegando con su canoa-correo, cargada de cartas, siempre cantando con su guitarra, bajo los cielos de hermosas nubes fotografiados por Gabriel Figueroa. Y es una gozada, vivir de manera tan despreocupada, en medio de tanto peligro.

34
LA CIVILIZACIÓN Y LA NATURALEZA

Carne muerta de muchos días», dice -frunciendo la nariz y oliendo la comida de lata- el hombre mono David Carpenter en *Las minas del rey Salomón* (1973). Es uno de los momentos más afortunados de esta película *kitsch* y disparatada. Todo un comentario que nos parece ocurrente metáfora del rechazo que le producen las locuras de la civilización al buen salvaje. El mismo Carpenter se despacha, un poco más adelante, con un chiste digno de Jaimito. «Tarzán ya sabe que es muy grande», dice, al enterarse de la inutilidad del trabajo del topógrafo que ¡está midiendo la selva! Los blancos, sin duda, están locos.

El concepto de la selva inabarcable, actuando como magma y humus protector, debería bastarle a cualquiera. «Tarzán tiene todo lo que un hombre desea. Es rico» dice Maureen O Sullivan, en un arrebato amoroso de *El tesoro de Tarzán* (1941). Y al oír eso, nuestro corazón de niño urbanita del tardofranquismo late acelerado, pensando en que sólo nos quedan dos pesetas para gastar esta semana. Si queremos ser Tarzán deberíamos ser más animales, nos decimos ya adolescentes, como buenos hijos de familia humilde -como se decía antes- y, así, vencer el dilema, shakesperiano y hawksiano, del tener y no tener. Algo que puede ser fácil si nos apoyamos en frases como esta: «Los diamantes son piedras maravillosas, llenas de vida y de fuego», dice la Jane de Dorothy Hart en *Tarzán, furia salvaje* (1952). Y Lex Barker contesta lacónico: «¿Son buenos para comer?».

¿Es cuestión de ser menos humanos y más monos, entonces? En *Tarzán of the apes* -el primer filme mudo de 1918- el niño Tarzán, encarnado por Gordon

Griffith, encuentra un catón, en la que fue la cabaña de su padre Lord Greystoke. Con el libro para aprender a leer entre las manos, ilustrado profusamente, los ojos del pequeño salvaje centellean, al comprender la diferencia entre hombre y mono, dibujados juntos y con las palabras ape y man al pie de cada ilustración, estableciendo claramente la diferencia entre él y su familia adoptiva. Más adelante, en el mismo film, el viejo Binn -el blanco esclavo que huyó de los mercaderes árabes- encuentra al niño de la jungla y -con la ayuda del rudimento que todos tuvimos de párvulos- le enseña a hablar y leer.

En la película seminal citada, la civilización llega con su peor cara a la jungla cuando un Tarzán adulto -a la sazón Elmo Lincoln- escribe en la puerta de la cabaña, *heredada* de su padre Lord Greystoke: «Esta es la casa de Tarzán, matador de bestias. No tocar sus cosas. Tarzán vigila». Aprender a escribir para ésto. ¡Qué bajo has caído, Tarzán! La propiedad debería ser un robo para un señor tan sano como tú.

Y nada peor que esa manía de Boy por conocer la civilización. Al Tarzán de Weissmuller el tema lo trae de cabeza, especialmente en *El tesoro de Tarzán* (1941), donde el niño se larga con Chita y el elefantito Bully con la intención de acceder y poseer todos esos objetos mágicos de los que le ha hablado el malvado Tom Conway. Pero, en la civilización, Boy lo va a pasar francamente mal -explotado como niño esclavo- en el circo de *Tarzán en Nueva York* (1942).

Y es que, como dijimos, la jungla es el paraíso de Tarzán y fuera de él pocas cosas le puede interesar. «Aquí Tarzán es un rey, pero no sé que sería allí», dice Jane en *La fuga de Tarzán* (1936), con un arrebato poético de los suyos -por otra parte, siempre tan sexys- oponiéndose a la ridícula idea que le proponen sus primos: instalarse con el hombre mono en su Inglaterra natal. En este filme Jane tiene una pesadilla premonitoria. «Soñaba que estaba en Londres, en un taxi y con la radio puesta», le cuenta, visiblemente alterada, a Tarzán, añadiendo, a continuación, con una generosidad de esas que conmueven: «La civilización, así la llaman, no es para ti».

Diez años después de conocer a la Jane de O Sullivan en la pantalla, el Tarzán de Weismuller viaja a Nueva York con la misión de rescatar a Boy. Tras diversos escarceos, ahí es donde de verdad estalla el conflicto con los paisajes y normas de la civilización. Jane ya lo había anunciado en *Tarzán y su compañera* (1934): «Pretenden ponerte zapatos y cuello alto. Allí, si quisieras ver un árbol tendrías que ir a por una regadera. Y entonces serías infeliz». En los primeros minutos de *Tarzán en Nueva York* (1942), Jane continúa advirtiendo a su buen salvaje: «Tu honradez solo será un obstáculo en la civilización... allí los hombres tiene las mentes retorcidas como las raíces de un árbol». ¡Toma ya! Es que nuestra Jane, cuando se pone, puede ser una predicadora más dura aún que el Anthony Perkins de *La pasión de China Blue* (1984).

Como ya vimos, cuando es preciso, la Jane de O Sullivan sabe también aterrizar a la prosaica realidad. Sobre todo si se trata de recuperar a su cachorro, raptado por los malos. Para el viaje a la gran ciudad de *Tarzán en Nueva York* (1942), es necesario conseguir dinero, con forma de carta de crédito extendida por el embajador a cambio de oro. Y Jane se pone muy diligente con estas cosas. Luego, Tarzán rompe unas cuantas chaquetas que no son de su talla, hasta que un comerciante chino -asombrado por su envergadura- se las hace a medida. Algo que, por supuesto, la compañera del hombre mono ya había previsto.

Este choque, naturaleza virgen versus civilización, lo vemos también en *Tarzán en Manhattan* (1989), con un Joe Lara bufando y rugiendo contra cada cosa que no le gusta, y son muchas. O en la serie televisiva interpretada por Travis Fimmel (2003), en donde la civilización sigue siendo envenenado anatema.

«Bienvenido al siglo XX», le dice a Tarzán -con profundo recochineo- el malvado Steve Waddington de *Tarzán y la ciudad perdida* (1998), disparando su arma como saludo. «Sin diamantes, no rifles, sin rifles, no guerra», parece contestarle un Lex Barker -más inspirado de lo habitual- en *Tarzán furia salvaje* (1952), exponiendo un pensamiento que es puramente *weissmulleriano*.

Aún más mortífera que un arma de fuego parece la afilada lengua y las aviesas intenciones del despiadado Peter Lee Lawrence en *Tarzán y el arco iris* (1971), que pretende llevarse a Tarzán, cual King Kong encadenado, para exhibir como atracción de feria en la podrida civilización. Con una afortunada ocurrencia, Lawrence formula la pesadilla de todo corazón tarzanesco: «Le darán un pasaporte, techo y comida. Y verá la televisión». ¡Qué duro castigo bíblico, para el pobre hombre mono! Y algo así resumió el genial dibujante gallego Cubero en su cómic sobre *Tarzán* (1989), donde la última viñeta mostraba al antaño libre y feliz rey de la jungla, intentando completar su declaración de hacienda. Esa es sin duda la más perversa de las pesadillas que Tarzán jamás imagino, allá, escondido en su selva esmeralda.

En *Greystoke* (1984) -esa historia realista que quiere ser fiel a los primeros libros escritos por Burroughs- el Tarzán de Chistopher Lambert rechaza con evidente desprecio la violencia de la civilización, que encarcela, tortura y diseca a sus hermanos primates. Y, hastiado de tanta crueldad, regresa a su selva. A la madre naturaleza.

Porque la naturaleza está siempre presente en las conversaciones de Jane y Tarzán. Y ella la utiliza para explicarle las cosas al salvaje. «Los amigos son como la lluvia al final del verano», le dice O Sullivan a Weissmuller, en otra hermosa secuencia de *La fuga de Tarzán* (1936), sin ninguna duda uno de los mejores filmes del ciclo. «Cuando la luna haya vuelto de safari tres veces y cuando se bañe en el río otra vez, entonces volveré», le argumenta una ya muy sobrada Jane a un angustiado hombre mono, en la tercera película de la saga weismulleriana. Y Weissmuller, no se queda atrás en este diálogo inflamado de prosa poética. Sobrevolando la capital del mundo civilizado, en *Tarzán en Nueva York* (1942), el hombre mono observa desde la ventanilla del avión la Estatua de la Libertad y los rascacielos, y se lamenta, amargamente sorprendido: «¡Es una selva de piedra!».

Ya en la civilización, Tarzán no deja de añorar su jungla, subido en un taxi -«casa con ruedas»- escuchando melancólico jazz en la radio -«¿es danza de guerra?»- lanzando su grito vestido, bajo la ducha del hotel, añorando a las tribus de su paraíso e identificando al pobre botones negro, esclavo urbano, como descendiente de la brava tribu yakoni. Ese es el valor, poético y encendido, de los viejos filmes en blanco y negro de Weissmuller, desgraciadamente irrepetible en las prosaicas películas posteriores.

Porque intuíamos -sin comprender sus mecanismos en profundidad- la poesía sencilla pero simbólica de ese mundo, por eso, precisamente, de niños queríamos bañarnos en el río de Tarzán-Weissmuller, jugar como Boy, dejándote arrastrar por la tortuga gigante, y también como él, dormitar sobre aquellos enormes nenúfares de plástico que tanta envidia nos daban y que eran, en realidad, colchones hinchables. Y ¡quien pudiera encontrar en la vida real esos rincones idílicos junto a la orilla, para secar con dedicación las lágrimas de Jane! Ni rastro de todo eso queda en las películas de las décadas posteriores.

Como ya sabemos, la naturaleza de los filmes de Gordon Scott es bien distinta, realista, cruda, de puro reportaje televisivo, muy descriptiva, atiborrada de planos de cataratas epatantes y animales salvajes, espectaculares, pero tan desprovistas de fantasía como las imágenes de un noticiero. «La naturaleza es cruel», exclama Sara Shane en *La gran aventura de Tarzán* (1959), después de ver a las leonas cazar un antílope. Y el prosaico Scott contesta, lacónico y nada afectado: «No. Ellos matan para comer. Sólo el hombre mata por matar». Así que no es de extrañar que en la citada película la naturaleza -las arenas movedizas- dé cuenta de los malos, como quien se traga un virus molesto.

Últimamente la jungla cinematográfica ha mudado a un paisaje idílico, de tarjeta postal, como las muy inapropiadas localizaciones de Palenque (México) para la serie franco-canadiense interpretada por Wolf Larson (1991). En un episodio de este producto tan televisivo -en el peor de los sentidos- Larson y Lydie Denier juguetean en unas cataratas como si fueran los protagonistas de una telenovela venezolana. Belleza propia de culebrón.

Aunque la palma de lo cursi y delirante se la lleva esa secuencia de *Tarzán en las minas del rey Salomón* (1973), donde, a la luz de la noche americana, después del encuentro amoroso -que no vemos- entre David Carpenter y Nadiuska, llega el amanecer en una selva florida como los jardines de Versalles. La cosa queda un poco rara de más, pero, como dice Ignacio Salas, el divertido malo de *Tarzán en el cementerio civil de los elefantes* (1990): «Para esto de la selva hay que nacer».

Hablando de nacer, sin duda, de todos los Tarzanes el que parecía más predestinado a nacer para la jungla fue Johnny Weissmuller. Porque solo dichas por él tienen sentido sus clases de la ley de la madre naturaleza. Y también por eso, sus exabruptos de lo absurdo de la civilización brillan en cada película, especialmente en *El tesoro de Tarzán* (1941) donde Johnny, viendo la película de trenes que le proyecta Barry Fitzgerald, se carga de razón. «Ese tren va a 150 kilómetros por hora», dice Philip Van Dorn y Tarzán replica con un implacable «¿Para qué?». «Para llegar antes», insiste el otro. «¿Para qué?», vuelve a preguntar Tarzán. «Para ganar tiempo», brama ya un atónito Dorn. «¿Qué hacer con el tiempo?», acaba rematando el hombre mono, con su interlocutor absolutamente derrotado.

¿Y qué decir de la ley del hombre blanco enfrentada al ideario de Tarzán? El discurso de Johnny Weissmuller en *Tarzán en Nueva York* (1942) -expresado para convencer a la corte que juzga si es un buen padre para Boy- es como para darle un Oscar de la concisión a los guionistas William Lipman y Myles Connolly : «Tarzán enseñar a Boy a leer en las nubes, a ser fuerte como león y feliz como pájaro. Boy ser amigo del sol y hermano de la lluvia. No hacer daño a nadie y no desear nada que otros tener». El juez interpretado por Russell Hicks se queda estupefacto ante este ideario franciscano, de pura comunicación con la naturaleza.

Aunque, por encima de cualquier otra, nuestra frase favorita, de entre todas las grandes máximas de la filosofía tarzanesca -esa del *dolce far niente*- es la que les espeta Jane a los agitados occidentales de *Tarzán y su compañera* (1934): «Tarzán no tiene objetivos, va a los sitios porque quiere». ¡Así queremos ser de mayores!

35
LA SELVA ES UN SITIO CALIENTE

El Tarzán de Weissmuller, casi desnudo y en todo su esplendor, es la viva imagen de la naturaleza libre, de los paraísos perdidos, de las tierras aún vírgenes y de la dignidad del cuerpo humano.

Nuestro efímero envoltorio -además de servir como uniforme de la nobleza del salvaje- se convierte en las películas de Tarzán en una metáfora de la armonía y del sexo sublimado.

«Es el mejor caballero que he conocido, con o sin pantalones», dice, aportando su agradecida nota de humor, el pequeño y gran Herbert Mundin en *La fuga de Tarzán* (1936). Y es que un crítico -o un gacetillero- contemporáneo de Johnny dijo que Weissmuller actuaba mejor desnudo que vestido. Toda una hábil frase publicitaria que, con el tiempo, viendo *Jungle Jim* (1948), se nos hizo dolorosamente cierta.

En la primera película del ciclo tarzanesco, *Tarzán of the apes* (1918), el niño interpretado por Gordon Griffith pasa una buena parte del metraje completamente desnudo, hasta que, espiando a las tribus negras -cual Mowgli africano- descubre los taparrabos. «Clothes !», podemos leer en los rótulos del cartón. La sorpresa del niño de la jungla es mayúscula: ¡toca taparse las vergüenzas! En la siguiente secuencia, el niño Tarzán le roba las pieles a unos negros que se bañan desnudos en el río. Y así, Adán ya tiene su hoja de parra. Ya está, parcialmente, vestido.

Menos mal que, tras un cartón henchido de prosa amatoria, digna de un juglar medieval -que viene a decir algo así como "el roce caliente de la primera mujer que ha visto, conmueve a Tarzán con una nueva emoción"- llega el primer beso entre el hombre mono y Jane. ¡Y ese ósculo resulta extrañamente breve y casto! Elmo Lincoln, como un actor barato de opereta, sostiene en sus brazos a Enid Markey y la besa cual jovencito romántico. Lo hace de una manera completamente antinatural, para ser una efusión de un salvaje de la jungla.

Curiosamente, unos minutos después, Tarzán intenta besar de nuevo, y a la fuerza, a Jane y, ante la resistencia de la dama, nuestro Adán se arrodilla pomposamente y deposita su besuqueo en la mano de la particular Eva. En pleno delirio del disparate de salón, los rótulos, dicen: «Tarzán es un hombre y los hombres no fuerzan el amor de las mujeres». Jane mira al cielo sonriendo. Y nosotros con ella.

Por el contrario, ¡oh, milagro de la carne!, otro Tarzán mudo -el amnésico Frank Merrill de *Tarzan the tiger* (1929)- recupera la memoria perdida al contemplar desnuda a Jane, saliendo del agua del río, tal y como la vio por primera vez cuando se conocieron. Obvio es decir que al espectador no se le permite compartir con el hombre mono esa visión y sufre una tonta decepción, vislumbrando apenas unos hombros mojados de Natalie Kingston.

Continuando con el ciclo acuático, también nos parece digna de antologías la secuencia de *Tarzán de las fieras* (1933), donde Jacqueline Wells sale del agua con la ropa interior pegada al cuerpo. Y una cámara subjetiva, que adopta el lugar de la mirada del Tarzán Buster Crabbe, se pasea con lentitud por la geografía de esta Jane apócrifa.

Igualmente erótica -siempre moviéndose en los márgenes de la época- resulta la secuencia del baño en *La venganza de Tarzán* (1938), con Eleanor Holm desnudándose picarona y quedándose sólo con un precursor biquini, frente a un bobalicón Glenn Morris, que sonríe cándidamente.

Pero, como ya dijimos en otras páginas de este libro, nada de todo lo señalado resiste comparación con los *must* de Maureen O Sullivan. Comenzando, por ejemplo, con los devaneos acuáticos.

Empapada, la afrodita juguetea con el agua, frente a un Weissmuller vivamente interesado en sus evoluciones, tras haberla tirado al río. Los pezones erguidos de la actriz, marcándose bajo la camisa, apuntan a un Tarzán al que tal munición amorosa ya ha herido para siempre. Cincuenta años después, Bo Derek quiso imitar esta secuencia, con un resultado realmente penoso en *Tarzán el hombre mono* (1981).

Pero el ciclo erótico de Maureen es realmente inabarcable. Absolutamente inolvidable se mantiene ese momento de *Tarzán y su compañera* (1934), donde la Jane de O Sullivan se prueba las medias, poniendo a cien al Tarzán de Weissmuller... y a toda la expedición y a la platea también.

Tarzán perita y acaricia tal lascivo descubrimiento. Asombrado, toca el vestido *parisien* de color champán que trajo el malvado Paul Cavanagh -para desestabilizar la líbido de la jungla, más que nada-, y que Jane viste sobre las medias blancas, con ligas ajustadas justo por encima de la rodilla. «El tacto de la seda tiene algo de provocador», insiste el erotómano Cavanagh. Y, efectivamente, el efecto sobre Tarzán es inmediato. Seguramente el noble bruto lo llevará en el ADN de sus antepasados civilizados. Tras oler el perfume de París en el cuello de Jane, Tarzán se la echa sobre los hombros y desaparecen en la oscuridad de la jungla.

Antes, también en *Tarzán y su compañera* (1934), vimos otra secuencia igualmente cargada de alto valor erótico, en la que el hombre mono -y el resto del campamento- mira la sombra de Jane mientras se desnuda, proyectada en los laterales de la tienda. Ese entoldado brilla en la oscuridad, está iluminado como una capilla lujuriosa. Es una gran escena, copiada muchas veces y parodiada otras tantas. Lo intentan -acompañando la imitación con un buen humor juguetón- los autores de *Tarzán en las minas del rey Salomón* (1973), con Nadiuska perfumándose y desnudándose en la tienda montada al abrigo de la selva madrileña. Y, bastante menos afortunado resulta el homenaje de *Gorilas a todo ritmo* (1982), en el que la sombra de Victoria Vera se desnuda danzante sobre las paredes de lona de su toldo, vigilada por un tartamudo que, de pronto y emocionado por la visión, rompe a hablar con normalidad. Porque «la mejor arma de las mujeres es la imaginación de los hombres», concluía Jane-O Sullivan en un diálogo de *Tarzán y su compañera* (1934).

Ya lo adelantábamos, el mundo del jugueteo acuático merece mención aparte. Alguno de los *must* amatorios y de los *nudies* más audaces de las películas de Weissmuller se desarrollan en el agua. En *Tarzán y su compañera* (1934), el juguetón rey de la jungla arroja a Jane al río y ella cae desnuda al agua, tras quedar enganchadas en una rama las exiguas telas que la cubrían. ¡Cómo se desgarra aquel vestido color champán que trajeron de París los perversos Cavanagh y Hamilton! ¡Casi podemos escuchar el ruido de la tela al engancharse a las manos vivas de los árboles!

Y, ya en el río, con el trasero desnudo, la manera de "danzar" de la pareja bajo el agua resulta inequívoca. Incluso cuando las tijeras de Hays ya empezaban a hacer de las suyas, Tarzán y Jane bucean en las aguas de Silver Springs, mecidos por una simbólica coreografía amatoria, como si fueran la versión erótica de unos Astaire-Rogers de piscina. En esa África que es Florida, Tarzán bucea con Jane agarrada a sus pies, arrastrándola, con estudiada parsimonia, alternativamente, hacia el fondo o hacia la superficie. Arriba y al fondo.

La pista sonora es el silencio, claro -bajo el agua no hay ruidos- y las secuencias acuáticas se tiñen de extraños significados. Esos cuerpos perlados, moviéndose en el agua negra de las emulsiones de la época, relucen como estandartes anti censura. Por eso, al contemplar este templo provocador, el censor Joe Breen se puso de los nervios. «La secuencia bajo el agua viola la sección VI, subdivisión vestuario: el desnudo completo nunca está permitido, incluyendo las siluetas». Gran informe, el de este hombre. Bonita literatura de la abyección. Breen, casi tan célebre como su santo patrón William Hays, se había enfadado mucho ese mismo año con los despendoles de Hedy Lamarr en *Éxtasis* (1932). Y es que los "hombres tijera" -como llamaban a los censores de la MPPA- habían llegado a Hollywood para quedarse.

Para colmo, y en un claro desafío de los cineastas al código Hays -ya muy operativo y ominoso en la segunda mitad de los años treinta- en *La fuga de Tarzán* (1936) hay una imaginativa respuesta kamasutra a la censura: mojados, saliendo del agua, Jane se deja empujar por Tarzán que, agarrándola de los pies como a una carretilla, la hace caminar sobre las manos, entre jadeos y risas. ¿Un juego infantil, desprovisto de intención amatoria?

También en el filme mencionado, al final de una secuencia preparatoria para el amor, Tarzán-Weissmuller le da una flor a Jane-O Sullivan a la orilla del río y ella la deja caer. La flor flota, bamboleante en el agua temblorosa, se aleja arrastrada por la corriente mientras la cámara se acerca con pasión al rostro de Jane, iluminado con un vigoroso travelling. Sin duda, esto era bastante mejor que las muy comentadas olas, que estallaban en la playa del amor de *La hija de Ryan* (1970).

En *El tesoro de Tarzán* (1941), la Jane de Maureen y el Tarzán de Weissmuller viven uno de sus últimos encuentros amorosos acuáticos bajo la luna. Ya están bastante más vestidos que en sus primeros encuentros. Tarzán le pone una orquídea en el pelo a Jane, mientras ella le cuenta las cosas tan extrañas de los cortejos del amor en la civilización. Quizás los actores aún no lo sabían, pero O Sullivan y Weissmuller se dirían adiós en la siguiente película de la MGM, la aventura urbana *Tarzán en Nueva York* (1942). Como adivinándolo, Tarzán y Jane se besan junto al agua, en un contacto raramente apasionado para el imperio de las aventuras familiares que ya controlaba con mano de hierro el código del señor Hays. Es su último beso acuático. Y es que el agua es lo que tiene, revitaliza. «Be water my friend», decía Bruce Lee. Un axioma que parece también elemento necesario en todo Tarzán que se precie.

En cualquier caso, ya vimos que los juegos amatorios en el río no son cosa exclusiva de Maureen y Johnny. Por ejemplo, Eleanor Holm y Glenn Morris retozan por las aguas del río en *La venganza de Tarzán* (1938), emulando a su pareja modelo. En el agua de unas cataratas paradisíacas, el Tarzán de Casper Van Dien se solaza junto a Jane March, mientras unos monos cotillas vigilan, por si acaso. Porque, ya dijimos que los simios son curiosos en la selva, perennemente atentos a las extrañas peripecias de los humanos. Lo hace la Chita animada de *La vergüenza de la jungla* (1974), siempre espiando a una Jane muy *hot* a la que no le llegan las atenciones de su pequeño Tarzán y que acabará raptada por unos solícitos penes gigantes y saltarines.

Aunque en las películas de Gordon Scott, Tarzán casi nunca fornica, lo cierto es que la selva da cobijo a muchos desvaríos occidentales. Por ejemplo, da amparo al monumental celo de Scilla Gabel en *La gran aventura de Tarzán* (1959), donde la *vamp* -para matar las largas esperas de los trópicos- se pierde en la jungla con varios machos de la expedición.

En *Tarzán y la ciudad perdida* (1998), Jane March, la tórrida jovencita de *El amante* (1992), es una Jane Porter muy juguetona que protagoniza algunas secuencias subidas de tono -dentro de un orden, ya lo sabemos, adaptado a todos públicos- insinuantes, sin enseñar mucho en realidad, pero bastante más eróticas que esas de *qualité*, cámara lenta y *flou* hamiltoniano, que envuelven a la Bo Derek de *El hombre mono* (1980).

El momento en que Nadiuska muerde con delectación la fruta prohibida que le ofrece David Carpenter en *Tarzán en las minas del rey Salomón* (1973), es un pequeño monumento *kitsch*, digno de nuestras enciclopedias nacionales.

Y es que las producciones españolas dan en el clavo con este ambiente *caldo* de la selva tarzanesca. Manolo Summers bromea, y mucho, con este asunto en la bufa *Tarzán en el cementerio civil de los elefantes* (1990), donde toda la selva parece dedicarse a ello con frenesí: las tortugas, los búfalos y los patitos hacen el amor. «Birds do it, bees do it», escribió Cole Porter y cantó Ella Fitzgerald. Así que el Tarzán de Summers, muy solo y contagiado por la fiebre selvática, persigue a Chito para hacer "ñaca-ñaca". Afortunadamente -para el mono- aparece Jane. Con ella, Tarzán yace sobre un elefante o practica, con graciosa vehemencia, el apropiado salto del tigre.

36
VIOLENCIA EN EL PARAÍSO

Boy nunca matar por diversión, solo por comida", alecciona Johnny Weissmuller a un ya crecido Johnny Sheffield, que, jugando, iba a disparar con su arco a un inocente pajarito en *Tarzán y la cazadora* (1947). El hombre mono insiste en la idea armónica del Paraíso idílico que rechaza la violencia innecesaria.

Quizá a lo largo de este libro trabajamos con una idea que seguramente orbitaba en exceso sobre la imagen de un Tarzán pacifista. Es verdad que a Weissmuller lo queremos ver como una especie de bartolo pacífico, al que le gusta mucho el *dolce far niente* y que sólo se activa si es estrictamente necesario. Esto es cierto en parte, lo malo es que hay mucho chollo en la jungla, que, en fin, siempre acaba revelándose como un sitio bastante peligroso.

Sin llegar a ser una *serial killer* -como nos dicen en *Guerra Mundial Z* (2013)- la naturaleza se empeña en no dejar descansar al hombre mono. Y Weissmuller, a pesar de su fama de vago, sale a una docena de rescates por película. Jane, Boy, Chita, elefantes heridos, exploradores imprudentes, tiernas gacelitas. Todos acechados por leones y leonas, leopardos, panteras negras, cocodrilos, serpientes, rinocerontes y ese abundante bestiario que antes repasamos. Trabajo no falta.

Porque, lógicamente, y a pesar de la idea de Paraíso cimentada por Hollywood, la jungla es cruel y violenta, al menos en algunos sombríos filmes en blanco y negro del seminal ciclo Weissmuller, donde no sobran secuencias de una inusitada virulencia: flechas gabonis clavadas en la frente de exploradores en *Tarzán y su compañera* (1934) o en *La fuga de Tarzán* (1936), porteadores torturados y quemados en *Tarzán y su hijo* (1939), víctimas de ojos emasculados, negros descuartizados por las fieras, despistados en general que acaban desmembrados entre árboles y otras lindezas que convierten a las películas de la Metro en un inquietante museo de los horrores. No olvidemos que un claro precedente de esta jungla cruel fue *Trader Horn* (1930), un filme dirigido -como *Tarzán de los monos* (1932)- por W. S. Van Dyke, ese tipo con malas pulgas que no se cortaba a la hora de exhibir abundantes dosis de sadismo, ofreciéndonos imágenes indelebles, con salvajes que cuelgan a sus víctimas boca abajo, encendiendo fuego junto a sus cabezas... y otras muchas lindezas por el estilo, más propias de Vlad el Empalador y que nosotros no describiremos. Para que no se nos acuse de morbosos.

Cuando los ejecutivos de la Metro organizaron una de esas extrañas *premiéres* -que Hollywood siempre montaba para analizar las reacciones del público- para testar *La fuga de Tarzán* (1936), se llevaron un buen susto. En una sala plagada de criaturitas, las madres no daban a basto intentando consolar a sus asustados y moqueantes retoños que no querían mirar a tanto murciélago babeante, tanto lagarto gigante y tantas arenas movedizas. Pero los niños pasaron del susto al terror al ver los suplicios y torturas que los felices y sonrientes gabonis les aplicaban a sus enemigos, con una disciplina tirando a inglesa. Así que despidieron al director John McKay y llamaron a John Farrow y a Richard Thorpe para que rodaran cosas que suavizaran algo estas pesadillas infantiles. En el ínterin, Farrow aprovechó para ligar con Maueen O Sullivan, pero bueno, eso ya es cosa de otra disciplina, la del dormitorio.

Tras la etapa virulenta de la MGM, contra la que lucharon con constancia los ejecutivos censores, las películas de aventuras tarzánidas de la RKO -incluso las que filmó Weissmuller para dicha *major*- rebajaron notablemente sus dosis de violencia.

Pero es que, al menos para la época, las de la Metro llegaron a ser realmente atroces, como si algo -una extraña posesión diabólica- impulsara a los directores que pasaban por los platós, compitiendo entre ellos en una carrera del sadismo. La secuencia de desmembramiento colectivo entre cocoteros flexibles de *El tesoro de Tarzán* (1941), es de una violencia realmente inusitada para una película familiar, y -no en vano- décadas después fue parodiada en *La vergüenza de la jungla* (1974), película de animación muy incorrecta, plagada de negros torturadores y caníbales en pleno alborozo, que buscaban pasárselo bomba con el dolor de los blanquitos. De jovencitos -a principios de los años setenta- nos quedamos seriamente impresionados con una secuencia de archivo de *Tarzán y la mujer diablo* (1953), que nos quedó flotando en el inconsciente durante mucho tiempo. En ella una pitón de tamaño considerable atacaba y se merendaba a una lustrosa y preciosa pantera negra, que era -para mayor quebranto- nuestro animal preferido. Contra la opinión de la distribuidora, el productor Sol Lesser, mantuvo en el metraje final del filme -y durante varios interminables minutos- esa escena, salpicada gratuitamente en el medio de la película. Por entonces, ni siquiera Félix Rodriguez de la Fuente había comenzado a explicar en TVE todas estas cosas de la lucha por la vida y del ciclo de la naturaleza, que tanto nos impactaban viendo *El hombre y la tierra*.

No obstante, algunas de las secuencias más violentas que podamos imaginar en una película de Tarzán las encontramos en *Greystoke* (1984), donde Hugh Hudson, llevado por un afán realista quizá desmedido, nos muestra muertes de hombres y monos asaeteados, cadáveres de primates cazados e hinchados con aire para lucir en las fotos de los primeros años del siglo XX y dolorosas torturas variadas que la jungla ofrece a sus civilizados invasores.

Pues, en general, la selva suele contestar con la muerte a los muchos aventureros que, siempre presos de la codicia, se adentran en ella. Como ya vimos, todos los villanos de *La gran aventura de Tarzán* (1959) mueren con dolor y tormentos intentando huir, cargados con los codiciados diamantes.

Porque la jungla, como ya dijimos en otros capítulos de este libro, además de Paraíso, puede ser el Infierno. Un sitio poco recomendable, de violencia contagiosa, donde incluso el propio Tarzán suele perder los papeles. Así, por ejemplo, el civilizado Casper Van Dien, ensarta con un colmillo de elefante a uno de sus enemigos en *Tarzán y la ciudad perdida* (1998). Curiosamente, unos años antes, el español Manuel Summers ideó esa manera de empalar a los malvados codiciosos en*Tarzán en el cementerio civil de los elefantes* (1990), quizá influenciado por el malvado rey del marfil de *Tarzán, el hombre mono* (1981).

Incluso el tierno querubín David Carpenter -así como sin querer- a la *maniera* de Vlad el Empalador, acaba enristrando al malo Paul Naschy en *Tarzán en las minas del rey Salomón* (1973).

Sin embargo, por lo corriente, el Tarzán de Weissmuller solo mata personas y animales en defensa propia. O directamente para comer, como vemos en la caza del ñu de *La fuga de Tarzán* (1936). Y en el fondo -¡qué le vamos a hacer!, somos gente tranquila- preferimos a los salvajes que saben medir las consecuencias de sus furias variadas.

37
CELEBRITIES EN LA JUNGLA

Las películas de Tarzán funcionaron como *boxes* donde calentaron motores muchas celebridades del cine. Fue así siempre, incluso desde las primeras películas mudas. En *Tarzán y el león de oro* (1927), encontramos nada menos que a Boris Karloff, como un brujo wasari, feroz enemigo del héroe, pintado de negro y tocado con un casco de cuernos casi vikingo. También Mischa Auer aparecía junto a Buster Crabbe en *Tarzán de las fieras* (1933), como gran sacerdote seudo egipcio que quiere arrojar a los leones al papá de Jacqueline Wells. Y es que Auer -como Karloff- interpretó a todas las etnias posibles representables en el cine, mucho antes de ser, una y otra vez, el ruso malo de docenas de películas de la Guerra Fría.

En el ciclo de Weissmuller hay malos de la categoría de Charles Bickford, Chill Wills o Sig Ruman y buenos como el fordiano Barry Fitzgerald o el hispano-mexicano Gustavo Rojo. Por las películas de Johnny pasaron también celebridades de *qualité* como María Ouspenskaya, insigne actriz rusa nominada al Oscar, que popularizó el método Stanislavki en Hollywood y que en *Tarzán y las amazonas* (1945) interpreta a una suma sacerdotisa algo antipática, celosa de su reino oculto y muy ocupada manteniendo a sus pupilas bien alejadas de los hombres.

Lex Barker tuvo enfrente a Albert Dekker -inolvidable Dr. Cyclops (1940)- a Alan Napier -que fue el Alfred del Batman televisivo- y a los mismísimos Ironside y Perry Mason, que confluían en la enorme persona del señor Raymond Burr.

Dorothy Dandridge -la primera actriz negra nominada al Oscar por *Carmen Jones* (1954) y fallecida prematuramente por una sobredosis de antidepresivos y alchohol- disfrutó de su primer papel de importancia dando breve réplica a Lex Barker en *Tarzán en peligro* (1951).

Sex Barker también calentó a la inolvidable y abundante Denise Darcel en *Tarzán y la esclava* (1950), donde la bella de París hizo su primer papel importante, antes de destacar en *Caravana de mujeres* (1951) o *Veracruz* (1954). Este encuentro sucedió con anterioridad a ese hito del chismorreo en el que la rubia rechazó a los mismísimos Howard Hughes y Harry Cohn, dos poderosos y célebres *tycoons* que querían meterse bajo sus faldas. Ya cuarentona -juguete roto del cine- la gran Darcel acabó de stripper en Las Vegas, cimentando así su fama de estrella maldita.

Y en *Greystoke* (1984), el reparto es ya de puro relumbrón, con el gran Ian Holm y un Sir Ralph Richardson en el que fue su último trabajo y al que los productores tuvieron el detalle de dedicar el filme. En *Tarzán de los monos* (1981) John Derek -buscando legitimar su bazofia- consiguió convencer a Richard Harris para que le diera la alternativa a Bo.

Y Gordon Scott es uno de esos tarzanes que -sin moverse de su ecosistema- se ha cruzado con lo más granado: Vera Miles y Jack Elam en *Tarzán en la selva escondida* (1955) o John Carradine y Lionel Jeffries en *Tarzán el justiciero* (1960) Y, como ya vimos en otras páginas, en *La gran aventura de Tarzán* (1959) aparecía como malo de lujo Sean Connery, sudando a mares su camisa de cuadros, tres años antes de ponerse el smoking de 007 para *Dr. No* (1962). Hasta entonces, el actor escocés sólo había interpretado media docena de papeles secundarios.

En el mismo filme, aprendiendo junto al maestro de fotógrafos Ted Scaife, también velaba sus primeras armas como segundo operador Nick Roeg. Roeg se convirtió más tarde en fotógrafo de altura, responsable de la atmósfera maestra de películas tan influyentes como *Fahrenheit 451* (1966) de Francois Truffaut o *La máscara de la muerte roja* (1964) de Roger Corman. Su fama como director de culto en los años setenta, se construyó a partir de filmes como *Walkabout* (1971) o *Amenaza en la sombra* (1973).

Hablando de fotógrafos, el excelente Hans Burman, uno de los mejores maestros de la luz de la industria española -hijo de Sigfrido y hermano de Wolfgang, glorias nacionales de la dirección artística- hizo uno de sus primeros trabajos como segundo operador en el aciago rodaje de *Tarzán y el arco iris* (1971), a las órdenes del director de fotografía italiano Marcello Masciocchi. Por entonces, Burman llevaba más de una década trabajando como foquista y asistente de cámara. Hoy se le conoce como autor de la luz de películas tan emblemáticas como *Abre los ojos* (1997) o *Los santos inocentes* (1984).

La televisiva *Las aventuras de Tarzán* (1966-1968) es algo así como un *Bonanza* (1959-1973) o un *Virginiano* (1962-1971), un refugio que dio cobijo a mil estrellas que comenzaban o que estaban en horas bajas. Ya vimos que, a lo largo de la serie protagonizada por Ron Ely, pasaron Julie Harris, Diana Ross, Strother Martin, James Earl Jones, Sam Jaffe o Woody Strode.

Strode, estrella del fútbol americano, pionero actor de color, activo en el cine desde la década de los cuarenta, sempiterno negro cachas de los años sesenta y setenta e inolvidable sargento negro de John Ford, hizo un pequeño papel de cobarde intrigante y *mamporrero* de brujo en *Tarzán lucha por su vida* (1958), donde le daba respondona réplica a Gordon Scott. Y, por su físico versátil y algo talismán, repitió en otras películas del hombre mono, como *Tarzán en peligro* (1963), donde tenía un papel de mayor entidad, esta vez enfrentado a Jock Mahoney.

Y en la *TV movie Tarzán en Manhattan* (1989), un acabado Tony Curtis ayuda a Tarzán a encontrar a Chita, raptada por un malvado Jan-Michael Vincent que quiere experimentar con el pobre chimpancé alguna maldad científica.

Además de homenajeados varios, muchas películas de Tarzán son tributos a otras leyendas del cine que no aparecen en ellas físicamente. En ese sentido, resulta entrañable la inequívoca referencia al maestro Ray Harryhausen en *Tarzán y la ciudad perdida* (1998), donde el brujo Winston Ntshona saca unos huesecillos humanos de una bolsa y los tira al suelo. Los despojos se convierten en esqueletos y luego en fantasmales soldados enmascarados, en clara ofrenda a las inolvidables criaturas animadas de *Simbad y la princesa* (1958) y *Jasón y los argonautas* (1963).

38

ETERNO REY DE LAS PANTALLAS Y LOS ESCENARIOS

Aunque la enorme popularidad del Tarzán cinematográfico tuvo su apogeo en los años treinta y cuarenta, algo tendrá que significar que más tarde, década tras década, los distribuidores españoles -y los de medio mundo- devolvieran una y otra vez las películas clásicas, en blanco y negro, a las pantallas. Así fue, incluso hasta bien entrados los años setenta, más de cuatro décadas después del estreno de los títulos de Weissmuller. Tal cosa solo pasaba con los hermanos Marx y con el Rey de la selva. ¿Cuántas veces hemos visto en las sesiones infantiles de las cuatro de la tarde, en nuestro cine de barrio -un cine de reestreno, siempre de reestreno- a Weissmuller, a Barker y a Scott lanzar su grito, perdido en la fría sombra de una tarde de verano?

Muchos sociólogos dirán que lo que sucede en realidad es que el personaje era perfectamente inocuo para llenar las proyecciones infantiles de la larga noche de piedra del franquismo. Puede que sí, pero es que, incluso con el dictador muerto y con la apertura de la censura cinematográfica en marcha, las películas de Tarzán continuaron llegando a los cines.

De hecho, al filo de los años setenta, algunas películas de Weissmuller o Scott se repusieron con otros títulos distintos a los de su estreno español. Es el caso de *La gran aventura de Tarzán* (1959) -que regresó a las pantallas como *La más increíble aventura de Tarzán*- o como sucedió también con *Tarzán el temerario* (1943), repuesta con el título de *Tarzán en el desierto misterioso*, una traducción que se adaptaba mejor al original.

También, cuando TVE emitía los dos únicos canales que podía ver el telespañolito -fue así hasta comienzos de los años noventa- las películas de Tarzán se emitieron en diferentes ciclos que, aún hoy, se mantienen vivos en la memoria de los veteranos cinéfilos que ya tienen "cierta edad", como es nuestro caso. El primero de todos, hecho con los títulos clásicos de Weissmuller, ocupó las tardes de las últimas semanas de 1975, donde se emitió, entre otras, *Tarzán y su compañera* (1934). El segundo ciclo llegó entre 1977 y 1978, ofertando las últimas películas de la etapa fondona de Weissmuller. El tercero regresó a las tardes de los sábados de 1981 y 1982 -de nuevo los tarzanes de Weissmuller de la época MGM- y el cuarto, otra vez con Weissmuller, se programó entre 1983 y 1984, coincidiendo con un lanzamiento en vídeo de varias casetes y funcionando como homenaje tardío a la muerte del actor. En 1984 fue la primera vez que TVE emitió *Tarzán de los monos* (1932) ya que, a diferencia de otras películas de Weissmuller, la Metro nunca había cedido los derechos televisivos de ese film.

En 1991, en plena fiebre de la compra del vídeo doméstico, salió una primorosa edición en vhs con la que MGM fue líder de ventas. Y en 1994, la colección Warner invadió primero tiendas y luego quioscos, protagonizando otro éxito sonado en el mundo de las ventas. ¡Qué tiempos aquellos que no sabían de piraterías miserables!

Aunque parezca imposible y el teatro se nos antoje como un espacio inhóspito para nuestro héroe, lo cierto es que los majestuosos pies de Tarzán pisaron muchas veces los escenarios de todo el mundo.

Tarzan of the apes, la primera representación tarzanesca de la que se tiene constancia, tuvo lugar en el Broadway de 1921, en el neoyorkino teatro Broadhurst. Era una obra en 4 actos, donde el boxeador y actor inglés Ronald Aldair -con 18 años de experiencia teatral- se puso el taparrabos, mientras que Ethel Dwyer y Greta Kemmble Cooper encarnaron a unas Janes que dieron mucho que hablar en los periódicos de la época.

En 1939 -en pleno fascismo-, Totó hizo leña musical del mito, en un espectáculo de variedades titulado *L ultimo Tarzan*, una faltada en la que, además de cachondearse del rey mono, también ironizaba sobre la autarquía de la Italia de Mussolini. Cuando, una década después, el cómico interpretó su versión cinematográfica del hombre mono, incorporó a *Totó, Tarzán* (1950) no pocos *gags* de su primera adaptación tarzanesca de los escenarios.

Tras el telón, varias décadas después, apareció otra parodia notable, esta vez montada sobre los escenarios catalanes. Fue *Tartan dels micos contra l estreta de l ensanche*, legendaria farsa producida por la Trinca, escrita por Terenci Moix y representada en 1974 en el teatro Romea de Barcelona. Los actores eran Enric

Majó, muy puesto en su desmitificación del papel de Tarzán -un desastre aquí llamado Tartán- y Rosa María Sardá, nuestra gran Carol Burnett, brillando como una soñadora Jane, una exploradora que ha ido a la selva en busca de su marido. Publicitada con algunos excelentes *slogans*, como «L Obra més béstia de totes les obres», *Tartán* fue un juego travieso juvenil típico de su autor, un cruce de géneros, entre el sainete y la zarzuela, lleno de cinefilia, guiños a los Hermanos Marx y grandes réplicas, que aún se recuerdan en la historia del teatro catalán. Contando además con el añadido de un cotilleo nada baladí: Majó, entonces pareja de Terenci, subido a un escenario semidesnudo y gritándole fieramente a los bienpensantes señores de la intelectualidad catalana, es algo así como un antídoto contra la hipocresía y la represión de la España tardofranquista.

No deja de ser curioso que, entre tantas docenas de encarnaciones del Hombre Mono, el de Majó es el único Tarzán que podemos recordar con vello en el cuerpo. Algunos tarzanes apenas tenían pelo en el pecho y no era necesario el retoque -como sucedió con Johnny Weissmuller o Buster Crabbe-, pero resultaba ya más que cantoso ver a otros -como Mike Henry- con la sombra del vello esforzadamente rasurado asomando en el pecho. Un día leímos una explicación peregrina a este dislate de la lucha anti capilar que aún recordamos. El historiador -francés, cómo no- insistía en lo oportuno de la medida, ya que Tarzán debía estar desprovisto de barba y vello para diferenciarse aún más de sus súbditos animales, especialmente de los simios. ¡Qué cosas!

La de Terenci, Majó y Sardá no fue la única incursión de Tarzán en la escena española. Por ejemplo, en el año 2004, Julio Salvatiera planteó el hipotético reencuentro de Johnny Weissmuller con su mona Chita, paseando la decrepitud de la pareja por un Acapulco de conchitas playeras, en la recta final de la vida de los dos compañeros. *John y Jitts*, interpretado por Juan Alberto Pérez -en el papel del humano- y Yiyo Alonso -encarnando al animal-, es una amarga crónica de esta extraña pareja que, después de conocer la alegría y la gloria, apenas pueden ya hablarse, vencidos por la amargura de la senectud.

También, durante 2002 y 2003 se movió por España *Tarzán, el musical*, versión más que libre del mito y revisión hispana del show neoyorkino que fue su modelo.

No logró convencer el *Tarzán* de Disney, mudado a los escenarios de Broadway en el 2006 y adaptado por Richard Rogers, un espectáculo fallido que fue recibido con críticas tan duras como estas: «Gancho para turistas», «Tú Tarzán, yo agonizo» o «Negocio fallido». Y eso que, una vez más, contaba con el reclamo de la música de Phil Collins. En el gigantesco montaje de quince millones de dólares de presupuesto, Jane tuvo el físico de Jennifer Gambalese, y su interpretación quizá fue lo mejor valorado de una producción que recorrió EEUU y una importante parte del resto del mundo, y lo hizo sin despertar muchas pasiones en ningún sitio.

El circo también ha explotado convenientemente todos los ingredientes de la selva tarzanesca. "Kongo!" fue un recordado espectáculo de El Circo Americano, con evidentes influencias sacadas de la órbita *burroughsiana*. También El Circo Monumental tuvo un montaje muy tarzánido, publicitado con un cartel que presentaba a un señor en taparrabos de leopardo, domando a varios felinos *ad hoc*. Y El Gran Circo Mundial paseó en los años setenta a una aguerrida tarzana, una reina del Amazonas, que luchaba con cocodrilos bajo el agua de una gran pecera transparente.

En la era dorada de Pinito del Oro y de Pompoff y Thedy, el Circo Price no dudó en utilizar a Tarzán como reclamo, poniéndolo en los carteles junto a Taras Bulba, Miguel Strogoff y hasta Blancanieves. Pero, quizá el caso más célebre de todos los espectáculos circenses hechos a la sombra de nuestro héroe favorito es la reciente empresa emprendida por el Circo de Yakarta, que puso en pie el espectáculo *Tarzan Mighty Circus*, un show de alto presupuesto, poblado de elefantes, leones y tigres, que contó con dos estrellas españolas para dar vida a Tarzán y a Jane. Fueron los jóvenes acróbatas madrileños Carlos Calvo Mulas y Lydia Romero.

En la radio, Joan Burroughs Pierce, hija de papá Edgar Rice y esposa de Jim -el quinto actor que le puso cara al Tarzán cinematográfico-fue la primera que interpretó a una Jane de las frecuencias electromagnéticas. Lo hizo en *Tarzan, radio act*, una emisión seriada, que permaneció en las ondas norteamericanas de forma ininterrumpida desde 1932 hasta 1934. Lógicamente, papá escribía -esbozaba- los guiones y avaló personalmente la grabación de su niña, creando, para tal fin, una división especial de la ERB Inc. Y, también por lógica -y al tiempo, como si fuera un extraño ajuste de cuentas hecho al sonoro- Jim Pierce, el último Tarzán del cine mudo, le puso la voz a este Tarzán radiado. Fueron más de trescientas cincuenta entregas que se vendieron además en otros países anglosajones. Y la franquicia radiofónica se extendió a muchos otros oyentes tan distintos como los de Alemania, Francia o Italia . En Argentina, en los años cincuenta, estuvo en el aire, durante un lustro, *Las aventuras de Tarzán*, una retransmisión en directo al más puro estilo radioteatro. De lunes a viernes, a las seis de la tarde, César Llanos en el papel del hombre mono, Mabel

Landó como Juana y Oscar Rovito como Tarzanito, ofrecieron un programa de recordado éxito nacional. El grito de Tarzán se lo había grabado un tenor.

En las décadas siguientes, en los Estados Unidos, otros actores como Carlton Kadell, Rod Taylor o Ray Barrett, sacaron de sus gargantas el sonido radiofónico del rey de los monos. Pero con bastante menos éxito que el obtenido en los años treinta por el matrimonio Pierce-Burroughs.

Y fue en la radio donde se pudo escuchar por primera vez una de esas canciones de antología que te quedan de por vida colgadas de alguna neurona juguetona. Aunque no tiene mucho que ver con Tarzán, hemos leído en varias ocasiones que para muchos tarzanófilos la pieza en cuestión se nos antoja algo así como la quintaesencia del amable himno de la selva. A través de las ondas hertzianas, *The lion sleeps tonight* gozó de gran popularidad en los años sesenta, vibrando en la fantástica versión de The Tokens, que convirtieron una nana zulú de gran popularidad en Sudáfrica en una especie de hit parade popero. «In the jungle, the mighty jungle, the lion sleeps tonight... » decía la canción, y ya podían dormir con tranquilidad todos los bebés del mundo y también muchos otros espíritus tiernos y desamparados de las junglas globalizadas, porque el temible león dormía y no estaba de guardia esa noche.

No era la primera vez que se cantaba al mundo selvático del rey de los monos: *Tarzan song* (1955) de Mitchell Miller & The sandpipers, *Tarzan* (1959) de Lenny Bruce o *Tarzan* (1960) de The Dell Saints, fueron algunas de las muchas canciones tarzanescas que se editaron y radiaron.

En la ecléctica banda sonora de la sicotrónica película *La salchicha peleona* (1997), suena *Tarzan Boy*, una pequeña genialidad de Baltimora. Y el afortunado canto tribal de Daniel Taubkin y los Uandi Uandi, titulado *Tarzan, the Johnny Weissmuller story* (2000), está recorrido por muchos gritos y aullidos, que son quejas poderosas lanzadas al viento en honor al siempre recordado Johnny.

En Italia, como vimos más atrás, también Carmen Russo contribuyó al magma sonoro tarzanesco con su *Oh! Jumbo Buana* (1987). Y un «aquí me tienes, como Tarzán en las ramas», muy de culebrón, nos cantó, hace pocos años, el venezolano Victor Muñoz.

En España, además de *De liana en liana*, la maravillosa canción de Javier Krahe con la que abrimos este libro, tenemos muchos otros ejemplos de homenajes tarzánidos, como el muy *kitsch* tema de Parchís grabado por la temible *troupe* de niños en 1979. La pieza comenzaba con un grito y llevaba aquel célebre estribillo tan recordado por las generaciones de los niños que nacieron después de Franco: «Cada día eres más fuerte, tu no temes a la muerte... ooohhhh Tarzán... Tarzán». *¡Horreur!*

Jaume Sisa incluyó a Tarzán en la tierna galería de héroes infantiles, refugio de muchas generaciones que crecieron en la oscuridad de tantas largas noches de piedra. Figuras a las que el cantautor catalán dedicó *Cualquier noche puede salir el sol* (1975), un tema que significaba más de lo que parecía -«mi casa es vuestra casa, si es que las casas son de alguien»- cosa esta que no pasó desapercibida a los censores del tardo franquismo. Y allí estaba Tarzán con Jaimito, Doña Urraca, Carpanta, Frankenstein, el Conde Drácula, King Kong, Charlot, Snoopy, Simbad, la mona Chita y Peter Pan. «Bienvenidos, pasad, pasad. De las tristezas haremos humo», invitaba a soñar despiertos a sus oyentes, el sin par Sisa.

39
TARZÁN, HÉROE DE PAPEL

El cómic, las portadas de los libros, las postales y la ilustración destinada a las novelitas -los tan traídos *pulp magazines* americanos- han creado también sus estereotipos tarzanescos. Es una imaginería muy poderosa de notable influencia icónica en muchas generaciones de lectores. Aunque, seguramente no tan decisiva como la del cine.

Con permiso del talento personalísimo de Frank Frazzetta, el más grande de los artistas que ha dibujado al hombre mono nos parece Burne Hoggarth, que publicó su creación desde 1937 a 1950, en notables tiras diarias -*dailies*- y prodigiosas páginas dominicales. Sus planchas semanales de los domingos -las conocidas como *sundays*- estuvieron, al tiempo, en más de sesenta periódicos norteamericanos y fueron entregadas con más de ciento cincuenta cabeceras distintas.

Hogarth es el rey del movimiento detenido y el paso de los años aún hace más sorprendente su legado. La grafía *hoggarthiana* le dio un aspecto realmente inquietante -y hasta pesadillesco- a la jungla de papel, una tierra delirante frecuentada por las personalísimas criaturas que el artista dibujó. La musculatura, fibrada y alargada, del Tarzán de Hogarth es la de un animal poderoso y elástico, la expresiva musculatura de una pantera aplicada a un ser humano. Lleno de viveza, perfectamente armónico con la colorista y tupida jungla dibujada que lo rodea, este hombre mono no deja de asombrar a quien se asoma a sus viñetas. La casa del árbol, colgada de un tronco retorcido, los encuadres, con panorámicas y picados propios de Orson Welles, el rostro, tenso, de cejas enarcadas y aspecto permanentemente furioso. Todo eso consigue transmitir la sensación de personaje único, singular, inquietante, lejos del cómic menos vigoroso y más tranquilizador que se distribuía por aquellos años.

Por todo esto no es extraño que alguien, algún teórico exagerado que no recordamos -seguramente francés, siempre francés, claro- comparó la obra de Hogarth con la de Miguel Ángel, y les llamó a sus dibujos de Tarzán «la Capilla Sixtina del noveno arte». Tras dibujarlo durante doce años, el autor regresó a su creación en la llamada época del cómic de autor, durante los años setenta, con álbumes ya más cuidados y muy esteticistas, pero aún llenos de vigor, en los que el héroe se convertía en un abanderado del ecologismo. Llama la atención el abigarrado episodio de *Tarzán de la selva*, donde el hombre mono dibujado por Hogarth -¡intoxicado por la ingesta de carne de elefante!- sufre alucinaciones poperas, repletas de monstruos coloristas. Algo así como la borrachera de *Dumbo* (1941).

Sin embargo -en el lado contrario de nuestro entusiasmo- para algunos otros historiadores, el exhibicionismo de Hogarth, en una ascendente e imparable carrera de barroquismo, acabó por arruinar a su creación.

Además de batallar con sus enemigos habituales o naturales, el Tarzán de Hogarth -como el de Weissmuller en el cine- también luchó contra los nazis, en una campaña bélica en toda regla que movilizó a algunos otros artistas como Maxon y Rubimor, seudónimo este último de Rubén Moreira, un notable talento de Puerto Rico y olvidado creador de un severo hombre de la jungla que es de lo mejor que podemos recordar entre los tarzanes del cómic.

Pero, volviendo a Hogarth, hay que decir que su Tarzán, por hacer, hasta hizo cosas tan raras como torear un toro, con una cortina roja, en *Tarzán el justiciero*, obligado por el malvado Don Cristóbal, un fantoche cruce de Mandrake y de personaje de Jodorowsky, caracterizado con energía por el dibujante y cargado con los atributos inequívocos de una perilla y unos bigotes faústicos.

Un capítulo aparte merecerían las mujeres que Hogarth ponía frente a Tarzán. De musculatura poderosa y rostros enérgicos, con aspecto de haberse escapado de otro planeta, y en cualquier caso con la eterna duda de su origen. Son así, en especial, sus fornidas amazonas, iconos antológicos de clara orientación bisexual.

El autor murió en un hospital de París, a los ochenta y cuatro años, ingresado cuando regresaba a casa desde del célebre festival de historietas de Angouleme.

Además de Hogarth, muchos otros artistas -que se cuentan por decenas- dibujaron a Tarzán. Quizá el segundo más grande de todos es Frank Frazetta, rey del color y la acuarela, que, aunque nunca lo animó en cómic, sí que le dio un poderoso aspecto de coloso de otra era en el mundo hermano de la ilustración. Especialmente notables son los dibujos de las portadas de la edición de la casa Ace. Y como obras maestras indiscutibles permanecen las cubiertas de *Tarzan at the Earth s core* y de *Jungle tales of Tarzan*, una portada que muestra una vertiginosa pelea del héroe con un gorila, rodeados con un brillante manto verde acuarela de ramas y follaje que culebrea cayendo sobre los contendientes.

El Tarzán de Frank Frazetta iluminó docenas de tapas y dibujos interiores de muchas de las reediciones de las novelas de Burroughs. El suyo es todo lo contrario del Tarzán de Hogarth. Grande, plomizo, con cara cruel y hasta un poco depravado, pero igualmente inolvidable. Con ciertas influencias modernistas, rodeado de señoras de muy buen ver -y de físicos tan rotundos como los del héroe- descubiertas de escasísimas ropas, vestidas más bien con joyas muy art decó en lugar de telas. Un dibujo de Frazzetta -una ninfa con el aspecto de Bo Derek- abre el filme *Tarzán, el hombre mono* (1981) ya que ese era el elegante logo de Svengali, la productora de John Derek. Svengali fue una especie de Pigmalión, un hipnotista que se apoderaba de la voluntad de una bella mujer en la célebre novela de Daphne du Maurier. Gracioso este John que se creía el Svengali de Bo.

Hogarth y Frazzetta aparte, hay que decir que el primer dibujante que llevó al cómic al héroe de Burroughs fue el no menos célebre artista Harold Foster, padre del cómic moderno quien, apoyado por la poderosa United Features Syndicate, empezó a publicar las aventuras del hombre mono en formato de tira en el año 1929. Pero, realmente, la notoriedad no se la dieron las *dailies* sino que fueron las *sundays*, dibujadas entre 1931 y 1937, las que lo catapultaron a la fama. El primer Tarzán de papel, con su cinta al pelo y su piel de leopardo sobre el hombro izquierdo -al modo de Elmo Linclon o Frank Merrill- nace con un *look* que hoy juzgamos como algo anticuado, aunque la manera de narrar de Foster sea ya la del cómic realista.

Y sin embargo, visto con los años, el Tarzán de Harold Foster -luego papá gráfico de uno de los cómics más célebres de todos los tiempos *El príncipe valiente* (1937)- nos parece un poco vacío y carente de personalidad. Su rostro podría ser el de cualquier otro personaje. Tarzán y Valiente se nos antojan el mismo hombre, sin rasgos claramente definitorios. Es éste un Tarzán bastante frío, algo amanerado, sin la fuerza de los grandes héroes de Hogarth y Frazzetta. E inefable resulta el episodio dibujado en 1931, en el que Tarzán acaba en la cámara de los Lores, con la gomina bien puesta y fijada por la tinta del pincel del artista. Es verdad que, por otra parte, la lectura de las historias de Foster resulta una experiencia más relajada que la proporcionada por las tormentas continuas de Hogarth. De hecho, en el mundo de los especialistas, hay como dos bandos, al modo de aquellas conocidas facciones de la línea clara y la línea sucia.

A los que les gusta Hogarth no suele gustarles Foster y viceversa. Es algo así como ser de los Rolling o de los Beatles. O del Barcelona o del Real Madrid. Seguramente esta es una polémica estéril, pues la grandeza de los dos artistas -cada uno con sus virtudes y defectos- no es en absoluto excluyente.

Pero el primero, el primer artista que dibujó al héroe de Burroughs, fue Clinton Petee, que hizo un héroe de ojos muy alucinados, cabalgando y apuñalando a un fiero león en la portada de la ya célebre primera edición de la revista *The All-Story Magazine,* de 1912.

Y el favorito de papá Burroughs fue J. Allen St. John, que con un hermoso, e indudablemente anticuado, estilo modernista ilustró algunas portadas de las novelas en los años veinte. Otro preferido de ERB fue, como no podía ser de otra manera, su propio hijo, Studley Burroughs, metido a ilustrador de dos ediciones de Tarzán impresas en los años treinta. Burroughs Jr., fusiló, sin mucho disimulo, el inimitable estilo de St. John.

Russ Manning desde 1967 dibujó tiras y medias páginas del héroe, y durante diez años fue el primero en darle un papel importante a Korak, el hijo de Tarzán, una figura que luego, en los años setenta, se independizaría con cómic propio y hasta con revista en solitario.

Según que épocas, Manning es capaz de pasar de los dibujos y las historias más anodinas a elaborar algunos de los episodios más inolvidables del héroe de papel, cargados de movimiento y significado, como el soberbio encuentro, dibujado en 1969, ocurrido entre Tarzán y una sacerdotisa La de enorme pelo negro recogido en plan hippie.

Además de los ya citados, grandes dibujantes, de los estilos más variados, avivaron el mito sobre el papel: Juhré y Dan Barry en los años treinta y cuarenta, Bob Lubbers y John Celardo en los cincuenta, Gil Kane, Mike Grell, Richard Corben y Joe Kubert en los setenta, John Buscema, Neal Adams, Howard Chaykin, Jeff Jones, Mike Kalutta, Esteban Maroto, Alex Nino, Bernie Wrigthson, Boris Vallejo, José Ortiz y otros dibujantes españoles lo hacen en los ochenta y en los noventa. Y, definitivamente extrañas son las historietas publicadas por DC y Dark Horse, dibujadas por Carlos Meglia en el 2001, en las que Tarzán incluso se cruza con Superman.

Como dijimos, además de las tiras diarias y las páginas de los domingos para los periódicos, hubo muchos cuadernos independientes dedicados a Tarzán, publicados por las más variadas editoriales, algunas del peso de la Marvel, la DC o la Dark Horse.

También, a partir de los años sesenta, asistimos a un intenso revival en las ilustraciones que acompañaron a las variadas reediciones de las novelas. Y, como en su momento sucedió en el cine, algunos de esos ilustradores de las reediciones y de las nuevas novelas autorizadas, como es el caso de Joe Jusko, hicieron de Tarzán un hombre mono, más que hipertrofiado, definitivamente *elefantiásico*, un leviatán que no paraba de hincharse, como haría un adicto a la halterofilia y a los anabolizantes.

En el terreno del humor gráfico, Jean Laplace, el dibujante de pasatiempos conocido por la serie que invitaba a descubrir "Los ocho errores" en la prensa diaria de medio mundo, acudió muchas veces a juguetear con Tarzán en sus viñetas aparentemente gemelas. Hay una serie especialmente notable y muy poética -pocos apreciaron esa tendencia lírica en los toscos dibujos hechos para descubrir las diferencias de marras- en la que los monos de la jungla se ríen entre maliciosos y divertidos, mirando las torpes evoluciones de un Tarzán colgado de las lianas y saltando dentro de un televisor misteriosamente enchufado en algún lugar de la jungla.

En España hubo muchos tarzanes apócrifos, dibujados en los años cincuenta y sesenta. *Pantera negra* y su hijo *Pequeño Pantera Negra*, tuvieron sus cuadernos semanales apaisados -la llamada media página o faldón- adaptados al tebeo barato y cutre de la España franquista. Fueron unos tarzanes que estuvieron muy presentes en los quioscos durante esos años, conviviendo junto a *Flecha roja, el Jabato, el Capitán Trueno* y tantos otros héroes de papel contemporáneos. Primero reinaron en un mundo pobre en blanco y negro. Luego, intentando sacudirse tanto polvo gris, vivieron también a color, remontadas las viñetas para lucir mejor en páginas verticales.

Otras versiones hispanas claramente influenciadas por Tarzán fueron *Purk el hombre de piedra* (1950) dibujado por Manolo Gago, *Bengala* (1959) creado por Quesada y Luis Ortiz, y los gemelos *Tono y Kono* (1975), a su vez una revisión de los cómics ingleses y ya muy tarzanescos, dibujados por Mike Western y escritos por Tom Tully, editados aquí por Vértice con el título de *Los hermanos Wild*.

En los años setenta, con la progresiva desaparición de la censura en la España post franquista, aparecieron un buen número de cómics bastardos que sacaban provecho erótico del mito, desde *Jack* -un héroe violeta alemán- hasta *Tarsan*, publicado en fascículos semanales. Y el dibujante Manel, desde las páginas de la revista El Papus, insistió en varias ocasiones en un Tarzán bestia, insolidario y hasta violador. Y, en el otro extremo, en ese idílico telón de la historieta concienciada y educativa, también hay claras influencias tarzanescas en el cómic infantil *Leo Verdura* (1986), un felino vegetariano dibujado por Rafa Ramos y publicado en el suplemento de "El pequeño País".

Es notable el muy primitivo Tarzán, perennemente salido, que está siempre haciendo el amor con Jane, en *Kafre*, una majestuosa creación que Abulí y Das Pastoras hicieron para la revista El Jueves en los años noventa. En este divertido cómic, el héroe acaba siempre dándole enormes palizas al pesado y miserable misionero retaco que intenta evangelizarlo, impidiendo sus coyundas.

Quino, el conocido creador de *Mafalda*, dibujó muchos chistes con un Tarzán agobiado por la deforestación, tema éste en el que insistieron otros grandes humoristas de órbita hispana. Hicieron leña del caído árbol tarzanesco, desde Xaquín Marín hasta Oscar, pasando por Idígoras & Pachi, Gallego & Rey, Mordillo, Robert, Carlos Puerta, Eneko, López Rubiño, Caloi, Forges o el Perich. Este último revisitó en muchas ocasiones las abundantes variantes de la celebrada declaración de amor, que su héroe gay- con largas pestañas y boquita pintada- dedica a la chica: «Yo, Jane... tú, Tarzán».

También Ibañez no ha perdido ocasión para meter a Tarzán en la aventuras de sus Mortadelo y Filemón, especialmente en *Silencio, se rueda* (1996), una sátira del mundo del cine, donde el personaje -imaginamos que por aquello del copy- se llama Ombligoloco. Es en el mismo año en el que Julius perpetra un Tarzán de desastre, protagonista de *Sabana & Co.*, en una plana semanal del suplemento infantil Mini-Mundo.

Y no queremos cerrar este capítulo sin hablar de Cubero, un fino dibujante gallego que en 1989 puso a Tarzán ante la peor de sus pruebas y pesadillas: hacer la declaración de Hacienda. Fueron páginas realmente inolvidables para nutrir las antologías.

40

TARZANAS, MUJERES PANTERA, TIGRESAS Y OTRAS VENUS DE LAS PIELES

La moda de las aventuras africanas y el modelo masculino de Tarzán -con su taparrabos de piel y sus incondicionales amigos animales- facilitó réplicas femeninas, tan épicas y salvajes como las de su ejemplo macho. Fueron figuras que contribuyeron al engrandecimiento del cine, del cómic y de la televisión de serie B.

Ver a Ava Lavinia Gardner vestida de piel de leopardo, posando sobre un fondo felino *ad hoc*, aún hace gruñir y suspirar a muchas mentes y espíritus sensibles. Aquella campaña parecía como una operación de prestigio del uniforme femenino de las aventuras salvajes. Y, en realidad, esas imágenes sólo fueron un gancho, porque únicamente eran fotos de estudio, que trascendieron a mayor gloria del *look* felino. Venus era por fin mujer y carne, vestida con las pieles de Sacher-Masoch.

Luego, más tarde, el llamado "animal más bello del mundo" se paseó inquieta delante de una pantera negra enjaulada en el África de *Mogambo* (1953). Ésta fue una bonita imagen ideada por John Ford para dejar inmortalizado para siempre el célebre carácter volcánico de la Gardner que, en general, resumía el temperamento de las heroínas fordianas, desde la pelirroja Maureen O Hara hasta la racial morena Linda Darnell.

Jayne Mansfield fue otra venus de las pieles de leopardo que solía tener una patológica querencia en fotografiarse con ellas. Eso sí, distribuidas por su voluptuoso cuerpo en dosis mucho más exiguas que las que vistieron a Ava. «¡Tampoco era cuestión de vestirse mucho!», respondió miss Mansfield a las preguntas de un gacetillero. Como una premonición, la primera película de la curvilínea actriz se tituló *Female jungle* (1955), película estrenada mucho más tarde en España como *La resaca*, aludiendo al otro título inglés del filme, *The hangover*. Lo de la jungla femenina promocionada por Mansfield en principio parecía algo caprichoso aquí, pero finalmente tenía su sentido porque, aunque la película era un policial donde la actriz interpretaba a una *vamp* muy *femme fatale*, nuestra Jayne-Jane ya vestía ajustados pantalones de leopardo haciéndose precursora de tan feroz prenda.

Y ya clásica es la sesión de instantáneas que Jayne protagonizó con su marido -el Mr. Universo y actor de *peplums*, Mickey Harguitay- para publicitar el filme *Una mujer de cuidado* (1957), del que hablaremos más adelante.

Pero, antes de Ava y de Jayne, hubo muchas otras precursoras, más venus de las pieles leopardescas. Entre ellas estaba la carismática intérprete del cine mudo norteamericano Clara Kimball Young, que llegaba a un sofisticado París desde las montañas de Abisinia, bien armada con su larga melena y su fiera vestimenta de *The savage woman* (1918).

Y en los años treinta, muchas actrices respondieron a la llamada de la jungla, protagonistas de sus propias historias salvajes. Edwina Booth fue la primera pantera humana del sonoro, ya muy ligera de pieles, melena rubia y látigo en mano, en su papel de reina blanca perdida en la selva de *Trader Horn* (1930), una película que -como ya sabemos- fue algo así como la madre del cordero de las aventuras africanas, donde el comerciante protagonista del título -interpretado por Harry Carey- utiliza lianas para moverse, cual Tarzán vestido de explorador y adelantándose al *Jungle Jim* de Johnny Weissmuller.

Como ya vimos en el capítulo dedicado a los monos, Fay Wray se puso en las manitos de *King Kong* (1933) para dejarse hacer, cual muñeca entregada a un niño curioso. Tenía experiencia, porque antes ya había transitado por la peligrosa jungla controlada por *El malvado Zaroff* que fue el título español de *The most dangerous game* (1932).

Siguiendo los pasos -o los bestiales abrazos- de Fay, más tarde se entregarían al sueño de la Bestia, bellas como Terry Moore en *El gran gorila* (1949), Jessica Lange en *King Kong* (1976), Charlize Theron en *Mi gran amigo Joe* (1998) -remake de *El gran gorila*- o Naomi Watts, sentada en la palma de la enorme mano de un nuevo *King Kong* (2005) creado en la virtualidad de los ordenadores.

Incluso el ángel azul que protegía la carrera de Marlene Dietrich le dio permiso a la célebre teutona para vestirse de gorila en *La venus rubia* (1932). Ahí la Lily Marlene de Hollywood cantó un *Hot Voodoo* que bien podría ser un himno selvático del sexo. Rodeada de chicas del coro, armadas con escudos pintados con rostros feroces, Marlene cantaba: «El vudú caliente quemó mis ropas y me hizo salvaje». ¡Vaya!

Pero, en rigor, la larga lista de aguerridas mujeres pantera a lo Simone Simon la inaugura la inolvidable Kathleen Burke, chica de origen felino y raro rostro marciano, imaginada por H.G. Wells en *La Isla de las almas perdidas* (1932). Burke permanece en el recuerdo de cualquier cinéfilo que se precie, como torturado experimento del doctor Moreau y fascinante animal convertido en mujer.

De otro corte es la belleza de una jovencísima Dorothy Lamour -la reina del sarong, la llamaban- que contribuyó a avivar el fuego de la fiebre selvática del cine en *The jungle princess* (1936), *Huracán sobre la isla* (1937), *Horizontes salvajes* (1942) y también en la sorprendente *Her jungle love* (1938). En esta última, además de tener como compañero a Ray Milland, Dorothy compartía plano con Jiggs 2, la más longeva y mejor Chita de todos los tiempos, un mono entrañable que ya hemos conocido en profundidad, y que, otra vez, en éste filme, junto a Dorothy, le fue algo infiel a Johnny.

Por esos años, no menos hermosa y salvaje que Dorothy Lamour lucía Frances Gifford que además le había dado cuartelillo a Weissmuller en *El triunfo de Tarzán* (1942). Ella fue protagonista de *Jungle girl* (1941), célebre serial selvático de la Republic, esa productora reina de los seriales de la serie B. La Gifford, con el pelo rizado imitando graciosamente las orejas de una felina y con su cinturón de leoparda, creó escuela con su personaje de Nyoka, pronunciado en dos sílabas bien separadas Ny-oka, algo así como Humber Humbert rezaba a la Lo-lita de Nabokov.

Ny-oka, un personaje que -por cierto- también era creación de Edgar Rice Burroughs, causó auténtico furor entre los niños y adolescentes de esa época y se convirtió en todo un mito erótico de los sublimados peligros de la jungla. El músico, promotor y chulo Ike Turner declaró haber sido esclavo infantil de los poderes de Nyoka y que fue su amor por el icono de Gifford lo que le hizo comportarse en los años sesenta como un maniático Pigmalión del R & B, moldeando a su estrella y esposa Tina Turner, al modo de la salvaje Nyoka, con falda corta, rota y deshilachada, erguida sobre altas botas de cuero.

Pero si el tocado carnavalesco de Gifford era notable, el de orejitas de leopardo de Linda Stirling en *The tiger woman* (1944) -también conocido como *Perils of the darkest jungle*- otro serial "republicano" -de la Republic- en 12 capítulos, no tiene parangón conocido en la selva del cine. Aquí, la Stirling, como buena tarzana, viajaba colgada de las lianas y, para darle un toque más femenino a su creación, calzaba botitas de maravilloso diseño, paseando con envidiables contoneos entre templos, selvas tupidas y civilizaciones perdidas.

Ann Corio en *The call of the jungle* (1944), Maria Montez en *La salvaje blanca* (1943), Ruth Roman en *Jungle Queen* (1945) y la inolvidable nativa ninfómana interpretada por Hedy Lamarr en *White Cargo* (1940), son algunas de las muchas otras chicas calientes ecuatoriales -siempre con alguna evocación tarzanesca- ligeras de ropa y habitantes habituales de las tórridas selvas del Hollywood de los años cuarenta.

La rubia Lois Hall en *Daughter of the jungle* (1948), con su cuchillo al cinto y colgada de lianas -versioneada por Sabrina Siani y Umberto Lenzi en *Incontro nell ultimo paradiso* (1982)-, Wanda McKay, envuelta en piel de leopardo en *Jungle Goddess* (1948) y Anita Lhoes con un exiguo biquini muy moderno en *Captive girl* (1950) -por cierto, luciéndose aquí junto a un decrépito Johnny Weissmuller- son otras rubias salvajes que le adelantaron por la derecha a la relativa permisividad del suavizado código Hays durante los años cincuenta.

En la década siguiente, Susan Stephen, salvaje heroína algo civilizada de más, cruzando el paraíso masai en *White huntress* (1954) fue, cuchillo en mano y peleando contra una pitón de tamaño natural, la que inauguró la moda ya más decidida y aguerrida de las heroínas tarzanescas que se batían, con insistente decisión, contra mil peligros de la jungla. Un ciclo que alcanzó su cenit con *Sheena: Queen of the jungle*, poderoso personaje femenino, tótum revolútum nacido para el cómic en 1944, ideado ni más ni menos que por Will Eisner el creador de Spirtit y dibujado por Robert H. Webb. Sheena estaba claramente fusilada de Tarzán, pero lo más curioso es que los guiones de las historietas los escribió una mujer, Ruth Roche -camuflada bajo el seudónimo de W. Morgan Thomas- y eso se nota, porque Sheena es una heroína fuerte y guapa, pero no es una versión marciana y masculinizada de Tarzán. Hubo quién, con el tiempo, hizo una lectura feminista del cómic, con la principal prueba centrada en la evidencia nada disimulada de una Sheena muy activa, rescatando continuamente a su amigo y enamorado Bob, siempre metido en problemas.

El exiguo biquini -un triquini en realidad- leopardesco en el que se envolvía la Sheena de los cómics, era sin duda un atuendo demasiado sexy para la época. Una vestimenta que al salirse del papel, por obligación de la censura, se convirtió en algo más elaborado, tapando bastante más las duras y atléticas carnes de la altísima actriz Irish McCalla, protagonista de una serie televisiva dominical -supuestamente dirigida a los niños- y emitida por la NBC.

Así que, los productores taparon algo más a la Sheena de la tele. Tampoco era cuestión de que los niños se enamoraran aún más perdidamente de la heroína de lo que finalmente hicieron. Así que los figurines iniciales -realmente audaces para la época- se ajustaron a un *look* más "apacible".

McCalla fue Sheena en 26 episodios de media hora comercial que comenzaron su emisión en 1956. Irish, muy puesta en su papel de tarzana, se convirtió, sin remedio, en uno de los más recordados sex symbol de la tele, de igual manera que la Sheena dibujada ya lo había sido del cómic, y rodeada de una evidente simbología fálica, cual juguetón dibujo de Disney.

La Sheena de la televisión protegía a los nativos de las perniciosas influencias de la civilización, ese Leviatán que llegaba cargado de peligros a una selva un poco bienpensante de más. El odio que siente la Sheena de McCalla por los intrusos es incluso más feroz que la manía que les tiene el Tarzán de Weissmuller. Y, para parecerse aún más a su modelo canónico masculino, en el tercer capítulo de la serie, salvando a un despistado inconsciente, Sheena pelea con un cocodrilo en el más puro estilo Johnny.

Insistiendo aún más en los paralelismos con Tarzán, en el cómic había un chimpancé que se llamaba Chim, una mascota que aparecerá también en la serie y también se mantendrá en la película rodada años después.

Porque, casi tres décadas más tarde de la serie de televisión, la hermosa castaña -teñida de rubia- Tanya Roberts retomó para el cine el personaje en *Sheena, reina de la selva* (1984), arrebatándole el papel a última hora a una *blondie* de bandera -que además si era rubia auténtica- la enorme austríaca Sybil Danning.

Para la película de cine, los productores le cambiaron a Roberts la carnavalesca piel de leopardo que lucía McCalla y le pusieron otra más artesanal, aunque también más propia de una chica prehistórica al modo de Martine Beswick, Victoria Vetri o Raquel Welch. Curiosamente, Raquel "el cuerpo" Welch, iba a ser Sheena en otro proyecto, largamente aplazado durante una década y que nunca se concretó en realidad. Lástima.

Tanya venía de *Los Ángeles de Charlie* y -aunque se le notaba tal sofisticación indeseable- lo cierto es que, al tiempo, también tenía un saludable toque vulgar que dotó al personaje del imprescindible sabor salvaje. Y no es casualidad que en *Sheena* la dirigiera John Guillermin, responsable del *King Kong* (1976) de Jessica Lange. Y es que ya dijimos muchas veces que los mundos de Kong y de Tarzán se tocan cual extremos de lo mismo, o como extremeños de Alfonso Paso.

En *Sheena*, la Roberts estuvo tan bellamente fotografiada, que sólo por eso ya vale la pena contemplar la película, una producción que, por otra parte, en absoluto nos parece desechable. La luz dorada del atardecer keniata, registrada sobre el atlético cuerpo de Tanya por el sobresaliente ojo de vidrio de Pasqualino de Santis -maestro iluminador viscontiano de *La caída de los dioses* (1969) y *Muerte en Venecia* (1971)- es uno de esos hitos del cine de aventuras más reciente.

La más clara réplica femenina de Tarzán aún conoció una nueva versión televisiva en la serie *Sheena* (2000), que es ya un despendole inenarrable de corte erótico festivo *light* interpretado -es un decir- por la neumática y atómica Gena Lee Nolin, portento de Minnesota con mucha *pechonalidad* -demasiada para correr por la jungla- que, ¡cómo no!, había debutado un par de años antes en una lanzadera muy apropiada para llamar la atención en televisión: esa inefable cuna de talentos del bañador y del biquini conocida por *Los vigilantes de la playa* que surtió al mundo de reinas del bañador de la categoría de Pamela Anderson, Carmen Electra o Erika Eleniak.

Christine Nguyen en la *TV movie Tarzeeena, jingle in the jungle* (2008) es, por el momento, el último golpe femenino asestado al mito. Una farsa sin gracia, ambientada en una isla a lo King Kong que, desgraciadamente, es de puro derribo.

Por otros mundos, bien lejos de Norteamérica, tenemos a la alemana Marion Michael, una especie de Brigitte Bardot teutona, a la que encuentra -salvaje y desnuda- el sorprendido expedicionario Hardy Kruger en *Liane, jungle Goddess* (1956). También, de liana en liana, bajo bandera británica, Celeste Yarnall encarnó a una *naif* y salvaje *Eva en la selva* (1968) amazónica. Igualmente, de procedencia inglesa, y ya en puro *tripi* desatado, es *Mistress of the apes* (1979), con Barbara Leigh y Jenny Neumann, las dos reinando selváticas en una cosa más que loca dirigida por Larry Buchanan, el más *friki* de los *frikis* entre los directores lisérgicos, capaz de disputarle el trono al mismísimo Ed Wod.

Y también la encantadora Kitty Swan -que, recordemos, fue neo Jane en *Tarzán en la gruta de oro* (1969) y *Tarzán y el arco iris* (1971)- respondió a la temprana llamada de la selva, interpretando a una salvaje de ojos claros que lanzaba gruñiditos -extrañamente eróticos- cual leona en celo. Lo hizo en *Gungala, reina de la jungla* (1967) y en *La pantera negra* (1968), dos películas del sin par y super oportunista Ruggero Deodato, director de cine basura que, desafiando los límites de la censura de entonces, salpicó las películas con sexo y muchos desnudos de la inolvidable Kitty. Femi Benussi, con *Tarzana, sesso selvaggio* (1969) o Edwige Fenech en *Samoa, regina della giungla* (1968), fueron algunas otras *maggioratas* italianas, que con sus voluptuosas carnes poco cinceladas por el gimnasio, calentaron las selvas de Cinecittá, encarnando a unas heroínas más propias de los calentones del Jaimito de Álvaro Vitali que de las valientes y salvajes mujeres pantera.

Si en Italia reinaron Kitty Swan o Edwige Fenech, en España destacó la inimitable Eva Miller, estrella del circo de nacionalidad francesa, nacida en Argel en 1950. Eva era un portento físico que lo aprendió todo de los saltos y las cabriolas circenses, entrenada por su padre, un especialista de la carpa que la enseñó a colgarse del pelo, azotar con látigos a quien se pusiese a tiro, lanzar cuchillos sobre blanco humano y otras experiencias religiosas de andar por la casa del circo. Además de sus actividades sobrenaturales, la diosa descendió a la pasarela de los humanos y con diecinueve años la eligieron "Miss Costa Azul" que no sabemos si es un título a la altura de sus bondades.

Los extraños caminos de la vida la llevaron al cine, en una época sicotrónica de subgéneros menores. Con su piel de leopardo bien ajustada -y bastante exigua- Miller interpretó a Kilma, una tarzanita que, siendo niña, se estrellaba con la avioneta de su papá- todo un recurso clásico- en un apartado rincón de la selva africana. En *La diosa salvaje* (1974), la Kilma de Miller, también ataviada de harapos de piel de leopardo bien colocados, trataba con diligencia a indígenas, a bichos e incluso a Paul Naschy. Y experimentaba un claro cambio de emplazamiento y ocupación en *Kilma, reina de las amazonas* (1975), otra simpática y torpe chapucilla rodada en Cap de Creus, Cadaqués, Altafulla y Garraf, una auténtica atrocidad de la que ya hablamos anteriormente. Si la primera película era una más que clara adaptación femenina de Tarzán -que, al menos tenía un pase- para las mentes y espíritus más simples de los cines de barrio, la segunda Kilma fue un delirio con piratas de guardarropía, amazonas con lanzas, arcos, flechas y biquinis de piel, ya más propias del puro choteo y consumo de la marinería.

Las amazonas de Miller eran unas *antianiras* que cuidaban con dedicación al buen Frank Braña y a sus hombres, cual sueño revistero. Eran unas chicas sicotrónicas destinadas a hacer felices a los naúfragos, unos espabilados que no parecen querer irse de la isla gineceo a la que han ido a parar, en vista de lo bien que son tratados allí. «¿Y si no viene un barco nunca?», dice Kilma preocupada. «¿Y qué prisa tenemos?», contesta, feliz, Frank Braña, en nombre de todos sus hombres. En verdad que la Kilma de Eva Miller, cruce encantadoramente cutre de mujer guerrera con tarzanita de guardarropía, es uno de esos hitos del cine de subgéneros español imposible de olvidar.

41
MISCELANEA TARZÁN

A lo largo de este libro ha quedado meridianamente claro que la figura gigante de Tarzán nos ha acompañado -y nos acompaña aún- en cada paso de la existencia. Y si no es así, si no hemos podido probarlo, estaremos más derrotados que el Brasil que perdió ante Uruguay en el Mundial de 1950. Pero sin los suicidios que aquel resultado trajo a tantos aficionados del país del *jogo bonito*.

Aún en los momentos que el personaje no está de moda, en las cimas o en las simas de esa sierra de dientes fluctuantes que son los ciclos históricos, siempre, cada día, lees o escuchas el nombre del hombre mono en la radio, te ríes con algún dibujo en la prensa o ves una película en la televisión donde alguien invoca su figura. Como un talismán, Tarzán está en cada pequeña cosa de nuestros lugares cotidianos, demostrando, rincón a rincón, la persistencia del legado del mito.

Para los muy escépticos, para los que miran las aventuras de nuestro héroe con condescendencia -situándose lejos del humor cómplice- a esos hay que decirles que sobran los ejemplos de muchos tarzanes "reales".

Continuamente aparecen invadiendo la actualidad de las noticias héroes verdaderos que, en condiciones muy adversas, sobrevivieron a la jungla, tal y como lo hizo el personaje de Burroughs. Personas a las que la prensa, los escritores, los historiadores o la gente en general, por su capacidad de supervivencia, ha llamado tarzanes o tarzanas. Sus historias dan credibilidad al fantástico cuento del pequeño salvaje criado por monos.

Entre otros muchos, ese es el caso de un niño encontrado en la selva de El Salvador en 1933, al que pusieron de nombre Tarzancito y que no podía hablar, aunque nadaba, corría y escalaba con una rapidez olímpica. Tarzana fue también Rocham Plieng, una joven camboyana que se perdió en la frontera con Vietnam, cuando sólo tenía siete años y que sobrevivió durante casi dos décadas aislada de cualquier contacto humano. Una sorprendente hija de la selva que, cuando la encontraron -desnuda y asilvestrada como un animal- tuvo serios problemas para adaptarse de nuevo a la vida de los hombres.

En 1999, saltó a los medios la increíble historia de un niño de cuatro años que fue abandonado en la selva ugandesa y para el que, durante los casi tres años siguientes, su única compañía fueron los monos que lo adoptaron. Entonces, prácticamente novecientos días después de perderse en la jungla, unos campesinos lo encontraron. Y ya no era capaz de hablar pero si de cazar cualquier bicho que se moviese en la selva.

En España tenemos el caso de Marcos Rodríguez Pantoja, que entre los siete y diecinueve años -desde 1953 hasta 1965- vivió como uno más de una manada de lobos, abandonado a su suerte en Sierra Morena. Y no es casualidad ni algo baladí que, cuando regresó a la vida entre humanos, Marcos encontrara en las películas de Tarzán su diversión favorita. De este singular personaje tenemos una algo adocenada, pero visible, versión cinematográfica en *Entrelobos* (2010), interpretada por Juan José Ballesta.

Desplazando incluso al mote de Hércules, aún hoy, en esta era tan *light* que vivimos, cuando se quiere resaltar a alguien por su fuerza, por su potencia o por su salvajismo, le llamamos Tarzán. Y de hecho- en muchos idiomas- la palabra ya es un sinónimo de fuerza o un neologismo admitido como tal en los diccionarios.

Hay incontables ejemplos de lo que decimos, alias y apodos de Tarzán esparcidos entre deportistas, artistas, políticos, delincuentes, mascotas y personajes literarios.

Era conocido por el apodo de Tarzán, el futbolista Migueli, aguerrido e imponente defensa central del Barca durante las décadas de los setenta y los ochenta. Un coloso que también jugó con la Selección Española de fútbol, en la que ahora ha tomado su relevo Puyol -no por casualidad otro central y del Barcelona- al que empezaron a llamar también así en una pancarta con la que los aficionados recibieron a la triunfante selección española de fútbol, campeona mundial en Sudáfrica. El gol de cabeza y "a por todo" que Puyol-Tarzán le metió a Alemania, clasificando a España para la final, tuvo el inequívoco sabor franquista de aquel «Marcelino de cabeza, marcándole a Rusia un gol», que cantaba la Mandrágora.

También le pusieron Tarzán a un irreductible nadador de nuestra infancia felliniana, un extravagante personaje que hacía proezas cabalgando las olas gigantes de la playa de Valdoviño, cerca de Ferrol. Porque, si nadabas bien, ya eras un Tarzán, en honor al medallista olímpico Weismmuller, rey de las piscinas de los años veinte y treinta. Desafortunadamente, este Tarzán de nuestra playera juventud, se murió tragado por una ola enorme, muriendo como le correspondía a una figura legendaria como la suya. Tener un apodo tan potente no significa necesariamente tener una patente de corso frente al peligro traicionero de la resaca de las agrestes playas del Noroeste.

Tarzán era el alias que le dedicaban amigos y enemigos a Michael Heseltine, perenne rival de Tony Blair, viceprimer ministro y baluarte de la izquierda *tory*. También un político de la escena parlamentaria gallega, Pérez Varela, especialmente activo en los años noventa, era conocido con el apodo de Tarzán, quizá porque un día dijo de uno de sus rivales: «Ese se cree la mamá de Tarzán». Y le quedó el apodo.

Esto de la mamá de Tarzán -o sea Kala- es algo que se ha repetido misteriosamente, y en varias ocasiones, en el mundo mediático. El editor y periodista Pedro J. Ramírez empleó la expresión aludiendo a la operación supuestamente emprendida por el también editor Luis María Ansón, para derribar del poder a Felipe González. Dijo Pedro J.: «Ansón igual terminó creyéndose la mamá de Tarzán, capaz de cambiar la situación política de un país». Y el fallecido caudillo venezolano Hugo Chávez también recibió el apodo tarzánido tras una de sus boutades televisadas, en la que afirmaba aquello de «La oposición volverá a gobernar Venezuela el día que Tarzán de los monos aparezca con la mona Chita en la plaza Caracas».

Y es que -quizá- los políticos nunca anduvieron muy finos con sus juegos de palabras o comparaciones. Ronald Reagan tenía una desvariada definición de un colectivo poco ortodoxo y que era una de sus bestias negras. Los *hippies*, así en general, eran para Ronnie «alguien que mira como Tarzán, camina como Jane y huele como Chita». ¡Pues vaya!

«Medio Tarzán y medio lord Byron», escribió Bob Colacello de Peter Beard, colosal cíclope de la cámara retirado en Nairobi; un maravilloso reportero gráfico, amigo de Isak Dinesen, que se quedó para siempre con el apodo de "el Tarzán de la fotografía".

Más salvaje que Beard, seguro que fue el célebre artista y ermitaño alemán que vivió décadas semi desnudo en las rocosas playas gallegas de Camelle. Manfred -Man para siempre- era una especie de Robinson místico, al que los lugareños llamaron de muchas formas, desde "o tolo"- el loco- hasta Tarzán. Y el propio Man -enamorado a partes iguales de Le Corbusier y de Schopenhauer- se tenía por algo parecido al hombre mono y así lo dejó escrito en una carta, redactada al modo tarzanesco, tan solo unos meses antes de morir de pena negra ante la desgracia con forma de chapapote que el petrolero Prestige volcó sobre su paraíso atlántico: «Es todo por hinchazón de pierna derecha. Antes yo no enfermo. Como no soy Tarzán, soy contento, si mis médicos están contentos». Sin duda un escrito al más puro estilo Weissmuller.

Tarzán. Así le pusieron los científicos a un camaleón de Madagascar descubierto en 2010, justo cuando el pobre bicho estaba en peligro de extinción. El "camaleón de Tarzán" es una de las cien especies más amenazadas del planeta. Y esto sí que nos parece justo, porque el hombre mono corre el peligro de desaparecer de nuestra memoria, perdido en el universo virtual y de síntesis que hoy lo invade todo.

En los años noventa, fue célebre en los círculos policiales de Galicia un aguerrido ladrón de coches conocido por Tarzanín que no dudaba en disparar su recortada contra la policía y protagonizar persecuciones dignas del Hollywood más espídico. Y en México también se hizo especialmente célebre un delincuente conocido como Tarzán, que huyó del infausto penal conocido como la cárcel Oriente, vestido con peluca y ropas de mujer.

En otro camino bien diferente al del apodo, y ya como reclamo de múltiples negocios, el nombre de Tarzán también ha servido para bautizar mil y un establecimientos en el mundo, especialmente aquellos que sirven comida, como si invocar el nombre del Rey de La Jungla pudiera abrir el apetito. Desde una hamburguesería de Verín (Ourense), que no se corta utilizando el dibujo del Tarzán de la Disney colocado majestuosamente sobre el umbral de la entrada, hasta una pizzería del Bronx que vemos en una colorida foto del New Yorker. Cientos de establecimientos de comida han utilizado ese reclamo. El mundo es un caos monótono.

Entre los muchos delirios de la hostelería variada de nuestra aldea global, encontramos un hotel con casas del árbol ubicadas a veinte metros del suelo de la selva amazónica brasileña. Y en los parques de diversiones de todo el mundo, Port Aventura y Disneyworld incluidos, figuran como llamada especial todo tipo de *gimkanas* y atracciones de riesgo controlado, montadas a la manera del Rey de la selva. En Areny de Munt (Barcelona) hubo -no sabemos si aún existen- dos atracciones de gran éxito llamadas con los expresivos reclamos de "el salto de Tarzán" y "la escalada del árbol".

En los años noventa, sin ningún tipo de recato, una tienda de ropa de Barcelona se hacía llamar "Tú Tarzán, yo Jane". Y en Madrid, por esa misma época, también fuimos testigos asombrados de otro -enorme- establecimiento de regalos inútiles que se llamaba Tarzania.

La publicidad también se ha aprovechado de todo lo que sugiere la figura del hombre mono, como sucedía en aquella campaña de un célebre whisky, con gorila incluido y muy enfadado porque Tarzán y Chita se habían ido de marcha salvaje sin avisarlo. En un anuncio de 1975, un Tarzán viejo grita desde su casa del árbol para llamar a Jane, pero los años le pasan factura y tendrá que recurrir a la ayuda de unas célebres pastillas para la garganta.

Y una cadena de tiendas de deportes -muy extendida hoy- utilizó en los primeros años de su expansión -y en varias ocasiones- la inequívoca figura de un joven tarzanesco, colgado de una liana, buscando ofertas salvajes de adminículos para atletas urbanos.

Hasta un colegio gallego, en un aviso de prensa de mediados de los años noventa, hizo lo propio con otro pequeño salvaje, acompañado de una retozona Chita, una pareja feliz que servía para anunciar las instalaciones deportivas y lúdicas del centro educativo, «perfectamente integradas en la naturaleza», como decía la publicidad.

¡Hay otras tantas cosas raras en el proceloso mundo de los mercachifles! Desde una página web sobre relaciones de pareja y sexualidad que utiliza como reclamo los nombres de Tarzán y Jane, hasta una mayorista de fruta exótica-publicitada con una monita con lazo que se llama Chita.

Porque Tarzán fue y aún es -dependiendo de las modas que vienen y van- un codiciado objeto de venta y *merchandising*. Las cosas que llevan su imagen o nombre han movido miles de millones, bajo la atenta mirada -y la alegría por los royalties cobrados- de los herederos de Burroughs, gracias a que el espabilado padre del hombre mono anduvo despierto, intuyendo el eterno filón de la mina de oro que se abría ante sus manos. Ya en 1913, Burroughs patentó y registró todos los derechos de su personaje. Y desde entonces los beneficios de la ERB en *merchandising* fueron innumerables.

No sabemos si pagó copy la empresa de naranjas que comercializó sus productos con la figura de un Tarzán muy fallero, lanzando su célebre grito dibujado en las etiquetas de los cítricos, tal y como pudimos ver en el Museo de la Naranja de Burriana (Valencia).

Y es que, al abrigo del hombre mono, se han comercializado cosas disparatadas de todo tipo, algunas claramente reñidas con el espíritu y filosofía del personaje. Pero ¡ante el dinero, Burroughs no decía que no a nada! Hasta inventó un club juvenil, el Tarzan Clan of America, que a comienzos de los años cuarenta, llegó a hacerle sombra a los mismísimos scouts, con cientos de miles de tiernos socios. Y, ¡cada niño pagaba un dólar!

Durante décadas, docenas de productos llevaron el reclamo de Tarzán. Puzzles, muñecos, juguetes mecánicos, dioramas, cuchillos y arcos de plástico, juegos de mesa, canoas hinchables, silbatos, juegos de cartas, cromos, postales, platos y vasos desechables, servilletas, tazas de café, cereales, helados, pastelitos, chicles, bebidas, monedas, sellos, relojes, camisetas, bolsas de deportes, pegamento, papel de regalo, pins, tabaco de liar, tabaco de pipa, cigarrillos, puros, cerillas, gasolina, pólvora, hebillas de cinturones, navajas, calzoncillos y, en fin, cualquier cosa que se le pueda ocurrir a la más perversa de las mentes y que cualquier publicista consiga relacionar con las vagas ideas de libertad, diversión o fuerza. Sí, amigo lector. también se ha hecho eso en lo que está pensando...

La gasolina Signal se publicitaba en los años cuarenta con la figura del héroe y bajo el eslogan "The power of Tarzan". ¡La potencia de su coche, señor, no se mide en caballos, sino en tarzanes! ¿Qué diría aquel Tarzán de Weissmuller -al que no le gustaban los trenes ni los coches- si un día se encontrara con tamaño disparate?

¡Y qué decir de los videojuegos!, plaga de Egipto que se nos antoja anti tarzanesca por definición. Ver a Tarzán, peleando, correteando -¡haciendo esquí acuático, o descendiendo por rápidos!- y encerrado dentro de una *Play Station* sólo nos produce claustrofobia. Primero llegó una versión que aprovechaba los diseños y los fondos de la película de Disney y luego invadieron las consolas abominaciones como *Tarzan freeride* o esa *Jungle Hell Cat Jane*, con una heroína ya en plan luchadora de wrestling, una *dominatrix* neumática de pechos y culo enormes, pegándose con quien haga falta.

Ya contamos las aventuras de la gallega espabilada que pasó a partitura el grito de Weissmuller para así forrarse con los politonos de los móbiles. Pero no es la única pícara, miles de coleccionistas mercadean día a día con los objetos del Rey de la Jungla, un rey que sin ninguna duda los fustigaría como hizo Jesucristo con los mercaderes del templo. Y ese es el disparatado país de los coleccionistas que han hecho del mundo Tarzán uno de sus bazares más suculentos.

Personalmente, este fetichismo tarzanesco por dinero, nos parece aún más mercenario que cualquier otro fetichismo. Pero, el caso es que todo -pero todo- en esta vida se compra o se vende.

Una primera edición de la novela publicada en 1914, ¡puede pagarse a más de 20.000 dólares! ¡Algo que sólo valía unos centavos! ¡Y la publicación fundacional del *The All-Story Magazine* de 1912, le costará fácilmente 10.000 $ a quien la quiera poseer!

Y así, como salvajes ultrajados, repasamos las pequeñas cosas que, poco a poco, sin mercadear, hemos ido guardando a lo largo de nuestra vida. Miramos cada humilde pieza, que es un recuerdo, un año, un momento de nuestra vida...

Demostrando el incuestionable papel de su reinado -muy próximo al imaginario colectivo- encontramos no pocos chistes fáciles dedicados al héroe. Son tantos cientos -miles- que evocaremos solo algunos, para no ofender demasiado al lector. Recogemos, por ejemplo, esos que disparan con alegría a la línea de flotación de la lógica del mito y que se plantean con preguntas retóricas, que obtienen rotundas respuestas:

«¿Por qué si Tarzán vive en la selva, siempre está tan bien afeitado?».

«¿Por qué Tarzán es hombre y no mujer?... Porque para su personaje se necesitaba fuerza bruta y cerebro de mono».

«¿ Por qué se dice que Tarzán fue el primer drogadicto?... Porque siempre iba colgado y con el mono».

«¿Por qué hay quien confunde Tarzán con King Kong?... Porque piensan que King Kong es una Chita que ha crecido mucho».

«¿Por qué a Tarzán le gusta tanto Chita?... Porque está muy mona».

Y, hablando de interrogantes con respuesta, debemos señalar que Tarzán está también en las preguntas del Trivial Pursuit -«¿Qué personaje colgante de la selva fue creado por Edgar Rice Burroughs?»- y de otros muchos juegos de mesa que giran alrededor de preguntas relacionadas con la cultura popular.

Porque, pese a quien pese, Tarzán es cultura y hay incontables figuras del cine que tienen al personaje de Burroughs en el altar personal de sus más incondicionales amores y de las más poderosas filias infantiles.

Pues sí, mucha gente no sabe que el más poderoso admirador del hombre mono fue ni más ni menos que Adolf Hitler, monstruo que disfrutaba como un niño viendo las películas de Weissmuller, gozadas al amparo de la sala de proyección de su búnker. Según cuentan las crónicas, algunas noches, el führer podía ver hasta tres de una atacada. ¡Eso sí que es ser fan! Suponemos que todo esto fue antes de que la RKO enfrentara a Tarzán con los nazis en los filmes *El triunfo de Tarzán* (1943) y *Tarzán el temerario* (1943). O, a lo mejor, aún le puso más este aspecto antifascista de su personaje favorito.

Sabiendo de este furor hitleriano por el hombre mono, no deja de asombrarnos la paradoja de que el primer filme de Weissmuller fuera prohibido en la Alemania de Hitler, por ser contrario a la doctrina nazi de la "biología hereditaria". Pero no hay que olvidar que también Franco adoraba las películas de Tarzán y se hacía proyectar cada nueva copia que llegaba a España en la sala de cine privada que tenía en el Palacio del Pardo. Y Haile Selassie, emperador de Etiopía y mesías negro de los rastafaris del mundo, pedía las copias de las películas de su personaje favorito ¡directamente a los estudios de Hollywood!

No podemos ocultar que nos inquieta mucho este amor que sentían los dictadores por Tarzán. Pero cualquier hombre puede tener debilidades extrañas. Porque también cualquier hombre puede parecerse en algo -o en mucho- al más despiadado de los tiranos.

En el lado contrario, en el de los hombres esencialmente buenos, muy conocido es el amor devoto que Marcello Mastroianni le profesaba al hombre mono. Y también a Mandrake, el mago, otro ser entrañable del cómic y del cine. En 1996, cuando tenía setenta y dos años -apenas unos meses antes de morir- un apasionado Marcello aseguró en una entrevista de televisión: «aunque sé que puede provocar burlas, creo que Tarzán es el único personaje que lamento no haber interpretado». Y eso que el actor estuvo muchos años intentando convencer a algunos directores -entre ellos a Fellini- para que le escribieran un papel tarzanesco, adaptado a su senectud. «Me gustaría ser un Tarzán calvo y sin dientes», dijo Marcellino en una ocasión. Y, más tarde, abundó sobre ello en sus memorias *Mi ricordo, si, Io mi ricordo*, publicadas en España por Ediciones B con el título de *Sí, ya me acuerdo* : «Me gustaría interpretar el papel de Tarzán de viejo. Y ¿por qué no?, sería una película de humor, pero con un fondo melancólico, porque se trataría del problema y el drama de la tercera edad, de ese héroe amable del que ya nadie habla».

Como ya vimos, Ike, el hombre que diseñó a Tina Turner, lo hizo a partir del modelo femenino réplica de Tarzán conocido como *Nyoka,* que era su sueño erótico de la adolescencia. También el modisto Carlos Díez, le dedicó a Tarzán una de sus más celebradas colecciones. Y el diputado de Los Verdes, Francisco Garrido fue impulsor de una proposición parlamentaria en contra de la cautividad de los simios, bien apoyada en las películas de Tarzán. Estos son sólo algunos de los intelectuales y artistas que en los últimos años utilizaron la inmortal creación de Burroughs para conducir sus trabajos.

Rosario Flores que -según propia confesión- de niña estuvo muy enamorada de Tarzán, o Concha Velasco que llegó a tener un sentimiento más físico por el hombre mono, han manifestado en múltiples ocasiones su amor por el personaje cinematográfico. En el caso de la Velasco, esta pasión la hemos leído como mínimo una media docena de veces, recogida en cuestionarios proustianos o en entrevistas. Reproducimos esta elocuente frase de la actriz: «He sabido donde lo tenía -¡el punto G!- desde los siete años. Yo es que siempre he sido muy adelantada. Lo descubrí cuando vi a Tarzán saltar por las lianas. Vivía en Marruecos... seguramente el clima, el cielo y el Zoco tuvieron algo que ver».

A mediados de los años noventa, el periódico El Mundo publicó una encuesta construida para saber los gustos cinematográficos de una larguísima y variopinta lista de intelectuales y artistas españoles, en la que estaban desde Paco Nieva hasta Eduardo Mendicutti. La película favorita -¡ojo!, no la mejor- resultante del sondeo fue *Tarzán, el hombre mono* (1932), seguida de *Capitanes intrépidos* (1937) y *El temible burlón* (1952).

Ente los escritores fanáticos de Tarzán tenemos al mallorquín Baltasar Porcel que admira las películas de Weissmuller y que así lo prueba en parte de su obra, como en *Caballos hacia la noche* (1975). O a Patrick Modiano que llama Tarzán a uno de los personajes bohemios de *En el café de la juventud perdida*, novela publicada por Gallimard en 2007 y ambientada en el París de los años sesenta.

Y también encontramos a Juan Marsé, que incluye al hombre mono como referente de la cultura popular de la España de los años cuarenta, retratada en su novela *El embrujo de Shangai* (1993): «era la colección de anuncios de películas que su madre le traía cada semana del Cine Mundial y en los que recortaba las caras y las figuras, para pegarlas en películas que no les correspondían... había reunido a Schrezade y a Quasimodo en *Cumbres Borrascosas*... había dejado al tenebroso Heathcliff al borde de una piscina con Esther Williams... y a Tarzán colgado en lo alto de una torre de Notre-Dame, junto con Esmeralda, la zíngara... ».

Y Mario Vargas Llosa -que ha contado en alguna entrevista que su primera experiencia cinematográfica fue un serial de Tarzán- con su prosa única, describe como nadie los juegos infantiles que todos hemos vivido en *Los cachorros* (1967): «... y Cuéllar sacaba su puñalito y chas chas lo soñaba, deslonjaba y enterrabaaaaaauuuu, mirando al cielo, uuuuuuaaauuuu, las dos manos en la boca, auauauauauuuuu: ¿qué tal gritaba Tarzán?». La figura del hombre mono reaparece varias veces a medida que avanza la tercera novela del escritor peruano. Y lo hace como evidente sinónimo de vigor: «... sobre todo Cuéllar, que de ser el más chiquito y el más enclenque de los cinco pasó a ser el más alto y el más fuerte. Te has vuelto un Tarzán, Pichulita, le decíamos, qué cuerpazo te echas a diario».

Manolo Vázquez Montalbán escribe en *Los mares del Sur* (1979): «Matan a cuatro infelices y ya se creen quién sabe qué, Kirk Douglas o Tarzán». Y el poeta peruano Arturo Corcuera le dedica al hombre mono de Johnny Weissmuller el maravilloso poemario *Tarzán y el Paraíso Perdido*: «Su grito, que asusta a médicos y enfermeras, no es el clarín con el que hacía su victoriosa aparición... Ahora Tarzán, víctima de una dolencia cardíaca, se toca el corazón y piensa en Jane... pobre Tarzán, indefenso y desnudo, descolgado del ecran por inservible, loco... completamente solo entre los locos... ».

Me Cheeta (2008), supuesta biografía de la mona Chita escrita en clave de ficción por James Lever o *Tarzán en Acapulco* (2001), una historia imaginada por Marcos Ordoñez que fantasea sobre las manifestaciones del espíritu de Weissmuller -rebautizado Wasserstein y aparecido como una virgen milagrosa en su fantasmagórica casa a un cinéfilo guionista de Bilbao- son, entre muchas, algunas de las piezas literarias más extravagantes que se han publicado alrededor de Tarzán.

Y esa coña marinera que Andrés Sopeña Monsalve se trae en, el ya antes mencionado, *El Florido Pensil* (1994), aunque parezca un ajuste de cuentas, no deja de ser un homenaje cariñoso a las películas de Tarzán de la infancia del autor. Escribe Sopeña: «De todos modos, los más simples, sin comparación, eran los negros... Los había buenos que servían a los blancos y les ponían refrescos y en las excursiones les llevaban los bultos y las escopetas; y los había malos, que a la menor te ataban a un poste para que no te fueras sin ver el baile completo. Pero, buenos o malos, de muy cortas luces... Cómo sería, que en un continente entero de negros, el rey de la selva era un blanco... que antes había que ver al blanco: Tarzán es un tío que, en seis películas que he visto, no ha aprendido a decir otra cosa que Mí Tarzán, yú Yein y para decirlo tiene que señalar, vaya que se confunda».

Leyendo esta genialidad de niño cabreado con el surrealista entorno que nos rodeaba en el franquismo, pensamos que no se nos ocurre mejor homenaje *naif* a ese mundo maravillosamente disparatado de Tarzán.

También es especialmente emocionante el humorístico tributo indirecto que le dedica Alfredo Bryce Echenique en su novela *La amigdalitis de Tarzán* publicada en 1999 por Alfaguara. ¿Puede haber algo más conmovedor que un Tarzán con amigdalitis? El cantautor exiliado, protagonista de esta novela, es como un hijo sentimental del hombre mono, afónico ante tantas dificultades para ser feliz. Y también lo es la mujer con la que se cartea, otra hija de los sueños amorosos del Paraíso Perdido tarzanesco.

Hablando de homenajes, los tributos de Festivales y Exposiciones se han sucedido también a lo largo de los años. En el 2000, la XXXIII edición del Festival de Sitges puso en su cartel el perfil coloreado de Weissmuller, lanzando su célebre grito. Y, casi una década después, en el verano del 2009, el Museo Quai Branly de París le rindió un apabullante homenaje a la criatura de Burroughs con una ambiciosa exposición de seiscientos metros cuadrados, comisariada por Roger Boulay, donde el irreverente antropólogo reivindica al hombre mono como precursor ecologista. *Tarzan, Rousseau entre los waziri* es el título de esta muestra de ambiente selvático, repleta de fragmentos de películas, tambores y, por supuesto, recorrida por el más famoso grito de la historia.

En España, con menos medios pero con idéntico rigor, coincidiendo con los cien años del nacimiento del personaje, se le hizo una esforzada y notable exposición en la Biblioteca Pública de Vallecas.

Tarzán es, para nosotros y por todo lo expuesto, Patrimonio de la Humanidad. Y seguramente de una manera mucho más profunda que otras cosas "serias", aupadas a esa categoría por la Unesco.

Y, como nos pertenece a todos los pobres mortales, como ocupa un lugar más indeleble en nuestros corazones que muchas cuevas, desiertos o ciudades, nos dejamos poseer por el síndrome de la reivindicación pura del Tarzán de la cultura popular. Lo dijo un gran pensador, Diógenes el cínico, «cuanto más conozco a la gente más prefiero a mi perro». Precisamente por ello, también pensamos que, mucho más coherente que bautizar con su nombre a políticos y delincuentes, es ponerle Tarzán a nuestro perro, gato o loro. Al menos nos parece un nombre más propio que Zar o Sultán.

Como prueba tenemos un ejemplo precursor inmortalizado por el cine: durante los años treinta, hubo una serie de filmes interpretados por un caballo salvaje llamado Tarzán, que le hacía la ola al *cowboy* Ken Maynard, héroe de los seriales y las películas baratas. Maynard fue muy popular gracias al potro de marras, haciendo de él su compañero inseparable. Hasta bien entrados los años cuarenta, Tarzán fue, como el Trigger de Roy Rogers o el Silver del Llanero Solitario, un complemento eficaz de la carrera dominical del señor Maynard. Algunas de estas películas se estrenaron en España un poco más tarde, desde 1934. La primera que llegó fue *Tarzán, potro salvaje* (1932), de inequívoco título y luego rebautizada como *Con Tarzán me basta*. ¡Gran eslogan, si señor! Otros filmes de las aventuras de Ken y Tarzán, por ejemplo *La montaña miste-*

riosa (1934), fueron exhibidos aquí como seriales de 12 capítulos, justo antes de La Guerra Civil.

El caballo Tarzan de Ken Maynard venía a demostrar la popularidad del personaje de Burroughs, que bautizaba a equinos y a perros a lo largo y ancho del mundo. Así en *La lengua de las mariposas* (1998), el pobre perro gruñón, al que matan a palos como una angustiosa premonición guerracivilista, se llama Tarzán. Y también ese es el nombre del cánido que, astuto él, espía a Jessica Alba en *Paranoia* (2000).

42
TARZÁN EN OTRAS SELVAS DEL CELULOIDE

Cualquier espectador mínimamente avezado puede darse cuenta que la influencia del hombre mono llega a todas las esquinas del cine. ¿Cuántas veces hemos escuchado el famoso grito en los filmes más dispares? ¿Cuántas parejas se han dicho lo de «Me Tarzan, you Jane» en las pantallas, y sin que medie una selva de por medio? Es un recurso incluso más clásico que el -inexistente, por otra parte- «Play it again, Sam», el «Siempre nos quedará París», el «Miénteme, dime que me quieres» o el «Juro que nunca más volveré a pasar hambre».

Los pensamientos salvajes -o por lo menos poco civilizados- de los pasajeros de un autobús maltés de la empresa Follow me tours, se avivan al escuchar el grito de Denny Miller, en *Pulp, historias peligrosas* (1972). Miller es un Tarzán que se agita, pequeñito, en la tele que miran los despistados turistas del bus, entre los que se sienta un apocado Michael Caine. El actor interpreta a un escritor, domado y manso, que va camino de un destino desconocido para ahondar -cual Mr. Arkadin wellesiano- en el pasado -éste sí realmente salvaje- del gangster Mickey Rooney. Los gritos del Tarzán de Miller, los rugidos de las fieras y el barrito de los elefantes, enviados desde el monitor, serán el irónico comentario sonoro de todo el filme, que nos viene a decir que todos llevamos un Tarzán dentro, esperando a rebelarse.

Y, precisamente, son puros motivos de ardor guerrero los que impulsarán a Bill Murray a ensayar con urgencia el célebre grito, para darse ánimos, saltando con su jeep al rescate de *Los ángeles de Charlie* (1999). Pero algunos necesitan de alguna ayuda extra: el entusiasmo que produce beber una pócima mágica -a lo Obélix-, lleva a Phil Silvers a golpearse el pecho sonoramente y gritar como Tarzán en el producto Disney *El hombre más fuerte del mundo* (1975).

En El cazatalentos (1994), el jugador de pelota base Brendan Fraser -que lo haría de nuevo, ya más puesto en su papel de émulo de Tarzán, en *George de la jungla* (1997)- grita y se golpea el tambor de la caja torácica, haciéndolo más como el hijo de Burroughs que como le correspondería a su apodo en el filme citado, un alias que es en realidad ¡King Kong! Aquí, de nuevo, se rozan las sombras de los personajes del gran simio y del hombre mono, con Fraser venga a gritar, venga a hacer sonar la caja de su pecho, para celebrar una accidentada victoria en la liga de béisbol.

También Jim Carrey grita, aunque lo hace para algo tan prosaico como facilitar sus victoriosas ventosidades en el Tarzán espúreo que es *Ace Ventura, operación África* (1995). Y pocos aúllan como le hace gritar Manolo Summers al malogrado boxeador José Manuel Ibar en el delirio biográfico, construido sobre la fuerza y el empuje de *Urtain, el rey de la selva... o así* (1969).

Hablando de gritos y lianas, sin duda que aquí podemos decir aquello de las mujeres y niños primero... pero más bien después. En *Mi vida como un perro* (1985), el pequeño protagonista sueña en voz alta con el famoso alarido, y con otros atributos del poderío tarzanesco, mientras reflexiona: «Pienso en un tipo que conocí y que después de ver una película de Tarzán, de esas de la selva, tal y como si fuera una liana, el muy loco cogió un cable de alta tensión para presumir con él y, simplemente, la palmó... Así que no debemos pensar que somos Tarzán», concluye el pequeño Antón Glanzelius en esta inolvidable y agridulce crónica de la infancia.

Sabia reflexión para un niño de doce años, ¿verdad? Aunque poco esperanzadora. Así que, como si pudiera escuchar la meditación del niño sueco, parece que quiere contradecirlo inmediatamente el conquistador de vía estrecha Mauricio Garcés, una especie de Clark Gable mexicano, en *Don Juan 67* (1967). Colgado de una liana, el cutre casanova muere chocando contra un árbol e intentando ligarse, al tiempo -realmente irreductible en la hora final- a la mismísima Parca.

El grito de Tarzán tiene ecos mucho más fúnebres en la película palestina *Laila s birthday* (2008), donde el juez reconvertido a taxista interpretado por Mohammad Bakri increpa a dos jóvenes tarados: «¿Qué os creeís, Tarzán?, armados hasta los dientes en medio de mujeres y niños. No sois soldados, sois asesinos». Dejando guerras y entusiasmos victoriosos aparte, tras Thanatos, nos vamos al otro gran motor de la Humanidad. Con la excusa del amor, uno encontrará el famoso alarido tarzanesco en los sitios más dispares y asombrosos. Y también, casi siempre, salido de las gargantas menos apropiadas, desde la de Bob Hope en *Camino a Bali* (1952) hasta la de Meg Ryan en *Hechizo de un beso* (1992).

El sexo, o más bien la ausencia de él en la selva urbana, es causante de no pocas miserias. Un reprimido e insatisfecho Walter Matthau, en evidente estado de intoxicación etílica, se lo dice a Carol Burnett que lee plácidamente una revista en la cama matrimonial de la agridulce *Risas y lágrimas* (1972): «Acabo de ver por televisión una película de extraña belleza. Quizá me lo imaginé, pero en ella Tarzán le contaba a su amigo el mono sobre su apasionante vida sexual. Parecida a la mía».

Matthau bien podría intercambiar opiniones con el despistado chaval de la película eslovena *Sweet dreams* (2001). Angustiado en la Yugoslavia de los primeros años setenta, el necesitado adolescente Janko Mandic asegura: «Todo el mundo sabe que no hay sexo en las películas de Tarzán, ellos solo se dedican a andar por las lianas». Y más tarde le insiste a su amigo, el soñador hijo del proyeccionista del cine de barrio: «Tengo trece años y la vida sexual de Tarzán».

¡Ah, el amor! El amor es el motor de las más extravagantes efusiones tarzánicas. Si, efusiones, y nunca mejor dicho. Efusiones de involuntario desahogo son las del quinceañero Bug Hall en *Sueños de adolescente* (2000), donde, soñando despierto que vuela de liana en liana, gritando como un energúmeno, acompañado con un violento travelling de aproximación en pos de su deseada Jane, derrama sobre ella su amor mal canalizado.

También en idéntico e inconsciente gesto reflejo, en *Cabaret* (1972), el pobre Michael York lanzaba su alarido, que en realidad era un lamento, ante el aparente interés de Liza Minnelli en otro señor -Helmut Griem- que en realidad parecía más inclinado por el angustiado Tarzán inglés, tan perdido en la jungla pre nazi. «El rey de la selva», dice York, tras el gritito, no demasiado convencido y escondido tras una plantita.

Como vimos, con la ayuda de Meg Ryan, el grito no es un patrimonio exclusivamente masculino. Diane Keaton lo ensaya golpeándose el pecho -y de paso probando la liana, con resultados desastrosos- en *El dormilón* (1973), donde Woody Allen tiene que admitir que está más cerca de ser Jane que de otra cosa más viril.

Casi todo es cuestión de sexo. Pero también de libertad. Se nos pone un nudo en la garganta recordando la desesperada huida de Harriet Andersson y Lars Ekborg en *Un verano con Mónica* (1953). La tierna pareja de amantes diletantes llegan con su barquito a lo que a ellos les parece el Paraíso, lejos del agobiante Estocolmo de posguerra. Apartados de la civilización y de los problemas, son Eva y Adán, Tarzán y Jane, desnudos al frío sol de una cala del archipiélago. Y él grita el grito liberador del hombre mono y ella lo imita y se abrazan, olvidando por unos minutos su gris realidad y el inevitable regreso a la civilización.

La liana y el grito vuelven a ser símbolo de amor y libertad en *Sin palabras* (1994), comedia de lucha de sexos ambientada en el mundo de las campañas electorales, donde Geena Davis y Michael Keaton son dos periodistas enamorados pero enfrentados en distintos bandos. Los dos sobrevuelan sus diferencias al final del filme, cuando Keaton agarrado a una guirnalda-liana, pasa por encima de los pomposos políticos, para llegar hasta Davis. La pareja se abraza ante la muda incomprensión de los candidatos, y se dicen aquello de «¡Tarzán!» y «¡Jane!».

En los minutos finales de *Here we go round the Mulberry bush* (1968), aprovechando el flower power y el pop de colorines, Barry Evans y Judy Geeson hacen el amor en un escenario urbano muy del Tarzán de la Metro. Desnudos y junto a un lago de andar por casa, la pareja evoca a Weissmuller y O Sullivan. Él se golpea el pecho y grita, para después agarrar la liana de ferretería que algún niño dejó colgando de un árbol, y tirarse al agua. «Me Tarzan, you Jane» se repite, en esta nueva e ingenua ceremonia de la libertad invocada en la jungla urbanita.

Y en *Fantasías sexuales* (1976), Janet Wood le cuenta a Debra Winger como interpretó a Jane en una película porno frente a Victor Rogers, un pobre Tarzán estrellado contra el decorado en pleno salto del tigre.

Muy irónica está también la magnífica Anna Chancellor, cuando un joven en calzoncillos le abre la puerta de la casa de su amiga Andie MacDowell. «Buenas noches, Yo Tarzán, tu Jane», saluda el elemento más perturbador del "club de las folladoras tristes" que sufren sus agridulces desgracias de la cuarentena en *Mientras haya hombres* (2001).

Raúl Arévalo, celoso de un senegalés en *Gordos* (2009), ve muy poco erótica y escasamente amorosa cualquier cosa que tenga que ver con la jungla y le corta el rollo a su novia Leticia Herrero que quiere ambientar la ceremonia de la boda con una canción étnica: «¡No me gusta esa música, parece de Tarzán!».

Y, sin embargo, a pesar de los gustos de Arévalo, lo cierto es que los juegos amatorios acompañados de gritos animales son un clásico que arrancan a la sombra de Tarzán y lo hacen principalmente desde *El último tango en París* (1972), donde Brando y Schneider, desnudos y abrazados, se hablan gruñendo como bichos sobre esa jungla que es el colchón del útero dorado que les fabricó el fotógrafo Vittorio Storaro, al abrigo de la ficticia calle Julio Verne en la llamada capital del amor.

Y muy francés también es el encuentro orgiástico, con gritos guturales de animales, golpes en el pecho y alaridos tarzanescos, que mantienen los novios del notable cortometraje francés *Jeux de mains* (2010).

En el capítulo de la serie de televisión *Crónicas urbanas*, titulado *Venus y Adonis* (1992), encontramos que la *call girl* interpretada por Isabel Serrano se enamoró a los 12 años de forma patológica del Tarzán de Johnny Weissmuller. Y ahora la chica sólo siente algo si su amante baja colgado de una liana. Un día, la protagonista va a hacer un servicio y se encuentra a Paco Bas, vestido con pieles y regando una plantita. «¿Tarzán?», pregunta ella mientras que él, como si fuera gallego, contesta con otra pregunta, muy lógica por lo demás: «¿Jane?». A eso se le llama predestinación.

También, siguiendo parecido camino amoroso de filias selváticas, en *El hombre con un zapato rojo* (1985), la pareja compuesta por Tom Hanks y Carrie Fisher debe recurrir al ritual tarzanesco para excitarse. Es la llamada de la jungla invocada con la ayuda de un alarido de opereta y la ropa interior femenina con estampados de leopardo.

Pero ya dijimos que la reina de la piel de leopardo -a la que adoraba como si fuera la suya propia- es sin dudarlo Jayne Mansfield, la rubia más voluptuosa de Hollywood, que con treinta y cuatro años murió prematura y trágicamente en un accidente de automóvil. Ella se viste de supertrigresa en *Una mujer de cuidado* (1955), divertidísima comedia de Frank Tashlin, en la que una actriz-interpretada por Jayne -imparte clases de seducción al publicista Tony Randall- y de paso lo ayuda en sus campañas a cambio de darle celos a Mickey Harguitay. Harguitay fue marido cachas de Mansfield en la vida real, ex amante de Mae West e intérprete de varios Hércules del celuloide. En *Una mujer de cuidado* el actor rueda películas para la televisión disfrazado de Tarzán. Y, de hecho, su hombre mono televisivo es un desastre y se llama en, justicia, Bobo Branagansky, un pánfilo hombre de la selva que tiene que ponerse pelo postizo en el pecho. *Una mujer de cuidado* es una divertida y feroz sátira de la televisión, que emplea especial énfasis destructivo con los muchos tarzanes de pega que invadieron el cine después de que Weissmuller dejó su reinado. La película también carga las tintas contra la pléyade de culturistas que inundaron las películas en esas décadas y que sólo sabían posar. En el filme, para imitar a su enemigo, el pobre Tony Randall intenta dar el *physique du rol*, poniéndose las ropas de Tarzán con un resultado, lógicamente, patético. Y es que el uniforme no siempre resulta eficaz para dar la talla.

Desde luego el taparrabos de leopardo tampoco fue una bendición para Michael Blodgett en *Beyond the valley of the dolls* (1970) -*El valle de los placeres,* en su tardío estreno en España- un delirio de Russ Meyer que en su recta final cuenta una orgía *made in* Hollywood, un despiporre surrealista que acaba en masacre *gore*. Meyer da rienda suelta a su más delirante locura con un hermafrodita disfrazado de Wonder Woman, un fantoche que con su espada de Príncipe Valiente corta la cabeza de un locuelo vestido de Tarzán, ante las atónitas miradas de unas chicas ataviadas con los atuendos de Batman y Robin. Mientras suena *Love is a many splendored thing,* el andrógino Wonder Woman se va con la cabeza del pobre hombre mono, cual Hamlet colocado con *hasish,* hasta la orilla de un Pacífico que parece bastante agitado ante tanta salvajada.

Por el contrario, el disfraz si que le resultó adecuado a la percha de Tony Manero. En un recordado número musical de *Staying alive* (1983), con su cinta al pelo y su faldita -cual taparrabos de piel de la jungla- John Travolta aparenta un gracioso Tarzán posmoderno y pletórico, bailando sudoroso los ritmos de la jungla discotequera.

El muy salvaje e inimitable Harpo Marx -que se ha vestido de pieles tarzanescas varias veces, entre ellas en *Una tarde en el circo* (1939)- se arma de tramoya y cuerdas y vuela de liana en liana, de telón en telón, perseguido por sus enemigos, componiendo un inolvidable Tarzán del backstage, en *Una noche en la ópera* (1935).

Y, siguiendo con las acrobacias tarzanescas, nos encontramos con un tenaz Buster Keaton que, para conquistar a su novia enamorada de un trapecista, aprende las mañas del trapecio entre dos árboles del jardín de su casa. *Alle hop!* (1934), es un encantador corto en dos rollos que termina con Keaton alejando a su chica de la entrada de un cine donde aparece un cartel de una película de Tarzán. Lo hace para que la enamoradiza joven, interpretada por Dorothy Sebastian, no vuelva a enamorarse de otro rey de las proezas.

A veces, el culto al cuerpo masculino simbolizado por muchos tarzanes del cine, tiene inequívocas referencias gays. Así lo vemos en la *warholiana Flesh o Carne* (1968), donde el prostituto callejero interpretado por Joe Dallesandro acaba en casa del fotógrafo Maurice Bradell, un artista "sensible" que le pone a posar de discóbolo, de espinario y hasta de hombre mono, para finalmente decirle, algo insatisfecho: «Para cultivar el cuerpo no hay nada como nadar. Nadie se puede comparar a Johnny Weissmuller... que era nadador».

on Scott, salvaje con taparrabos de diseño y pelo cardado, también un cuchillo molón.

Scott dibujado cual Hércules furioso.

Gordon Scott. Físico y maneras playeras.
De Malibú a la jungla.

Al Tarzán de Scott también le gustaba el arco.

Denny Miller fue un Tarzán tan blando como un chicle de fresa.

VUELVE
TARZAN
DE LOS MONOS
DENNY MILLER
JOANNA BARNES
CESARE DANOVA
ROBERT DOUGLAS
Technicolor
Director: JOSEPH NEWMAN
MGM

Tarzán manejando unas granadas. ¡Herejía!

El civilizado Mike Henry no le hacía ascos a las lianas.

Mike Henry, Tarzán moldeado por Michelangelo, según Gabe Essoe y Terenci Moix.

Ron Ely, el primer Tarzán televisivo, también llegó a la pantalla grande.

Desventuras sexuales de un pobre y esmirriado Tarzán animado.

Tamer Balci, Tarzán turco cabalga elefante indio.

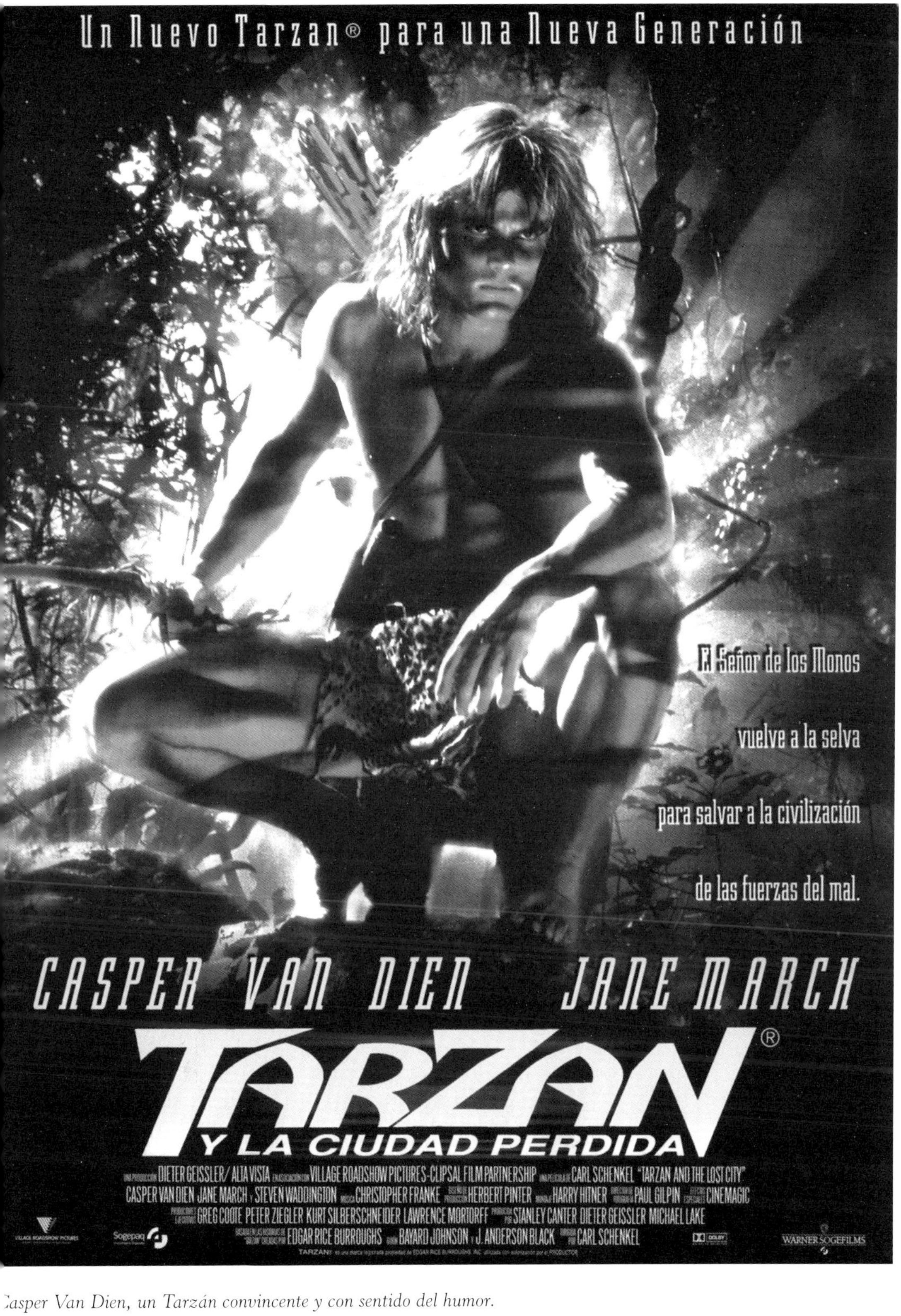

Casper Van Dien, un Tarzán convincente y con sentido del humor.

Anthony Freeman, más bien un Maciste con algo de niño de San Ildefonso, que busca un equívoco tesoro escondido.

Otro timo palmario, David Carpenter dibujado como Johnny Weissmuller.

El canario David Carpenter (Domingo Codesido) tenía 22 añitos cuando se puso el taparrabos.

Un tópico Tarzán animado para la tele.

Richard Yestaran
(José Luis Ayestarán)
segundo Tarzán español.

Ayestarán -culturista campeón de España- era un recio señor de Soria.

La familia mira una Sunday *de Tarzán dibujada por Hogarth*

Jan Michael Vincent, primer tarzanito Disney.

La ángel de Charlie, Tanya Roberts, sí que fue Sheena y se puso un modelito muy a lo Raquel Welch.

Raquel Welch pudo ser la heroína tarzanesca Sheena. Viéndola con las pieles de Hace un millón de años *nos lamentamos de que la cosa no cuajara.*

Claro que el físico de Weissmuller también despierta pasiones en otras plateas. En un diálogo de la serie *Las chicas de oro* (1985-1992), el personaje de Blanche -interpretado por Rue McLanahan- les cuenta a las otras *golden girls* de Miami lo feliz que está con su actual relación de pareja: «¡Con él, me siento tan bien que... se me pone piel de gallina de sólo pensarlo!» Una confidencia a la que corresponde la falsa boba Rose -encarnada por Betty White- con otra confesión: «Te entiendo, ¡a mí me pasa lo mismo cuando veo al Tarzán de Johnny Weissmuller!»

Tarzán, como ejemplo del héroe capaz de mil proezas, reaparece en las películas menos esperadas. «Por fin me sentía como Tarzán, a la caza de comida para Jane», dice Heath Ledger en *Candy* (2006), preparando el robo que va a alimentar su drogadicción y también la de su pareja interpretada por Abbie Cornish.

Porque hasta los yonquis, tienen su lugar en el paraíso tarzanesco. Cualquiera puede sentirse como Tarzán si el espíritu así lo quiere. El héroe es, por encima de todo, un brioso "hombre de acción", situado al alcance de las voluntades más débiles. Tal y como se encarga de recordar a sus representados, el manager de cantantes interpretado por Tony Curtis, que, por cierto, se cruzó con el hombre mono de Joe Lara en *Tarzán en Manhattan* (1989). Curtis asegura en *Louis y Frank* (1997): «Pensar no sirve de nada aquí... ¿crees que Tarzán pensaba mientras saltaba por la jungla?».

Aunque no pensara mucho, el Rey ha enseñado, involuntariamente, el idioma de su jungla a los muy variados súbditos de muchas generaciones. «Papá, ¿que significa *Bwana*?», le pregunta a Andrés Pajares su tierna hijita en *Bwana* (1996) y el taxista de buen corazón -que no sabe swahili pero sí algo de la vida-contesta con sinceridad: «No lo sé, hija, así es como llaman los negros a los blancos en las películas de Tarzán».

«Los árboles para los monos», dice el niño Pablo Gómez en *El coche a pedales* (2003), despreciando el falso paraíso tarzanesco que ofrece el parque de la OJE a la hora del Ángelus. «... Y para Tarzán», le contesta rápidamente Miguel Navarro, intentando animarlo a que se suba. Pero el niño únicamente está interesado en encontrar dinero para llenar su hucha y así conseguir el coche de pedales que anhela como un El Dorado inalcanzable.

Porque para ver el Paraíso en el Infierno de la España de los años cincuenta hay que tener los ojos de Antonia San Juan en *Octavia* (2002). Su personaje, entusiasmado y bajo el recuerdo del influjo mágico de la selva colombiana, recuerda en un patio de Salamanca -y no de Sevilla-: «A mí aquello de la selva me sonaba, no sé, a algo maravilloso, como de Tarzán. Nos dijeron, no se preocupen que aquello es el Paraíso y a la selva nos llevaron. Y, efectivamente, como aquello no he visto nada en mi vida. Sólo faltaba que aparecieran los Arcángeles o la mona Chita».

Buena comparación, sí señor. Y es que, para acceder al Jardín del Edén, a veces solo hace falta voluntad de querer maravillarse. Y tener los ojos eternos de un niño, como los de los protagonistas de *Jumanji* (1996) que, atrapados por el juego del título, se internan en una selva negra llena de plantas gigantescas, arañas gigantes y cocodrilos muy tarzanescos. Es un homenaje situado entre el País de Nunca Jamás y la selva del Hombre Mono. Y de hecho, Leonard Zola, el policía negro que ayuda a los chavales en el filme, le pregunta al niño encerrado durante veinticinco años en el juego de mesa, y que ahora se ha convertido en un adulto con la cara de Robin Williams: «Oye, ¿dónde está tu traje de Tarzán?».

Porque es en la tierra de la Infancia, donde todos acabamos dejando nuestra piel de Tarzán. La mudamos en un traumático y doloroso proceso, como si fuéramos serpientes al sol.

43
ALWAYS GONE THE END

Al final de *Tarzán y su compañera* (1934), al reencontrarse, cuando ya pensaban que todo se había acabado para ellos y que no volverían a verse, Tarzán y Jane se abrazan, como si les fuera la vida en ello. ¿Se puede apretar más fuerte el cuerpo amado?

Johnny Weissmuller agarra a Jane y la levanta. La coge como si fuera una parte de su propio cuerpo. Lo hace en una extraña postura, tan escultórica como una composición barroca, retorcidos los dos en un escorzo berniniano.

¡Qué fuerza de bulto redondo!, digna de un Laocoonte o de un rapto de las sabinas. Tarzán y Jane son aquí Apolo y Dafne. El movimiento y la quietud en un solo plano.

Parece como sí, después del Apocalipsis habitual provocado por las manadas de elefantes amigos de Tarzán, la pareja de amantes se hubiera quedado sola en el mundo. A los jovencitos -abandonada la sala, entregados a la cruda realidad- el recuerdo de aquel plano nos estremecía, nos llenaba de sentimientos contradictorios. Porque ese abrazo era felicidad y desazón.

«Always, gone», dice Johnny Weissmuller con su inglés tan claro y expresivo. Que no se rían filólogos, lingüistas y toda esa casta de policías de la palabra, ¡o se arriesgan a que un ángel exterminador de espada flamígera los mande de un espadazo a otros espacios! O, quizá, los condene, para siempre y un día, ¡a ejercer de tertulianos televisivos del corazón!

Con mucho amor, Jane le había puesto en la muñeca a Tarzán la cadena del reloj de su padre, una reliquia que ella encontró en la tumba del progenitor, perdida en el cementerio de los elefantes. «Quiero que lo lleves siempre». Y Tarzán no sabe lo que es un reloj, ni una cadena, ni tampoco lo que significa siempre.

«Always», repite Weissmuller.

Se acabó la sesión. La luz nos deslumbra al salir de la cueva. Con la oscuridad, ¿se nos ha ido ese siempre que prometían los mundos mágicos por descubrir, las selvas remotas, los paraísos desconocidos de las películas de Tarzán?

Para los niños de nuestra generación, seguramente no existen finales tan hermosos como los de los filmes de Tarzán-Weissmuller-O Sullivan.

Por entonces, los niños teníamos ese poder de abstracción. Si queríamos, continuábamos el resto del día hipnotizados. Creo que los infantes de hoy han perdido ese superpoder.

En aquellos años tan lejanos, cuando la película se acababa y las luces se encendían, aún era posible seguir soñando con ser algo parecido al Rey de la Selva, abrazando a Jane, rozando sus maravillosos muslos desnudos y alejándonos junto a ella, a lomos de elefante, en los amados dominios sin horizonte.

¡Cuántas promesas incumplidas en la vida real nos sugerían esos *The end* en blanco y negro! Al salir del cine, éramos arrojados al frío color invernal de la realidad. Éramos expulsados del paraíso miltoniano, como unos gáspares hauseres cualesquiera, sin entender que pecado original habíamos cometido para sufrir ese castigo. Y, por eso, nos resistíamos a ser parte de la realidad.

Menos mal que el tiempo en la jungla no pasa. Se ha detenido en los dominios de Tarzán, en la selva de nuestros recuerdos infantiles.

«Always, gone», dice Johnny Weissmuller, tocándose en la muñeca el lugar donde estuvo el reloj de pulsera perdido que le regaló Jane.

Ella lo encontró de nuevo, como si fuera una mota negra pirata. Pero -como Jane creía que Tarzán había muerto- tiró de nuevo al río el reloj que fue de su padre. Sin su hombre, el tiempo ya no contaba.

Peter Fonda arrojaba su reloj al polvo de la carretera, en ese comienzo simbólico de *Easy rider* (1969). El Capitán América -ese era el apodo del camello *fondiano* en el filme- dinamitaba así el tiempo. Montado en una moto, lejos de la oficina del abogado Jack Nicholson, lejos de cualquier obligación, ya no importaban las horas, ni los días.

Porque el tiempo se detiene en una sala de cine.

«Always gone?». Pues no.

Jane, con un amor de esos que pone un nudo en la garganta, tranquiliza a Tarzán: «No, cariño. Siempre acaba de empezar».

Y sobre la imagen de Tarzán, Jane y Chita, cabalgando a lomos del fiel elefante Timba, una cortinilla encadena con el

FIN

FILMOGRAFÍA DEL TARZÁN OFICIAL DEL CINE Y LA TELEVISIÓN (Y DE ALGUNOS SUCEDÁNEOS)

1918. **TARZAN OF THE APES**
(Tarzán, el hombre-mono)
EEUU. **Producida por** William Parsons para First National. **Director:** Scott Sidney. **Guión:** Lois Weber y Fred Miller. **Fotografía:** Gilbert Warrenton. **Duración:** 62 minutos. **Intérpretes:** Elmo Lincoln (Tarzán), Gordon Griffith (Tarzán niño), Enid Markey (Jane), Bessie Toner, True Boardman, Thomas Jefferson, Rex Ingram

1918. **THE ROMANCE OF TARZAN**
(Tarzán el hombre-mono II)
EEUU. **Producida por** William Parsons para First National. **Director:** Wilfred Lucas. **Guión:** Bess Mere-dyth. **Fotografía:** Harry Vallejo. **Duración:** 59 minutos. **Intérpretes:** Elmo Lincoln (Tarzán), Gordon Griffith (Tarzán niño), Enid Markey (Jane), Colin Kenny, Thomas Jefferson, Cleo Madison, George French.

1920. **THE REVENGE OF TARZAN / THE RETURN OF TARZAN**
EEUU. **Producida por** George M. Merrick para Numa Pictures. **Director:** Harry Revier. **Guión:** Robert Saxmar y John Wenger. **Fotografía:** John K. Holbrook y James C. Hutchinson. **Duración:** 60 minutos. **Intérpretes:** Gene Pollar (Tarzán), Karla Schramm (Jane), Franklin Coates, Armand Cortez, Estelle Taylor, George Romain, Walter Miller, Betty Turner.

1920. **THE SON OF TARZAN**
EEUU. **Producida por** William Parsons para First National. **Director:** Harry Revier y Arthur J. Flaven. **Guión:** Roy Somerville. **Fotografía:** Lee Humiston y Walter Bell. **Duración:** Serial, en 15 capítulos. 135 minutos. **Intérpretes:** Perce Dempsey Tabler (Tarzán), Karla Schramm (Jane), Kamuela Searle (Korak, el hijo de Tarzán), Gordon Griffith (Korak niño), Manilla Martan, Mae Giraci, Eugene Burr, Ray Thompson, Frank Merrill, Frank Earle.

1922. **THE ADVENTURES OF TARZAN**
(Las aventuras de Tarzán)
EEUU, **Producida por** los Weiss Brothers para Numa Pictures. **Director:** Robert F. Hill. **Guión:** Robert F. Hill y Lillian Valentine. **Fotografía:** Joe Mayer y Jerry Ash. **Duración:** Serial de 15 capítulos. 170 minutos. **Intérpretes:** Elmo Lincoln (Tarzán), Louise Lorraine (Jane), Lillian Worth, Frank Whitson, Charles Islee, George Monberg, Percy Penbrooke, Frank Merrill.

1927. **TARZAN AND THE GOLDEN LION**
(Tarzán y el león de oro)
EEUU. **Producida por** Josep P. Kennedy para R.C. Pictures y

Universal. **Director:** J. P. MacGowan. **Guión:** William Wing. **Fotografía:** Joseph Walker. **Duración:** 61 minutos. **Intérpretes:** James Pierce (Tarzán), Dorothy Dunbar (Jane), Edna Murphy, Harold Goodwin, Boris Karloff, Frederick Peters, D´Arcy Corrigan, Lui Yu-Ching.

1928. **TARZAN THE MIGHTY**
EEUU. Jack Nelson para Universal. **Director:** Jack Nelson y Ray Taylor. **Guión:** Ian McClosky. **Fotografía:** Wilfrid Cline. **Duración:** Serial en 15 capítulos. 155 minutos. **Intérpretes:** Frank Merrill (Tarzán), Natalie Kingston, Bobby Nelson, Al Ferguson, Lorimer Johnson.

1929. **TARZAN THE TIGER**
EEUU. Henry MacRae y William Lord Wright para Universal. **Director:** Henry McRae. **Guión:** Ian McClosky Heath. Foto: Wilfrid Cline. **Música:** Bert Fiske y David Broekman. Serial en 15 capítulos **Duración:** 260 minutos. **Intérpretes:** Frank Merrill (Tarzán), Natalie Kingston (Jane), Al Ferguson, Kithnou, Sheldon Lewis, Clive Morgan, Paul Panzer.

1932. **TARZAN, THE APE MAN**
(Tarzán de los monos)
EEUU. **Producida por** Bernard H. Hyman para MGM. **Director:** W.S. Van Dyke. **Guión:** Igor Novello y Cyril Hume. **Fotografía:** Harold Rosson y Clyde De Vinna. **Música:** Douglas Shearer y George Richelavie. **Duración:** 99 minutos. **Intérpretes:** Johnny Weissmuller (Tarzán), Maureen O´Sullivan (Jane), Neil Hamilton, C. Aubrey Smith, Doris Lloyd, Forrester Harvey, Ivory Williams.

1933. **TARZAN THE FEARLESS**
(Tarzán de las fieras)
EEUU. **Producida por** Sol Lesser y Wardour films para Paramount. **Director:** Robert F. Hill. **Guión:** William Lord Wright, Basil Dickey, Walter Anthony y George H. Plympton. **Fotografía:** Harry Newmann y Joss Brotherton. **Música:** Abe Meyer. **Duración:** 89 minutos. **Intérpretes:** Buster Crabbe (Tarzán), Jacqueline Wells, Eddie Woods, Philo McCullough, Mischa Auer, Matthew Betz, E. Alyn Warren, Darby Jones.

1934. **TARZAN AND HIS MATE**
(Tarzán y su compañera)
EEUU. **Producida por** Bernard H. Hyman para MGM. **Director:** Cedric Gibbons y Jack Conway. **Guión:** James Kevin McGuinness, Leon Gordon y Howard Emmett Rogers. **Fotografía:** Charles G. Clarke y Clyde De Vinna. **Música:** Douglas Shearer, George Richelavie y William Axt. **Duración:** 116 minutos (Duraciones de otros montajes distribuidos: 104 y 95 minutos.) **Intérpretes:** Johnny Weissmuller (Tarzán), Maureen O´Sullivan (Jane), Neil Hamilton, Paul Cavanagh, Forrester Harvey, Nathan Curry, William Stack.

1935. **THE NEW ADVENTURES OF TARZAN**
(Las nuevas aventuras de Tarzán)
EEUU. Productor: Ashton Dearholt para New Realm Pictures y Principal Burroughs Tarzan Enterprises. **Director:** Edward Kull. **Guión:** Chas F. Royal. **Fotografía:** Edward Kull y Ernest F. Smith. **Música:** Earl N. Crain. **Duración:** 73 minutos. **Intérpretes:** Bruce Bennett/Herman Brix (Tarzán), Ula Holt, Frank Baker, Dale Walsh, Harry Ernest, Don Castello, Lewis Sargent, Merrill McCormick.

1936. **TARZAN ESCAPES**
(La fuga de Tarzán)
EEUU. **Producida por** Sam Zimbalist y Bernard H. Hyman para MGM. **Director:** Richard Thorpe y John Farrow. **Guión:** Cyril Hume y Jack Cummings, **Fotografía:** Leonard Smith. **Música:** Sol Levy. **Duración:** 95 minutos. **Intérpretes:** Johnny Weissmuller (Tarzán), Maureen O´Sullivan (Jane), John Buckler, Benita Hume, Herbert Mundin, William Henry, Darby Jones.

1938. **TARZAN AND THE GREEN GODDESSS**
(Tarzán y la diosa/ Tarzán en la ciudad muerta)
EEUU. **Producida por** Ashton Dearholt para New Realm Pictures y Principal Burroughs Tarzan Enterprises. **Director:** Edward Kull. **Guión:** Chas F. Royal. Foto: Edward Kull y Ernest Smith. **Música:** Earl N. Crain. **Duración:** 70 minutos. **Intérpretes:** Bruce Bennett/ Herman Brix (Tarzán), Ula Holt, Frank Baker, Don Castello, Lew Sargent, Harry Ernest, Jack Mower, Dale Walsh.

1938. **TARZAN´S REVENGE**
(La venganza de Tarzán)
EEUU. **Producida por** Sol Lesser para la Fox. **Director:** David Ross Lederman. **Guión:** Robert Lee Johnson y Jay Vann. **Fotografía:** George Meehan. **Música:** Hugo Riesenfeld. **Duración:** 73 minutos. **Intérpretes:** Glenn Morris, Eleanor Holm, George Barbier, C. Henry Gordon, Hedda Hopper, George Meeker, John Lester Johnson, Corbet Morris.

1939. **TARZAN FINDS A SON!**
(Tarzán y su hijo)
EEUU. **Producida por** Sam Zimbalist para MGM. **Director:** Richard Thorpe. **Guión:** Cyril Hume. Fotografía. Leonard Smith. **Música:** William Axt y Sol Levy. **Duración:** 82 minutos. **Intérpretes:** Johnny Weissmuller (Tarzán), Maureen O´Sullivan (Jane), Johnny Sheffield (Boy), Ian Hunter, Henry Stephenson, Laraine Day, Henry Wilcoxon.

1941. **TARZAN´S SECRET TREASURE**
(El tesoro de Tarzán)
EEUU. **Producida por** B. P. Fineman para MGM. **Director:** Richard Thorpe. **Guión:** Myles Connolly, Paul Gangelin. **Fotografía:** Clyde De Vinna. **Música:** David Snell y William Axt. **Duración:** 81 minutos.
Intérpretes: Johnny Weissmuller (Tarzán), Maureen O´Sullivan (Jane), Johnny Sheffield (Boy), Reginald Owen, Barry Fitzgerald, Tom Conway, Philip Dorn.

1942. **TARZAN´S NEW YORK AD-VENTURE**
(Tarzán en Nueva York)
EEUU. **Producida por** Frederick Stephani para MGM. **Director:** Richard Thorpe. **Guión:** William R. Lipman y Myles Connolly. **Fotografía:** Sidney Wagner. **Música:** David Snell y S. Levy. **Duración:** 71 minutos. **Intérpretes:** Johnny Weissmuller (Tarzán), Maureen O´Sullivan (Jane), Johnny Sheffield (Boy), Virginia Grey, Charles Bickford, Paul Kelly, Chill Wills, Cy Kendall.

1942. **TARZAN TRIUMPHS**
(El triunfo de Tarzán)
EEUU. **Producida por** Sol Lesser para RKO. **Director:** William Thiele. **Guión:** Roy Chanslor y Carroll Young. Fotografía. Harry Wild. **Música:** Paul Sawtell. **Duración:** 75 minutos. **Intérpretes:** Johnny Weismuller (Tarzán), Johnny Sheffield (Boy), Frances Gifford, Stanley Ridges, Philip Van Zandt, Sig Ruman, Rex Williams, Pedro De Cordoba.

1943. **TARZAN´S DESERT MYSTERY**
(Tarzán el temerario / Tarzán y el desierto misterioso)
EEUU. **Producida por** Sol Lesser para RKO. **Director:** William Thiele. **Guión:** Edward T. Lowe y Carroll Young. **Fotografía:** Russ Harlan. **Música:** Paul Sawtell. **Duración:** 70 minutos. **Intérpretes:** Johnny Weissmuller (Tarzán), Johnny Sheffield (Boy), Nancy Kelly, Otto Kruger, Joe Sawyer, Lloyd Corrigan, Phil Van Zandt, Robert Lowery.

1945. **TARZAN AND THE AMAZONS**
(Tarzán y las amazonas / Tarzán y las intrépidas amazonas)
EEUU. **Producida por** Sol Lesser para RKO. **Director:** Kurt Neumann. **Guión:** John Jacoby y Marjorie Pfaelzer. **Fotografía:** Archie Stout. **Música:** Paul Sawtell. **Duración:** 76 minutos. **Intérpretes:** Johnny Weissmuller (Tarzán), Brenda Joyce (Jane), Johnny Sheffield (Boy), Maria Ouspenskaya, Henry Stephenson, Shirley O´Hara, Don Douglas.

1945. **TARZAN AND THE LEOPARD WOMAN**
(Tarzán y la mujer leopardo)
EEUU. **Producida por** Sol Lesser para RKO. **Director:** Kurt Neumann. **Guión:** Carroll Young. **Fotografía:** Karl Struss. **Música:** Paul Sawtell. **Duración:** 72 minutos. **Intérpretes:** Johnny Weissmuller (Tarzán), Brenda Joyce (Jane), Johnny Sheffield (Boy), Acquanetta, Edgar Barrier, Tommy Cook, Anthony Caruso, Dennis Hoey.

1947. **TARZAN AND THE HUNTRESS**
(Tarzán y la cazadora)
EEUU. **Producida por** Sol Lesser para RKO. **Director:** Kurt Neumann. **Guión:** Jerry Gruskin y Rowland Leigh. **Fotografía:** Archie Stout. **Música:** Paul Sawtell. **Duración:** 72 minutos. **Intérpretes:** Johnny Weissmuller (Tarzán), Brenda Joyce (Jane), Johnny Sheffield (Boy), Patricia Morison, John Warburton, Charles Trowbridge, Barton MacLane.

1948. **TARZAN AND THE MERMAIDS**
(Tarzán y las sirenas)
EEUU. **Producida por** Sol Lesser para RKO. **Director:** Robert Florey. **Guión:** Carroll Young. **Fotografía:** Jack Drapier y Gabriel Figueroa. **Música:** Dimitri Tiomkin. **Duración:** 68 minutos. **Intérpretes:** Johnny Weissmuller (Tarzán), Brenda Joyce (Jane), Linda Christian, George Zucco, Andrea Palma, John Laurenz, Edward Ashley, Gustavo Rojo.

1948. **TARZAN´S MAGIC FOUNTAIN**
(Tarzán y la fuente mágica)
EEUU. **Producida por** Sol Lesser para RKO. **Director:** Lee Sholem. **Guión:** Curt Siodmak y Harry Chandlee. **Fotografía:** Karl Struss. Música. Alexander Laszlo. **Duración:** 72 minutos. **Intérpretes:** Lex Barker (Tarzán), Brenda Joyce (Jane), Evelyn Ankers, Albert Dekker, Alan Napier, Ted Hecht, Charles Drake, Henry Brandon, Elmo Lincoln.

1950. **TARZAN AND THE SLAVE GIRL**
(Tarzán y la esclava)
EEUU. **Producida por** Sol Lesser para RKO. **Director:** Lee Sholem. **Guión:** Hans Jacoby y Arnold Belgard. **Fotografía:** Russell Harlan. **Música:** Paul Sawtell. **Duración:** 73 minutos. **Intérpretes:** Lex Barker (Tarzán), Vanessa Brown (Jane), Denise Darcel, Tony Caruso, Robert Alda, Arthur Shields, Mary Ellen Kay, Hurt Hatfield.

1950. **TOTÓ TARZAN**
(Totó Tarzán)
Italia. **Producida por** Romolo Laurenti para CDI y Titanus. **Director:** Mario Mattoli. **Guión:** Vittorio Metz, Furio Scarpelli y Mario Mattoli. **Fotografía:** Mario Albertelli. **Música:** Armando Fragna. **Duración:** 88 minutos. **Intérpretes:** Totó (Tarzán /Antonio), Marilyn Buferd, Bianca Fusari, Alba Arnova, Vira Silenti, Adriana Serra, Luisa Poselli, Galeazzo Benti.

1951. **TARZAN´S PERIL**
(Tarzán en peligro)
EEUU. Sol Lesser para RKO. **Director:** Byron Haskin. **Guión:** Sam Newman, Francis Swann y John Cousins. **Fotografía:** Karl Struss. **Música:** Michel Michelet. **Duración:** 70 minutos. **Intérpretes:** Lex Barker (Tarzán), Virginia Huston (Jane), George MacReady, Dorothy Dandridge, Alan Napier, Edward Ashley, Douglas Fowley, Glenn Anders.

1952. **TARZAN´S SAVAGE FURY**
(Tarzán, furia salvaje)
EEUU. Sol Lesser para RKO. **Director:** Cyril Endfield. **Guión:** Hans Jacobi, Cyril Hume y Shirley White. **Fotografía:** Karl Struss. **Música:** Paul Sawtell. **Duración:** 74 minutos. **Intérpretes:** Lex Barker (Tarzán), Dorothy Hart (Jane), Tommy Carlton (Boy), Patric Knowles, Charles Korvin, Darby Jones, Wesley Bly, Bill Walker.

1952. **TARZAN ISTANBULDA**
(Tarzán contra el Mau-Mau)
Turquía. **Producida por** Sabahattin Tulgar para Mili Film. **Director:** Orhan Atadeniz. **Guión:** Kunt Tulgar, Yilmaz Atadeniz y Orhan Atadeniz. **Fotografía:** Sabahatdin Tulgar. **Música:** Nihat Tinaztepe. **Duración:** 93 minutos. **Intérpretes:** Tamer Balci (Tarzán), Hayri Esen, Aziz Basmaci, Yasar Izgi, Neclá Aygüll, Cemil Demirel, Ismail Kara, Ziya Aygen.

1953. **TARZAN AND THE SHE-DEVIL**
(Tarzán y la mujer diablo)
EEUU. **Producida por** Sol Lesser para RKO. **Director:** Kurt Neumann. **Guión:** Karl Lamb y Carroll Young. **Fotografía:** Karl Struss. **Música:** Paul Sawtell. **Duración:** 74 minutos. **Intérpretes:** Lex Barker (Tarzán), Joyce MacKenzie (Jane), Monique Van Vooren, Raymond Burr, Tom Conway, Michael Grainger.

1955. **TARZAN´S HIDDEN JUNGLE**
(Tarzán en la selva escondida)
EEUU. **Producida por** Sol Lesser para RKO. **Director:** Harold Schuster. **Guión:** William Lively. Fotografía. William Whitney. **Música:** Paul Sawtell. **Duración:** 72 minutos. **Intérpretes:** Gordon Scott (Tarzán), Vera Miles, Peter Van Eyck, Jack Elam, Charles Fredericks, Richard Reeves, Rex Ingram.

1957. **TARZAN AND THE LOST SA-FARI**
(Tarzán y el safari perdido /Tarzán en busca del safari perdido)

EEUU. **Producida por** Sol Lesser para MGM. **Director:** Bruce Humberstone. **Guión:** Montgomery Pittman y Lillie Hayward. **Fotografía:** C. M. Pennington-Richards (Color. Technicolor) (Primera película de Tarzán en color). **Música:** Clifton Parker. **Duración:** 80 minutos. **Intérpretes:** Gordon Scott (Tarzán), Betta St. John, Robert Beatty, Wilfrid Hyde White, Peter Arne, George Colouris, Yolande Donlan, Orlando Martins.

1958. **TARZAN´S FIGHTS FOR LIFE**
(Tarzán lucha por su vida)
EEUU. **Producida por** Sol Lesser para MGM. **Director:** Bruce Humberstone. **Guión:** Thomas Hal Phillips. **Fotografía:** Miki Carter y William Snyder (Color). **Música:** Ernest Gold. **Duración:** 79 minutos. **Intérpretes:** Gordon Scott (Tarzán), Eve Brent (Jane), Rickie Sorensen (Boy), Jil Jarmyn, James Edwards, Carl Benton Reid, Woody Strode,

1958. **TARZAN AND THE TRAPPERS**
(Tarzán y sus compañeros)
EEUU. Piloto de serie de televisión producido por Sol Lesser para NBC. Directores: Charles Haas y Sandy Howard. **Guión:** Frederick Schlick y Robert Leach. **Fotografía:** William Snyder y Alan Stensvold (Blanco y negro). **Música:** Audrey Granville. **Duración:** 73 minutos. **Intérpretes:** Godon Scott (Tarzán), Eve Brent (Jane), Rickie Sorensen (Boy), Lesley Bradley, Maurice Marsac, Bruce Lester, Sherman Crothers.

1959. **TARZAN´S GREATEST ADVENTURE**
(La gran aventura de Tarzán / La más increíble aventura de Tarzán)
EEUU-GB. **Producida por** Sy Weintraub para Paramount. **Director:** John Guillermin. **Guión:** Berne Giler, Les Crutchfield y John Guillermin. **Fotografía:** Ted Scaife (Color. Eastmancolor). **Música:** Douglas Gamley. **Duración:** 86 minutos. **Intérpretes:** Gordon Scott (Tarzán), Anthony Quayle, Sara Shane, Sean Connery, Scilla Gabel, Niall MacGinnis, Al Mulock.

1959. **TARZAN, THE APE MAN**
(Tarzán de los monos / Vuelve Tarzán de los monos)
EEUU. **Producida por** Al Zimbalist para MGM. **Director:** Joseph Neumann. **Guión:** Robert Hill. **Fotografía:** Paul C. Vogel (Color). **Música:** Shorty Rogers. **Duración:** 85 minutos. **Intérpretes:** Denny Miller (Tarzán), Joanna Barnes (Jane), Cesare Danova, Robert Douglas, Thomas Yangha.

1960. **TARZAN, THE MAGNIFICENT**
(Tarzán el justiciero)
EEUU-GB. **Producida por** Sy Weintraub para Paramount. **Director:** Robert Day. **Guión:** Robert Day y Berne Giler. **Fotografía:** Ted Scaife (Color. Eastmancolor). Música. Ken Jones. **Duración:** 82 minutos. **Intérpretes:** Gordon Scott (Tarzán), Jock Mahoney, Betta St. John, John Carradine, Lionel Jeffries, Alexandra Stewart, Al Mulock, Harry Baird.

1963. TARZAN GOES TO INDIA
(Tarzán en la India / Tarzán va a la India)
EEUU-GB. **Producida por** Sy Weintraub para MGM. **Director:** John Guillermin. **Guión:** Robert Hardy Andrews y John Guillermin. **Fotografía:** Paul Beeson (Metrocolor. Cinemascope). **Música:** Ken Jones. **Duración:** 86 minutos. **Intérpretes:** Jock Mahoney (Tarzán), Jai, Leo Gordon, Feroz Khan, Simi Garewal, Murad, Jagdish Raaj, G. Raghaven, Abas Khan, Mark Dana, Peter Cook.

1963. **TARZAN´ S THREE CHALLENGES**
(Tarzán en peligro)
EEUU-GB. **Producida por** Sy Weintraub para MGM. **Director:** Robert Day. **Guión:** Bernie Giller y Robert Day. **Fotografía:** Ted Skaife (Metrocolor). **Música:** Marcus Dods. **Duración:** 96 minutos. **Intérpretes:** Jock Mahoney (Tarzán), Tsu Kobayashi, Ricky Der, Woody Strode, Earl Cameron, Salah Jamal, Christopher Carlos, Anthony Chiun, Robert Hu.

1964. **TARZAK CONTRO GLI UOMINI LEOPARDO**
(Tarzán contra los hombres leopardo)
Italia. Carlo Veo y Produzioni Century Film para Telexport. **Director:** Charlie Foster (Carlo Veo). **Guión:** Evo Dillinger. **Fotografía:** Mario Parapetti. **Música:** Aldo Piga. **Duración:** 88 minutos. **Intérpretes:** Ralph Hudson (Tarzán/ Tarzak/ Zoltak), Nuccia Cardinali, Nando Angelini, John Chevron, Dolores Francine, Harold Bradley, Archie Savage.

1965. **PER UNA MANCIATA D´ORO**
(Tarzán y el tesoro escondido)
Italia, Carlo Veo para Century Film. **Director:** Charlie Foster (Carlo Veo). **Guión:** Carlo Veo. **Fotografía:** Ugo Brunelli. (Eastmancolor). **Música:** Felice Di Stefano. **Duración:** 79 minutos. **Intérpretes:** Anthony Freeman (Tarzak), Brad Euston, Gugliemo Spoletini, Paolo Solvay, Alfredo Rizzo, Rosanna Canghiari, Marco Pasquini,

1966 **TARZAN AND THE VALLEY OF GOLD**
(Tarzán 66)
EEUU-GB. **Producida por** Sy Weintraub para AIP y Paramount. **Director:** Robert Day. **Guión:** Clair Huffaker. **Fotografía:** Irving Lippman (Eastman Color y Panavisión). **Música:** Van Alexander. **Duración:** 93 minutos. **Intérpretes:** Mike Henry (Tarzán), Nancy Kovack, Manuel Padilla Jr., Don Megowan, David Opatashu, John Kelly, Eduardo Noriega, Carlos Rivas.

1966-1968 **TARZAN**
serie televisión (Tarzán)
EEUU. **Producida por** Sy Weintraub para NBC. Emisión en EEUU: Desde el 8/9/1966 hasta 7/4/1967 en la Primera Temporada. Desde el 15/9/1967 hasta el 5/4/1968 en la Segunda Temporada. **Duración:** 58 capítulos de una hora. Directores: Robert Day, Paul Stanley, Earl Bellamy, William Wiard, Rober L. Friend, Lawrence Dobkin, Alan Crosland Jr., Hollingsworth Morse, Tony Leader, Gerald Mayer, R. G. Springsteen, Alex Nichols, Harmon Jones, William Witney, James Komack, Barry Shear, entre otros. Guionistas: Jackson Gillis, James Menzies, Eamund Morris, Samuel Newman, Carey Wilbur, S. S. Schweitzer, Oliver Crawford, Richard y Esther Shapiro, y Lee Erwin, entre otros. Intérpretes fijos: Ron Ely (Tarzán), Manuel Padilla Jr., Alan Caillou, Rockne Tarkington, Stewart Rafill. Actores invitados: Jock Mahoney, John Vernon, Andrew Prine, Russ Tamblyn, Neville Brand, Nehemiah Persoff, Woody Strode, Rafer Johnson, Nichelle Nichols, Anthony Caruso, Henry Silva, Harry Lauter, Pippa Scott, Gia Scala, Simon Oakland, William Marshall, Julie Harris, Jack Elam, Sally Kellerman, Leo Godon, James Whitmore, George Kennedy, John Doucette, Yaphet Kotto, Sam Jaffe, Ulla Stromstedt, Barbara Luna, Simon Oakland, Helen Hayes, Robert Loggia, Chill Wills, Ethel Merman, Perry Lopez, Strother Martin, Diana Ross, Cindy Birdsong, Maru Wilson y James Earl Jones, entre otros.

1966. **TARZAN´S DEADLY SILENCE**
(Tarzán, silencio de muerte)
EEUU. **Producida por** Sy Weintraub y Leon Benson para Banner y National. Dos episodios de la serie de televisión (Tarzan´s deadly silence), editados como largometrajes para exhibir en las salas de cine. **Director:** Robert L. Friend y Lawrence Dobkin. **Guión:** Lee Erwin, Jack H. Robinson, John Considine y Tim Considine. **Fotografía:** Gabriel Torres (Color DeLuxe). **Música:** Walter Greene y Nelson Riddle. Duración. 98 minutos.
Intérpretes: Ron Ely, Jock Mahoney, Manuel Padilla Jr., Woody Strode, Gregorio Acosta, Nichelle Nichols, Virgil Richardson, Rudolph
Charles.

1967. **TARZAN AND THE GREAT RIVER**
(Tarzán en el Amazonas)
EEUU-GB. **Producida por** Sy Weintraub para AIP y Paramount. **Director:** Robert Day. **Guión:** Bob Barbash y Lewis Reed. **Fotografía:** Irving Lippman (Panavisión). **Música:** William Loose. **Duración:** 86 minutos. **Intérpretes:** Mike Henry (Tarzán), Jan Murray, Manuel Padilla Jr., Diana Millay, Rafer Johnson, Paulo Grazindo.

1967. **TARZAN´S JUNGLE REBELLION**
(Tarzán y la rebelión en la jungla)
EEUU. **Producida por** Sy Weintraub para Banner y National General. Dos episodios de la serie de televisión (The blue stone of heaven), editados como largometraje para exhibir en las salas del cine. **Director:** William Witney. **Guión:** Jackson Gillis. **Fotografía:** Gabriel Torres (Color De Luxe). **Música:** Nelson Ridle. **Duración:** 101 minutos. **Intérpretes:** Ron Ely, Manuel Padilla, Jr., Sam Jaffe, Ulla Stromstedt, William Marshall, Lloyd Haynes, Jason Evers, Harry Lauter, Chuck Wood.

1967. **THE PERILS OF CHARITY JONES**
(Tarzán en Nairobi)
EEUU. **Producida por** Sy Weintraub para Banner. Dos episodios de la serie de televisión (Tarzan an the perils of Charity Jones), editados como película para exhibir en las salas. **Director:** Alex Nicol. **Guión:** Carey Wilbur. Fotografía Gabriel Torres. **Música:** Nelson Ridle. **Duración:** 97 minutos. **Intérpretes:** Ron Ely (Tarzán), Julie Harris, Woody Strode, Bernie Hamilton, Edward Binns, Abraham Sofaer, Michael Pate, Frank Biro.

1968. **MOUNTAINS OF THE MOON**
(Tarzán y la tribu Bowala/ Tarzán en la tierra prometida)
EEUU. **Producida por** Sy Weintraub para Banner y NBC. **Director:** Harnon Jones. **Guión:** Jackson Gillis. **Fotografía:** Gabriel Torres. **Música:** Nelson Riddle. **Duración:** 98 minutos. **Intérpretes:** Ron Ely, Manuel Padilla Jr., Ethel Merman, Harry Lauter, Perry López, Strother Martin, William Marshall, Harry Towne, Jorge Hernández, Johnny Jensen.

1968. **TARZAN AND THE JUNGLE BOY**
(Tarzán y el niño de la jungla)
EEUU-GB. **Producida por** Robert Day y Sy Weintraub para Paramount. **Director:** Robert Gordon. **Guión:** Steven Lord. **Fotografía:** Ozen Sermet (Panavisión). **Música:** William Loose. **Duración:** 93 minutos. **Intérpretes:** Mike Henry (Tarzán), Alizia Gur, Steve Bond, Rafer Johnson, Ronald Gans, Ed Johnson.

1968. **FOUR O´CLOCK ARMY**
(Tarzán contra los mercaderes de esclavos)
EEUU. **Producida por** Sy Weintraub para Banner. **Director:** Alex Nichol. **Guión:** Carey Wilbur. **Fotografía:** Gabriel Torres. **Música:** Nelson Riddle. **Duración:** 97 minutos. **Intérpretes:** Ron Ely, Manuel Padilla Jr., Julie Harris, Maurice Evans, Bruce Gordon, Bernie Hamilton, Guy Edwards, Ben Wright, Phillip Posner.

1969. **TARZÁN EN LA GRUTA DEL ORO.**
España-Italia. **Producida por** L. Tillman y M. Caño para Pan Latina e Hispamex. **Director:** Manuel Caño. **Guión:** Santiago Moncada, Umberto Lenzi y J.R. Hernández. **Fotografía:** Guglielmo Mancori. **Música:** Marcello Gombini. **Duración:** 87 minutos. **Intérpretes:** Steve Hawkes (Tarzán/Zan/Suriman), Kitty Swan, Jesús Puente, Antonio Casas, Krista Nell, Carlos Badía, Luis Marín, Fernando Sancho.

1971. **TARZÁN Y EL ARCO IRIS**
España-Italia. **Producida por** Darío Sabatello para Pan Latina e Hispamex. **Director:** Manuel Caño. **Guión:** Santiago Moncada. Fotografía. Marcello Masciocchi y Hans Burman. **Música:** Sandro Romitelli. **Duración:** 88 minutos. **Intérpretes:** Steve Hawkes (Tarzán/Suriman), Peter Lee Lawrence, Ángel Del Pozo, Kitty Swan, Agata Fiore, Robin Aristorenas, Javier Maiza.

1972. **TARZAN, IL FAVOLOSO UOMO DELLA JUNGLA**
(Tarzán, el fabuloso hombre de la jungla)
Italia. Demófilo Fidani para ProdiMex. **Director:** Miles Deen (Demófilo Fidani). **Guión:** Mila Vitelli, Demófilo Fidani. **Fotografía:** Franco Villa. Música : Lallo Gori. **Duración:** 90 minutos. **Intérpretes:** Johnny Kissmuller Jr (Armando Bottin) (Tarzán/Karzan), Simone Blondell, Ettore Manni, Jerry Ross, Melu Valente, Carla Mancini, Edward Grant.

1973. **TARZÁN EN LAS MINAS DEL REY SALOMÓN**
Producida por Augusto Boves para D.C. Films. **Director:** José Luis M. Boves (José Luis Merino). **Guión:** José Luis Merino. Fotofrafía: Manuel Hernández-San Juan y Fernando Arribas (Eastmancolor). **Música:** José Luis Navarro. **Duración:** 89 minutos. **Intérpretes:** David Carpenter (Tarzán), Paul Naschy, Nadiuska, Alibe Parsons, Sergio Alberti, José Rial.

1973. **TARZÁN Y EL MISTERIO DE LA SELVA**
España. **Producida por** J. A. Pérez Giner para Plata, Profilmes e Hispamex. **Director:** M.I. Bonns (Miguel Iglesias). **Guión:** Miguel Iglesias y Miguel Cusó. **Fotografía:** Jaime Deu Casas (Technicolor). **Música:** Alberto Argudo. **Duración:** 88 minutos. **Intérpretes:** Richard Yestaran (Tarzán), Julián Ugarte, César Burner, Didi Sherman, Victor Barrera, Isabel Romero, Marina Ferri.

1974. **TARZÁN Y EL TESORO KAWANA**
España. **Producida por** Enrique González Macho para Profilmes e Hispamex. **Director:** José Truchado. **Guión:** José Truchado. **Fotografía:** Francisco Sánchez. **Música:** Original marfileña. **Duración:** 90 minutos. **Intérpretes:** Richard Yestaran (Tarzán), Lorena Tower, Carlos Tristán, Frank Braña, Isabel Luque, Chris Huerta, Luis Induni.

1974. **TARZOON, LA HONTE DE LA JUNGLE / SHAME OF THE JUNGLE**
(La vergüenza de la jungla / Tarzán y su Pi- Chita)
Francia- Bélgica. **Producida por** B. Szulzinger y J. Gerard para Walisa y Fox. Directores: Picha (Jean Paul Walraven) y Boris Szulzinger. **Guión:** Picha, Pierre Bartier y Boris Szulzinger. **Duración:** 71 minutos.
Intérpretes: Animación.

1975. **TARZ AND JANE, BOY AND CHEETA**
EEUU. **Producida por** Datza Fine para Fine P. **Director:** Itza Fine. **Guión:** D.C. Moore y Hans Johnsons. **Fotografía:** Mike Alfie Smith y Blinky Howe Rong. **Duración:** 80 minutos. **Intérpretes:** Elmo Brix (Patrick Wright) (Tarz), Silver Foxx (Talie Cochrane) (Jane), Georgina Spelvin, Helen Lang,

1976. **TARZAN, LORD OF THE JUNGLE**
(Tarzán, el rey de la jungla)
EEUU. **Producida por** Norm Prescott, Lou Scheimer y Don Christensen para Filmation, Warner y CBS. **Director:** Don Towsley. **Guión:** David Wise, Kathleen Barnes, Len Janson y Chuck Menville entre otros. **Música:** Horta-Mahana Corr. **Duración:** 36 episodios de 30 minutos. **Intérpretes:** Serie de animación para televisión. Directores de animación: Rudy Larriva, Lou Zukor, Bill Reed, entre otros. Directores de arte: Herb Hazelton y Alberto de Mello, entre otros. Storyboard: Bob Kline.

1981. **TARZAN, THE APE MAN**
(Tarzán, el hombre mono)
EEUU. **Producida por** John y Bo Derek para MGM. **Director:** John Derek. **Guión:** Tom Rowe y Gary Goddard. **Fotografía:** John Derek y Wolfgang Dickman. **Música:** Perry Botkin. **Duración:** 115 minutos. **Intérpretes:** Miles O´ Keeffe (Tarzán), Bo Derek (Jane), Richard Harris, John Phillip Law, Akushula Selayam, Steve Strong, Maxime Philoe, Leonard Bailey.

1982. **GORILAS A TODO RITMO**
España-EEUU-Italia. **Producida por** Josi Konski y Santiago Moncada para Internacional Cinema Laguna y Equilatero. **Director:** Josi Konski (Sebastián Almeida). **Guión:** Santiago Moncada y Jaime Moncada Mercadal. **Fotografía:** Hans Buman. **Música:** Maurizio De Angelis. **Duración:** 84 minutos. **Intérpretes:** Frankie Mann (Tarzán/Freddie), Victoria Vera, Frank Braña, Alejandro de Enciso, Dennis Breckner, Russelll Bates, Christine Troples.

1984. **GREYSTOKE, THE LEGEND OF TARZAN**
(Greystoke: la leyenda de Tarzán).
GB-EEUU. **Producida por** Hugh Hudson y Stanley S. Canter para Warner. **Director:** Hugh Hudson. **Guión:** P. H. Vazak (Robert Towne) y Michael Austin. **Fotografía:** John Alcott. **Música:** John Scott. **Duración:** 143 minutos (otras duraciones: 135 minutos, 131 minutos). **Intérpretes:** Christopher Lambert (Tarzan/ John Clayton), Andie MacDowell (Jane), Ian Holm, Ralph Richardson, James Fox, Nigel Davenport.

1989. **TARZAN IN MANHATTAN**
(Tarzán en Manhattan)
EEUU. **Producida por** Charles Hairston para American First Run, Columbia y CBS. Película para la televisión. **Director:** Michael Schultz. **Guión:** Anna Sandor y William Gough. **Fotografía:** Laszlo George. **Música:** Charles Fox. **Duración:** 100 minutos. **Intérpretes:** Joe Lara (Tarzán), Kim Crosby (Jane), Tony Curtis, Jan-Michael Vincent, Joe Seneca, Buck Young, Jimmy Medina Tagger, Peter Sherayko.

1990. **TARZÁN EN EL CEMENTERIO CIVIL DE LOS ELEFANTES**
España. **Producida por** Manuel Summers para TVE. **Director:** Manuel Summers. **Guión:** Federico Volpini y Manuel Summers. **Fotografía:** Raúl Pérez-Cubero. **Música:** Ángel Muñoz "Reverendo". **Duración:** 31 minutos. **Intérpretes:** Chicho Siqueiro (Tarzán), Emma Louise (Jane), Raúl Ramírez (Boy), Guillermo Summers, Ignacio Salas, José Ortiz.

1991-1994. **TARZAN**
(Tarzán)
Canadá-Francia-EEUU. **Producida por** William F. Cooke y Manuel Palomino. Serie de televisión. Primera emisión en EEUU: 6 de Octubre de 1991. **Duración:** 50 capítulos de 25 minutos. Directores: Henri Safran, Brian Trenchard-Smith y Gerard Hameline, entre otros. Guionistas: Patricia Maximilian, Ivan Hayes, Anna Sandor, William Gough, Ted Julien y Gerard Hameline entre otros. **Fotografía:** Mario Di Leo y Lodel Bogner, entre otros. **Música:** Laurence Juber. Intérpretes fijos: Wolf Larson (Tarzán), Lydie Denier (Jane), Sean Roberge, Simon Govier, Malick Bowens, Errol Slue.
Estrellas invitadas: Ron Ely, Jorge Rivero, James Healy, Richard Eden, Marisa Pare, Aubrey Morris y William Taylor entre otros.

1994. **TARZAN X / SHAME OF JANE**
(Tarzán X)
Italia-Francia. Rocco Sifredi para Capital Film y Butterfly Motion Pictures. **Director:** Joe D´ Amato. **Guión:** George Hudson. **Fotografía:** Federico Slonisko. **Música:** Peter Mountain. **Duración:** 98 minutos. **Intérpretes:** Rocco Sifredi (Tarzán), Rosa Caracciolo (Jane), Sveta Silvestru, Nikita Gross, Attila Schulter, Cintya Raffael, Barbara Dobson.

1994. **THE SAVAGE**
(Tarzán, el salvaje)
EEUU. Buck Adamds para Sin City. **Director:** Buck Adams. **Guión:** Cash Markman. **Duración:** 81 minutos. **Intérpretes:** Alex Sanders (Tarzán/ Zartan), Sindee Coxx (Jane/Jean), Tony Tedeschi, Buck Adams, Brittany O´ Connell, Kirsty Waay.

1996. **TARZAN, THE EPIC ADVENTURES**
(Tarzán, aventuras épicas)
Francia-EEUU. Henry y Paul Siegel para ST1 Entertainment Group. Serie de televisión. 22 episodios de 45 minutos para MGM. Primera emisión: Agosto 1996. Directores: Brian Yuzna, John Carl Buechler, Mark Roper y William Tannen, entre otros. Guionistas: Burton Armus, Adam Malerie y Rhonda Smiley, entre otros. **Fotografía:** Nick Woolfolk y Johan Scheepers, entre otros. **Música:** George Clinton y Michael Benghiat, entre otros. **Intérpretes:** Joe Lara (Tarzán), Lydie Denier (Jane), Aaron Seville, Dennis Christopher, Andrew Divoff, Nicholas Worth, Isaac Singleton.

1997. **GEORGE OF THE JUNGLE**
(George de la Jungla)
EEUU. **Producida por** John Avnet y Jordan Kerner para Walt Disney. **Director:** Sam Weisman. **Guión:** Dana Olsen y Audrey Wells.. **Fotografía:** Thomas Ackerman. **Música:** Marc Shaiman. **Duración:** 92 minutos. **Intérpretes:** Brendan Fraser (Tarzán/George), Leslie Mann, Thomas Haden Church, Richard Roundtree, Kelly Miller, John Cleese (voz).

1998. **TARZAN AND THE LOST CITY**
(Tarzán y la ciudad perdida)
EEUU-Alemania. **Producida por** D. Geissler para Altavista y Village Roadshow. **Director:** Carl Schenkel. **Guión:** Bayard Johnson y J. Anderson Black. Foto: Paul Gilpin. **Música:** Christopher Franke. **Duración:** 83 minutos. **Intérpretes:** Casper Van Dien (Tarzán), Jane March (Jane), Steve Waddington, Winston Ntshona. Rapulana Seiphemo, Ian Roberts, Sean Taylor, Zane Meai.

1999. **TARZAN**
(Tarzán)
EEUU. **Producida por** Bonnie Arnold para Walt Disney Pictures. Directores: Chris Buck y Kevin Lima. **Guión:** Tab Murphy y Bob Tzudiker. **Música:** Phil Collins. **Duración:** 88 minutos. **Intérpretes:** Animación. Con las voces en la versión original de Tony Goldwyn (Tarzán), Minnie Driver (Jane), Glenn Close (Kala), Lance Henriksen (Kerchak), Rossie O´ Donnell (Terk).

2002. **TARZAN AND JANE**
(Tarzán y Jane)
EEUU. **Producida por** B. Motz y Mike Karafiles para Walt Disney Productions. Directores: Victor Cook, Steve Loter, Lisa Schaffer y Don Mackinnon. **Guión:** Bill Motz, Bob Roth, David Bullock y otros. **Música:** David Harper, Patrick Griffin y Dave Metzger. **Duración:** 75 minutos. Película de animación hecha para la televisión, con la voz de Michael T. Weiss (Tarzán).

2003. **GEORGE OF THE JUNGLE 2**
(George de la jungla 2)
EEUU-Australia. **Producida por** Daniel Hefener y J. Kerner para Walt Disney. **Director:** David Grossman. **Guión:** Jordan Moffet. **Fotografía:** David Burr. **Música:** J. A. C. Redford. **Duración:** 87 minutos. **Intérpretes:** Christopher Showerman (Tarzán / George), Julie Benz, Thomas Hadden Church, Christina Pickles, John Cleese (Voz),

2005. **TARZAN 2**
(Tarzán 2)
EEUU. **Producida por** Carolyn Bates para Walt Disney. **Director:** Brian Smith. **Guión:** Jim Kammerud, Brian Smith, Bob Tzudiker y Noni White. Música. Mark Mancina, D. Metzger y Phil Collins. **Duración:** 72 minutos. **Intérpretes:** Película de animación para televisión con las voces de Harrison Chad (Tarzán), Ron Perlman, Glenn Close, Lance Henriksen.

2013. **TARZÁN 3D**
(Tarzán)
Alemania-GB. **Producida por** Reinhard Kloos y Robert Kulzer. **Director:** Reinhard Kloos. **Guión:** Reinhard Kloos y Jessica Postigo. **Música:** David Newman. **Duración:** 94 minutos. **Intérpretes:** Película de animación con las voces de Kellan Lutz (Tarzán), Spencer Locke (Jane), Joe Cappelletti, Less Rubb, Jaime Ray Newman.

BIBLIOGRAFÍA

– ERARDI, Glenn: A book for Collectors. Schiffer B. Atglen, Pensilvania,1998.

– ESSOE, Gabe: Tarzan of the movies. Citadel, Nueva York, 1968.

– FERET, Bill: Lure of the Tropix. Proteus books, New York, 1984.

– FURY, David: Johnny Weissmuller, twice the hero. Artists Press, Minneapolis, 2000.

– FURY, David: Kings of the jungle. McFarland Publishers, Jefferson, 1994.

– LACASSIN, Francis: Tarzan, le chevalier crispé. V.G.E., París, 1971.

– MOIX, Terenci: Tarzán, el mito de la selva. Enciclopedia del cine. Editorial Burulan, San Sebastián, 1972.

– PEDRERO SANTOS, Juan A.: Johnny Weissmuller. T& B, Madrid, 2010.

– TALIAFERRO, John: The life of Edgar Rice Burroughs. Scribner, New York, 1999.

– WEISSMULLER JR, Johnny: Tarzan, my father. ECW Press, Toronto, 2002.

ÍNDICE ONOMÁSTICO Y DE PELÍCULAS